程序员软件开发名师讲坛 · 轻松学系列

轻松学

ASP.NET编程

从入门到实战 案例●视频●彩色版

张景峰 周建伟 金大兵 张云峰 / 编著

中国水利水电出版社
www.waterpub.com.cn

·北京·

内 容 提 要

《轻松学 ASP.NET编程从入门到实战（案例·视频·彩色版）》是基于编者20多年教学实践和软件项目开发经验，从零基础编程学习者容易上手、快速学会的角度，采用Visual Studio 2019开发环境，用通俗易懂的语言、丰富实用的案例，循序渐进地讲解使用ASP.NET进行程序开发需要掌握的知识和技术。全书分基础知识、关键技术、高级进阶和项目实战4部分，共14章，内容包括ASP.NET开发入门、网站页面制作基础、编程语言——C#基础、ASP.NET中的常用控件、ASP.NET内置对象及应用、母版页及其主题、ASP.NET缓存机制、数据库访问技术——ADO.NET和LINQ、ASP.NET Web Service、ASP.NET MVC编程、ASP.NET Core编程、ASP.NET案例开发——在线考试系统、ASP.NET MVC案例开发——订单管理系统和ASP.NET Core项目实战——电影信息网。

《轻松学 ASP.NET编程从入门到实战（案例·视频·彩色版）》根据学习ASP.NET编程所需知识的主脉络搭建内容，采用案例驱动、视频讲解与代码调试相配套的方式，向读者提供ASP.NET编程技术开发从入门到项目实战的解决方案。扫描书中的二维码可以观看每个实例视频和相关知识点的讲解视频，实现手把手教读者从入门到快速学会ASP.NET项目开发。

《轻松学 ASP.NET编程从入门到实战（案例·视频·彩色版）》配有146集同步讲解视频、71个实例源码分析、3个完整的项目实战案例，并提供丰富的教学资源，包括PPT课件、程序源码、在线交流服务QQ群等。本书既适合软件开发者自学，也适合作为高等学校、高职高专、职业技术学院和民办高校计算机相关专业的教材，还可以作为相关培训机构ASP.NET技术开发课程的教材。

图书在版编目（CIP）数据

轻松学 ASP.NET 编程从入门到实战：案例·视频·彩色版 / 张景峰等编著 . —北京：中国水利水电出版社，2021.10
（程序员软件开发名师讲坛·轻松学系列）
ISBN 978-7-5170-9824-9

Ⅰ . ①轻… Ⅱ . ①张… Ⅲ . ① 网页制作工具—程序设计 Ⅳ . ① TP393.092.2

中国版本图书馆 CIP 数据核字 (2021) 第 163250 号

丛 书 名	程序员软件开发名师讲坛·轻松学系列
书 名	轻松学 ASP.NET 编程从入门到实战（案例·视频·彩色版） QINGSONG XUE ASP.NET BIANCHENG CONG RUMEN DAO SHIZHAN
作 者	张景峰 周建伟 金大兵 张云峰 编著
出版发行	中国水利水电出版社 （北京市海淀区玉渊潭南路 1 号 D 座 100038） 网址：http://www.waterpub.com.cn E-mail: zhiboshangshu@163.com 电话：（010）62572966-2205/2266/2201（营销中心）
经 售	北京科水图书销售中心（零售） 电话：（010）88383994、63202643、68545874 全国各地新华书店和相关出版物销售网点
排 版	北京智博尚书文化传媒有限公司
印 刷	河北文福旺印刷有限公司
规 格	185mm×260mm　16 开本　20.25 印张　570 千字
版 次	2021 年 10 月第 1 版　2021 年 10 月第 1 次印刷
印 数	0001—3000 册
定 价	89.80 元

前　言

编写背景

笔者从2000年初将ASP.NET引入教学和工程项目中，至今已经二十余年了。这些年来，ASP.NET已经成为主流的Web开发平台。

ASP.NET（Active Server Page .NET）是Microsoft公司推出的一个基于.NET Framework的Web应用开发平台，在易用性和功能性方面都得到了显著的加强。借助ASP.NET可以快速设计出内容丰富、交互友好的Web应用。

笔者对市场上讲解ASP.NET技术开发的图书进行了认真的阅读，发现或多或少存在着一些不足，主要有：第一，版本陈旧，很多是在介绍几年前老版本的ASP.NET，极少涉及新版.NET和Visual Studio；第二，限于作者本身缺乏教学经验或工程项目开发设计经验，导致书中内容安排不太合理，阅读性和实用性欠佳，不太适合初学者学习；第三，有些图书侧重操作的介绍，对于易混淆或者易出现错误的原因等分析不够透彻，只是一些案例的堆积，缺乏系统化的理论讲解，不太适合零基础入门读者；与之相反，还有一部分图书内容大而全、细节和功能描述晦涩难懂、完整实战案例少，初学者学起来有些难度。

鉴于此，笔者结合多年的一线教学与科研开发经验，从ASP.NET学习和工程应用角度出发，本着"让读者快速上手，轻松学习，实现手把手教你从零基础到快速学会独立应用ASP.NET开发"的总体原则，采用案例教学的思路组织编写了本书。

本书为零基础入门读者提供必要的理论知识和丰富的实战案例，理论知识的讲解力求"够用和实用"，精心安排了有针对性的实用案例，结合微软Visual Studio 2019，循序渐进地设计了全书的内容，力求将理论和实例充分融合在一起，帮助读者迅速提高实际开发能力。具备了书中相应的理论基础，其扩展到其他领域的能力也就会随之得到提升。

内容结构

本书分4个部分，分别是基础知识、关键技术、高级进阶和项目实战，共14章，具体结构及内容简述如下：

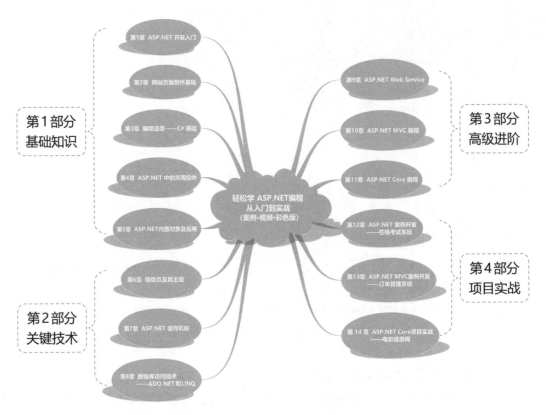

第1部分 基础知识

　　包括第1～5章，介绍使用ASP.NET进行开发应知应会的基础知识。

　　第1章　ASP.NET开发入门。介绍ASP.NET的入门知识，主要包括ASP.NET动态网页的基本概念、ASP.NET开发环境（IIS+VS2019）的搭建、快速创建ASP.NET网站的方法、ASP.NET页面的语法和ASP.NET网站的发布等内容。

　　第2章　网站页面制作基础。介绍静态页面制作的基础知识，包括HTML标记和CSS等内容。

　　第3章　编程语言——C#基础。介绍ASP.NET的开发语言C#的基础知识，包括C#的语法规则、标识符与关键字、数据类型、变量与常量、数组与类型转换、表达式与运算符、流程控制及常用语句等内容。

　　第4章　ASP.NET中的常用控件。介绍ASP.NET中的常用控件，包括HTML服务器控件、Web服务器空间、验证控件、导航控件、Web用户控件等。

　　第5章　ASP.NET内置对象及应用。介绍ASP.NET常用内置对象Page对象、Response对象、Request对象、Cookie对象、Server对象、Session对象和Application对象的使用方法。

第2部分 关键技术

　　包括第6～8章，介绍ASP.NET中的一些关键开发技术。

　　第6章　母版页及其主题。主要介绍ASP.NET中母版页和主题的使用。

　　第7章　ASP.NET缓存机制。介绍ASP.NET中常用的缓存技术，包括ASP.NET缓存机制、页面输出缓存、页面局部缓存、应用程序数据缓存、文件缓存依赖和数据库缓存依赖等内容。

　　第8章　数据库访问技术——ADO.NET和LINQ。介绍ASP.NET程序中与数据库进行交互的相关技术，包括与数据库建立连接、ADO.NET五大对象、LINQ技术以及ASP.NET 中常用的数据控件等内容。

第3部分　高级进阶

包括第9～11章，介绍目前ASP.NET中主流的开发技术。

第9章　ASP.NET Web Service。介绍ASP.NET中Web Service的使用方法，包括Web Service基本概念和特点、Web Service的创建和调用等内容。

第10章　ASP.NET MVC编程。介绍ASP.NET MVC框架的基础知识，包括MVC框架的基本概念及运行机制、视图、模型、控制器的基本概念、创建ASP.NET MVC应用程序的方法、ASP.NET MVC中的路由处理、视图引擎Razor的使用、前端和后端数据通信方法等内容。

第11章　ASP.NET Core编程。介绍ASP.NET Core的基础知识，包括.NET Core的架构、.NET Core的特性和应用场景、.NET Core的安装、ASP.NET Core应用程序的创建方法等内容。

第4部分　项目实战

包括第12～14章，结合3个具体综合项目实战案例详细介绍ASP.NET的开发过程。

第12章　ASP.NET案例开发——在线考试系统。介绍在线考试系统开发的整个过程、关键技术点、各个模块的实现过程。

第13章　ASP.NET MVC案例开发——订单管理系统。以订单管理系统为例介绍ASP.NET MVC开发过程、关键技术点及典型模块的实现。

第14章　ASP.NET Core项目实战——电影信息网。设计并实现了一个相对完整的ASP.NET Core Web项目——电影信息网，该项目综合应用了ASP.NET Core、Razor、LINQ等知识。

主要特色

1. 体系完整，深入浅出

本书基于作者20多年的教学经验和实际项目开发实践的总结，从初学者容易上手、轻松学会的角度，采用Visual Studio 2019开发环境，按照初学者的认知规律，用通俗易懂的语言、丰富的实用案例，深入浅出、循序渐进、全面系统地讲解了ASP.NET开发实用技术，方便读者学习后解决ASP.NET开发中的实际问题，以适应相关工作岗位对ASP.NET的需求。

2. 案例驱动，简单易学

本书贯彻"实用、够用"的理念，采用案例驱动方式，通过设置大量的案例来讲解ASP.NET中的相关知识点。所选案例均取自已经实际应用的项目，具体知识点中的案例针对性较强，用于帮助读者快速掌握这些知识点的原理和使用方法；项目实战中的案例综合性较强，涉及ASP.NET开发项目的全过程，具有较强的借鉴价值，仔细研读这些案例，举一反三，就可以快速完成实际项目的开发。

3. 视频讲解，快速入门

本书配有146集同步讲解视频，读者可以扫书中二维码观看每个案例实现过程和相关知识点的讲解视频，实现手把手教你从零基础入门到快速学会ASP.NET项目开发。

4. 项目实战，提升技能

本书第4部分通过介绍"在线考试系统""订单管理系统""电影信息网"3个典型系统项目案例开发实现过程，并配合48集视频讲解，教会读者如何将全书知识点融会贯通，达到学以致用，提升ASP.NET综合开发技能的目标。这3个综合实战案例均取自真实的项目，具有较强的实践借鉴价值。

5. 资源丰富，方便学习

本书提供丰富的教学资源，包括教学大纲、PPT课件、程序源码、课后习题参考答案、在线交流服务QQ群和不定期网络直播等，方便自学与教学。

本书资源浏览与获取方式

（1）读者可以用手机扫描下面的二维码（左边）查看全书微视频等资源。

（2）用手机扫描下面的二维码（右边）进入"人人都是程序猿"服务公众号，关注后输入"QSXASP9824"发送到公众号后台，可获取本书案例源码等资源的下载链接。

（视频资源总码）

（人人都是程序猿）

本书在线交流方式

（1）为方便读者之间的交流，本书特创建"轻松学ASP.NET技术交流"QQ群（群号：573439199），供广大ASP.NET开发爱好者在线交流学习。

（2）如果你在阅读中发现问题或对图书内容有意见或建议，也欢迎来信指教，来信请发邮件到heblfzhang@163.com，作者看到后将尽快回复。

本书读者对象

● 零基础，希望快速掌握ASP.NET开发的大学生或ASP.NET爱好者。

● 有一定ASP.NET基础，希望深入学习ASP.NET的程序开发人员。

● 高等学校、高职高专、职业技术学院和民办高校计算机相关专业的学生。

● 相关培训机构ASP.NET技术开发课程培训人员。

本书阅读提示

（1）对于没有任何ASP.NET开发经验或者对ASP.NET知识掌握不是很牢固的读者，在阅读本书时一定要按照章节顺序阅读，尤其在开始阶段要反复研读第1部分和第2部分的内容，这对于后续章节的学习非常重要；同时重点关注书中讲解的理论知识，然后观看与每个知识点相对应的案例讲解视频，在掌握其主要功能后进行多次代码演练，特别是要学会ASP.NET代码程序的调试。课后的习题和练习用于检测读者的学习效果，如果不能顺利完成，则要返回继续学

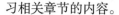

习相关章节的内容。

（2）对于有一定ASP.NET基础的读者可以根据自身的情况，有选择地学习本书的相关章节和案例，书中的案例和课后练习要重点掌握，以此来巩固其相关知识的运用。特别是通过对本书中项目实战案例的学习，能够使ASP.NET的开发能力达到相关岗位的要求。

（3）如果高校老师和相关培训机构选择本书作为培训教材，可以不用对每个知识点都进行讲解（这些知识可通过观看书中的视频完成）。也就是说，选用本书作为教材特别适合线上学习相关知识点，留出大量时间在线下进行相关知识的综合讨论，以实现讨论式教学或目标式教学，提高课堂效率。本书的最终目标是不管读者是什么层次，都能通过学习本书的内容达到使用ASP.NET进行项目开发的基本要求。本书所有的案例程序都已运行通过，读者可以直接采用。

本书作者团队

本书由张景峰、周建伟、金大兵和张云峰编写，各章编写分工如下：第1章、第2章、第5章由张景峰编写；第3章、第4章、第6章、第8章由张云峰编写；第10章、第12章和第13章由金大兵编写；第7章、第9章、第11章和第14章由周建伟编写；王智华对书稿中的文字作了校对和排版。

在本书的编写过程中，参考了大量的相关技术资料，吸取了许多同人的宝贵经验，在此深表谢意。限于水平和时间，书中不妥之处在所难免，恳请各位专家、读者批评指正。

编者
2021年6月

目　录

第1部分　基础知识

第2部分 关键技术

第4部分 项目实战

1

基础知识

第 1 章

ASP.NET 开发入门

学习引导

　　本章讲解 ASP.NET 开发入门知识，通过本章的学习，读者能快速熟悉使用 ASP.NET 进行网站开发的过程，为后期的学习和开发打下良好的基础。

内容浏览

1.1 Web基础

Web（World Wide Web、WWW或3W，万维网）是一个海量的、分布式的信息仓库。在Web系统中，信息的表示和传送一般使用HTML（HyperText Markup Language，超文本标记语言）格式，利用这种格式描述的信息可以为用户提供一个易于使用的、包含超媒体信息的图形化界面。

扫一扫，看视频

Web是一种基于超级链接（HyperLink）技术的分布式的超媒体（Hypermedia）系统，是对超文本（HyperText）系统的扩充。利用超级链接技术，Web对位于不同网络位置的文件建立联系，用户通过单击相应的超级链接就可以方便地访问指定的资源，为用户提供了一种交叉式（而非线性）的访问资源的方式。

Web已经成为Internet上使用最为广泛、最有前途、最受欢迎的信息服务工具之一，是在Internet上发布信息的主要手段，也是用户从网上获取信息的主要方式之一。

1.1.1 Web 工作原理

Web是基于客户机/服务器的一种体系结构，用户的计算机称为Web客户机，用于提供Web服务的计算机称为Web服务器。浏览器就是在用户计算机上的Web客户程序，它负责发出Web请求，并接收Web服务器的响应，目前常用的浏览器有Internet Explorer（IE）、谷歌Chrome 浏览器、Firefox 火狐浏览器等。Web服务器负责响应客户机的请求，需要安装专门的Web服务器软件，常见的产品有Internet Information Server（IIS）、Apache HTTP Server等。

扫一扫，看视频

1. Web资源访问过程

Web的资源访问又被称为B/S（Browser/Server，浏览器/服务器）模式，其工作过程如图1-1所示。

图 1-1　Web 资源访问过程

用户每次上网从Web网站获取信息时，都是由浏览器"主动"发出请求，Web服务器"被动"接收到用户的请求，经过处理后，产生响应页面并传递给用户浏览器，浏览器显示这些响应信息。例如，用户在浏览器的地址栏输入百度网站地址www.baidu.com时，网站Web服务器就将响应内容传送到用户浏览器，浏览器将页面显示出来，如图1-2所示。

图 1-2　百度网站的首页

2. HTTP协议

HTTP（HyperText Transfer Protocol，超文本传输协议）是一个非常重要的WWW传输协议。它规定了在网络中传输信息的内容以及Web客户机与Web服务器之间具体交互的方式。当Web客户机从一个Web服务器接收HTML文件时，就会使用HTTP协议，步骤如下：

（1）浏览器会建立一个到网站的连接并发出一个请求。

（2）服务器在接受请求并进行相应的处理后，将发出一个响应（通常这个响应是一个Web页面）。

（3）客户机将得到的响应解释并显示出来。

（4）关闭前面建立的连接。

在HTTP中，所有从Web客户机到Web服务器的通信都是分开的请求和响应对，是各自独立的。Web客户机总是先发送请求初始化这种通信过程，Web服务器再被动地作出响应。

目前普遍使用的是HTTP 1.1协议，HTTP 1.1比HTTP 1.0传输效率更高，并且支持断点续传和管道连接。

3. URL

URL（Uniform Resource Locator，统一资源定位符）用于在Internet上唯一地标识每个资源地址和获取资源的方式，通常也称为URL地址、网站地址或网址。Web客户机就是依靠URL来访问指定的Web服务器。

一个URL类似于物理的树形地址，由以冒号分隔的两大部分组成，在URL中的字符不区分大小写。URL的一般格式为

```
<URL的访问方式>://<主机名>:<端口>/<路径>/…/文件名
```

其中，URL的访问方式指定访问特定资源时应使用的Internet协议，常用的有http（超文本传输协议）、ftp（文件传输协议）、telnet（远程登录服务）、mailto（电子邮件）、file（本地文件）等。如果不指定协议，默认使用http协议。

主机名指定Web服务器的IP地址或域名地址，如www.microsoft.com或210.31.224.1。

端口指明了Internet服务的端口号。端口号不是必填项，通常Internet用户不需要指定，而采用默认的端口号，如HTTP协议默认的端口号为80。只有在服务器不使用默认端口提供服务时才有必要在URL中输入指定的端口。

路径指定要访问的文件在Internet服务器上的位置，每一级目录以一个斜杠（/）符号隔开。

文件名是将要访问的文件名称，包括主文件名和扩展名，如index.html。

一个完整的URL地址如下所示：

http://www.baidu.com:80/index.html

在URL中，端口、目录、文件名对于定位要访问的资源来说是重要的，但不是必需的。所有的URL最少必须包含URL的访问方式和主机名。当没有指定路径和文件名时，表示要访问该服务器的默认文档，如下所示：

http://www.baidu.com/

1.1.2 静态网页与动态网页

当Web客户机提出页面请求后，Web服务器经过某些处理后会给出相应的响应。根据Web服务器上处理方式的不同，可以将网页分为静态网页与动态网页。

1. 静态网页及其执行过程

静态网页是标准的HTML文件，其文件扩展名通常为.htm或.html，它可以包含文本、图像、声音、Flash动画、HTML标记、客户机脚本和客户机ActiveX控件及Java小程序等。

【例1-1】HTML文件示例

利用记事本创建文件thefirst.htm，输入如下代码：

```
<HTML>
<HEAD>
<mata charset="utf-8"/>
<TITLE>HTML页面示例</TITLE>
</HEAD>
<BODY>
<FONT SIZE=7>第一个页面</FONT>
</BODY>
</HTML>
```

扫一扫，看视频

🔔 说明：

HTML文件是一个纯文本文件，可以使用任何一种文本编辑器（如Windows中的记事本、写字板等）创建。

任何Web服务器都支持静态网页，其执行过程如下：

（1）当用户在浏览器的地址栏中输入要访问的URL地址并按Enter键或单击Web页上的某个超级链接时，浏览器向Web服务器发送一个页面请求。

（2）Web服务器接收到这些请求，根据扩展名.htm或.html判断出请求的是HTML文件，然后服务器从当前硬盘或内存中读取正确的HTML文件，将它送回用户浏览器。

（3）用户的浏览器解释这些HTML文件并将结果显示出来。

静态网页的执行过程如图1-3所示。

图 1-3　静态网页的执行过程

从上述的描述中可以看出，Web服务器在静态网页的执行过程中占有重要的地位，这与在硬盘中双击某个HTML文件有着本质的区别（双击文件并没有经过Web服务器）。请读者仔细体会这种区别。

静态网页中显示的内容在用户访问之前就已经完全确定了，不论何时，任何用户访问该页面都会得到相同的显示结果。例如，所有访问http://www.baidu.com网站的用户都会在浏览器中得到如图1-2所示的结果。

需要说明的是，即使该页面包含一些视频动画，由于浏览器的显示结果相同，也被认为是静态网页。

静态页面无须经过服务器执行，不会占用服务器的计算资源（但需要一定的存储空间），在早期的网站中被广泛采用。由于静态网页不能根据用户的需要动态地访问Web服务器上的信息，因此与用户之间缺少交互性；此外，静态页面不支持对数据库的操作，只能用来制作一些内容固定的页面。如果要修改静态页面的内容，只能修改Web服务器上该页面的源代码，页面的后期维护工作量较大。为了使网站更加有效地工作，满足用户对信息的不同需求，还应该在网站中采用动态网页技术。

2. 动态网页及其执行过程

动态网页中除了包含静态网页中可以出现的内容，还可以包含只能在Web服务器上运行的服务器端脚本。动态网页文件的扩展名与所使用的Web应用开发技术有关，如使用ASP.NET技术时文件扩展名为.aspx、使用PHP技术时文件扩展名为.php、使用JSP技术时文件扩展名为.jsp。

动态网页的执行过程如下：

（1）当用户在浏览器的地址栏中输入要访问的URL地址并按Enter键或单击Web页上的某个超级链接时，浏览器将这个动态网页的请求发送到Web服务器。

（2）Web服务器接收这些请求并根据扩展名判断出请求的是动态网页文件，服务器从硬盘或内存中读取相应的文件。

（3）Web服务器将这个动态网页文件从头至尾执行，并根据执行结果生成相应的HTML文件（静态网页）。

（4）HTML文件被送回浏览器，浏览器解释这些HTML文件并将结果显示出来。

动态网页的执行过程如图1-4所示。

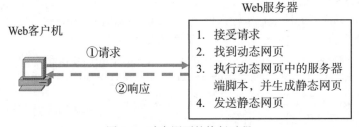

图1-4　动态网页的执行过程

上述过程是一个简化的过程，但从中可以看出动态网页与静态网页有着本质的区别。对于Web服务器来说，静态网页不经过任何处理就被送到了客户机浏览器，而动态网页中的内容首先要在服务器端执行并根据执行结果生成相应的HTML页面，再将HTML页面送给客户机浏览器。也就是说，动态页面具有很强的交互性，可以根据用户的不同选择执行不同的代码、显示不同的内容。例如，在http://www.baidu.com网站上搜索"动态网页"时会得到如图1-5所示的结果。

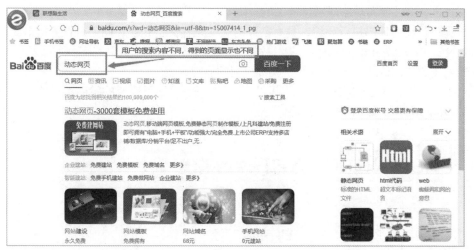

图 1-5　在百度上搜索"动态网页"得到的结果

当不同的用户搜索不同的内容时，其浏览器中会有不同的显示，实现了网页内容的动态显示。

由于动态网页必须在Web服务器端执行，因此，双击硬盘中的动态网页文件时，只能看到该文件的源代码，而看不到该文件的执行结果。

1.1.3　ASP.NET 的特点及页面执行过程

ASP.NET（Active Server Page.NET）是Microsoft公司推出的一个基于.NET Framework的Web应用开发平台，吸收了ASP以前版本的优点并参照Java、VB语言做了适当的改进，使易用性得到了显著的加强。在代码撰写方面，ASP.NET将页面逻辑和业务逻辑分开，更易于前期代码的编写和后期的维护。

借助ASP.NET，可以快速设计出内容丰富、动态交互友好的Web应用。ASP.NET的执行过程如图1-6所示。

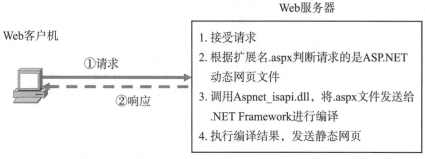

图 1-6　ASP.NET 页面执行过程

在ASP.NET的执行过程中，.NET Framework扮演着非常重要的角色。.NET Framework是一个可以快速开发、部署网站服务及应用程序的软件开发和运行平台，是 Windows 中的一个组件。主要包括Common Language Runtime（CLR，所有.NET 程序语言公用的执行时期组件）和.NET Framework 类库（提供所有.NET 程序语言所需要的基本对象）。

.NET Framework是Microsoft.NET程序的开发框架的运行库，也就是说，如果运行的程序是用.NET开发的，就需要.NET Framework作为底层运行环境。.NET Framework 的主要特点如下：

（1）提供标准的面向对象开发环境。

（2）提供优化的代码执行环境，具有良好的版本兼容性，允许在同一台计算机上安装不同版本的 .NET Framework。

（3）使用JIT（Just In Time）技术，提高代码的运行速度。

.NET Framework 1.0自2002年2月13日发布以来，得到了快速的发展，目前最新的版本是.NET Framework 4.8，于2019年4月发布。

1.2 ASP.NET开发运行环境的搭建

1.2.1 Web服务器（IIS）的安装与配置

扫一扫，看视频

IIS（Internet Information Server，互联网信息服务）是由Microsoft公司提供的基于Windows操作系统的互联网基本服务，包含Web和FTP等服务，提供对ASP.NET和其他动态页面的支持，是目前主流的Web服务器之一。

1. IIS的安装

Windows 10操作系统安装IIS的步骤如下：

（1）依次选择"控制面板"|"程序"|"启用或关闭Windows功能"，弹出"Windows功能"窗口，如图1-7所示。

图1-7　"Windows功能"窗口

（2）在该窗口中勾选Internet Information Services复选框。

🔔 说明：

默认是最小安装，为了避免出现错误，勾选所有功能下的子项目以进行完全安装。

（3）IIS安装完成后，可在浏览器地址栏输入http://localhost/iisstart.htm，如果显示结果如图1-8所示，说明IIS安装正常。其中的localhost代表本机。

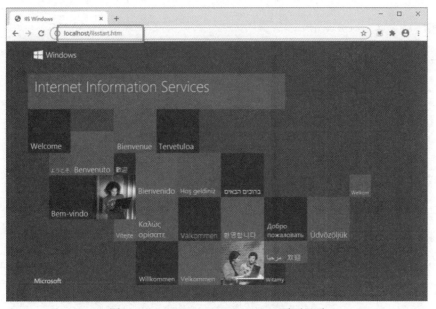

图 1-8　http://localhost/iisstart.htm 页面显示

（4）IIS安装完成后，依次选择"控制面板"|"系统和安全"|"管理工具"，可以找到
"Internet Information Services (IIS)管理器"，如图1-9所示。

图 1-9　"管理工具"窗口

🔔　说明：

为了今后使用方便，可以在Windows桌面上创建"Internet Information Services (IIS)管理
器"的快捷方式，具体方法为右击选中"Internet Information Services (IIS)管理器"，依次选择
"发送到"|"桌面快捷方式"，如图1-10所示。

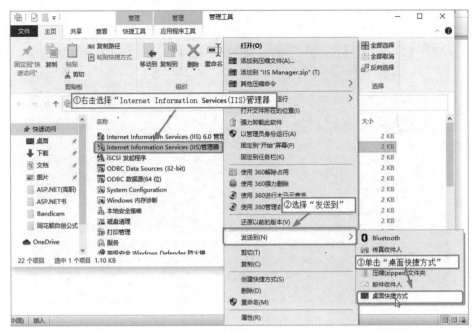

图 1-10　在 Windows 桌面上建立 "Internet Information Services (IIS) 管理器" 的快捷方式

2. IIS的配置

在 "Internet Information Services (IIS)管理器" 窗口中，可以完成IIS的配置。

（1）默认Web站点的设置。

1）基本设置。在 "Internet Information Services (IIS)管理器" 窗口左侧展开 "网站" 节点，选择Default Web Site，然后在右侧 "属性" 列表中单击 "基本设置" 超链接，弹出 "编辑网站" 窗口，如图1-11所示。

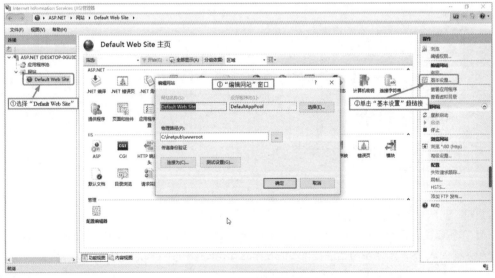

图 1-11　"编辑网站" 窗口

在 "编辑网站" 窗口中，可以指定网站的名称（便于在IIS管理器识别），指定应用程序池（通常选择默认的DefaultAppPool），以及网站文件存放物理路径。

2）网站绑定。在"Internet Information Services (IIS)管理器"窗口左侧展开"网站"节点，选择Default Web Site，然后在右侧"属性"列表中单击"绑定"超链接，弹出"网站绑定"窗口，如图1-12所示。

在"网站绑定"窗口中选择对应的记录，然后单击"编辑"按钮，弹出"编辑网站绑定"窗口，如图1-13所示。

图 1-12　"网站绑定"窗口　　　　　　　　图 1-13　"编辑网站绑定"窗口

在"编辑网站绑定"窗口中，可以指定网站的IP地址、端口和主机名。

3）其他常用设置。在"Internet Information Services (IIS)管理器"窗口中选择"功能视图"页面中的"错误页"，可以用来指定当Web服务器发生错误时，返回给用户的页面；"默认文档"用于指定当用户访问网站但不指明文件时返回给用户的文件，如图1-14所示。

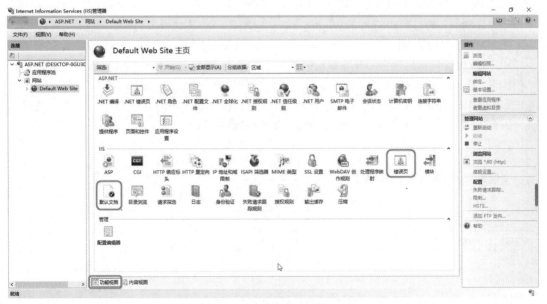

图 1-14　"错误页"和"默认文档"

（2）创建新的网站。在"Internet Information Services (IIS)管理器"窗口左侧右击"网站"节点，在弹出的快捷菜单中选择"新建网站"，弹出"添加网站"窗口，如图1-15所示。

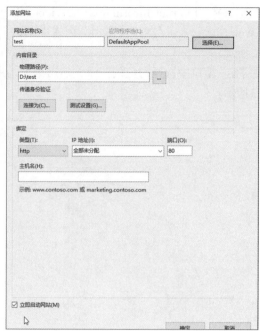

图 1-15　"添加网站"窗口

在"添加网站"窗口中，可以指定新建网站的名称、应用程序池、物理路径以及绑定的信息。

1.2.2　安装 Visual Studio 2019

Visual Studio是目前最流行的Windows平台应用程序的集成开发环境。最新版本为 2019 年4月2日发布的基于.NET Framework 4.7 的 Visual Studio 2019（以下简称VS2019）。

VS2019包含免费供学生和开放源代码参与者以及个人使用的Community（社区）版、适合小型团队的Professional（专业）版和适用于任何规模的团队的Enterprise（企业）版三个版本。考虑到VS2019 Community（社区）版免费使用、易于获得且提供的功能对于初学者来说已足够，因此本书介绍VS2019 Community（社区）版的安装和使用。

1. VS2019安装要求

安装VS2019对计算机环境的要求见表1-1。

表 1−1　安装 VS2019 所需条件

项　　目	说　　明
CPU	1.8 GHz 或更快的处理器，建议使用四核及以上的 CPU
内存	最少 2 GB，建议 8 GB
硬盘可用空间	800 MB～210 GB（典型安装需要 20～50 GB 的可用空间）
显卡	支持最小显示分辨率 720dpi（1280×720）
操作系统	Windows 7 SP1、Windows 8.1(带有更新 2919355)、Windows Server 2012 R2(带有更新 2919355)、Windows Server 2016、Windows Server 2019、Windows 10(不支持 LTSC 和 Windows 10 S)，建议在 Windows 10 的 64 位操作系统中安装
.NET Framework 版本	需要 .NET Framework 4.5.2 或更高版本

2. VS2019 Community版的安装

（1）下载安装文件（地址为https://visualstudio.microsoft.com/zh-hans/thank-you-downloading-visual-studio/?sku=Community&rel=16），安装文件的命名格式为vs_community__编译版本号.exe。笔者在编写本书时下载的安装文件为vs_community__1157079694.1594774464.exe，这是个可执行文件，双击开始安装。

（2）打开安装程序界面，单击"继续"按钮，如图1-16所示。

图1-16　VS2019安装程序界面

（3）待程序加载完成后，打开安装设置界面。在"工作负载"中选择"ASP.NET和Web开发"，设置合适的安装路径，然后单击"安装"按钮，即可开始安装，如图1-17所示。

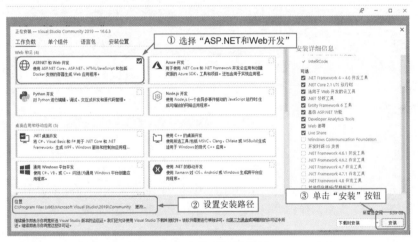

图1-17　安装设置界面

此外，用户也可以在页面上端的"单个组件""语言包""安装位置"中进行设置后，再安装VS2019。

（4）随后显示下载及安装进度窗口，如图1-18所示。

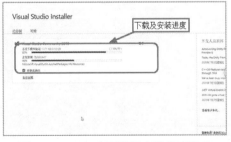

图1-18　VS2019下载及安装进度窗口

🔔 **注意：**

在安装VS2019时，要保证计算机一直处于联网状态。

当安装进度执行到100%后，进入安装完成界面。单击"启动"按钮，即可运行VS2019 Community。

3. VS2019 Community版的卸载

依次选择"控制面板"|"卸载程序"，找到Visual Studio 2019，右击选择"卸载"即可完成卸载。

🎬 1.2.3 Visual Studio 2019 开发环境介绍

扫一扫，看视频

安装成功后，通过"开始"|Visual Studio 2019运行VS2019。首次运行时，需要进行一些使用习惯的设置，进入启动界面。选择"创建新项目"，如图1-19所示。

图 1-19　在启动界面中选择"创建新项目"

弹出"创建新项目"窗口，选择"ASP.NET Web应用程序（.NET Framework）"，如图1-20所示。单击"下一步"按钮，弹出"配置新项目"窗口，如图1-21所示。

图 1-20　选择"ASP.NET Web 应用程序（.NET Framework）"

图 1-21　"配置新项目"窗口

在"配置新项目"窗口中，可以设置项目的名称、选择存储新项目的位置、设置解决方案的名称和新项目采用的.NET Framework版本。其中的解决方案是VS2019中项目的容器，可以包含一个或者多个项目。这里都按照默认取值，单击"创建"按钮，弹出"创建新的ASP.NET Web应用程序"窗口，如图1-22所示。

图 1-22　"创建新的 ASP.NET Web 应用程序"窗口

在"创建新的ASP.NET Web应用程序"窗口中选择Web Forms，单击"创建"按钮，进入"Visual Studio 集成开发环境IDE"窗口，单击文件Default.aspx后，窗口显示如图 1-23 所示。

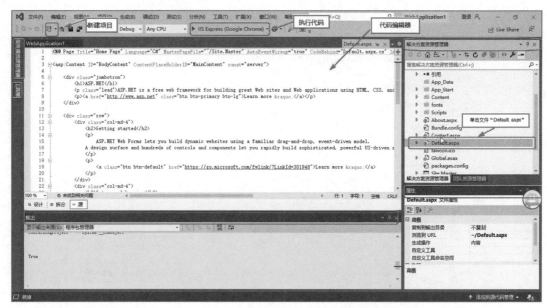

图 1-23　Visual Studio 2019 集成开发环境

Visual Studio 集成开发环境功能非常强大，可以完成代码的编辑、调试、生成和发布等功能，主要包含如下工具。

1. 解决方案资源管理器

可以通过 IDE 右上方的"解决方案资源管理器"查看、导航和管理代码文件，VS2019 解决方案资源管理器将代码文件分为解决方案和项目两类。

解决方案包含一个或多个相关项目，只是一个容器，由格式唯一的文本文件（扩展名为 .sln）描述，不应对其进行手动编辑。

项目是用户根据具体的应用（如建设一个网站）创建的，也就是说，一个应用对应一个项目。创建项目常用的方式是利用 VS2019 提供的模板，如图 1-20 所示。ASP.NET 中常用文件的类型见表 1-2。

表 1-2　ASP.NET 中常用文件类型及说明

文件扩展名	说　明	文件扩展名	说　明
.aspx	页面文件名	.master	模板文件
.aspx.cs	页面文件对应的编程逻辑	.asmx	Web 服务
.cs	C# 类模块代码文件	.config	配置文件

2. 项目中添加新项

在"解决方案资源管理器"中右击选中对应项目，在弹出的快捷菜单中依次选择"添加"|"新建项"，如图 1-24 所示。

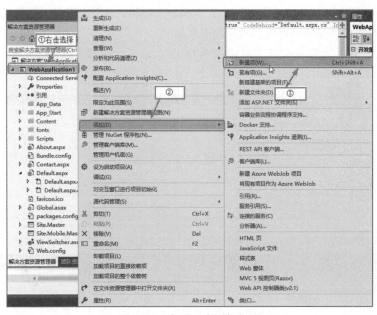

图 1-24　向项目中添加新项

在弹出的"添加新项-WebApplicationl"窗口中，选择对应的模板、设置新项名称，单击"添加"按钮，完成新建项目的添加，如图 1-25 所示。

图 1-25　"添加新项 -WebApplication1"窗口

3. 代码编辑器窗口

在图 1-23 的"VisualStudio 2019集成开发环境IDE"窗口的中心位置是"代码编辑器"窗口，用于显示文件内容，是用户进行代码编写的主要场所。

每个Web窗体页面（.aspx文件）都有"设计""拆分""源"三种视图可选，在代码编辑器最下面有对应的按钮，如图 1-26 所示。

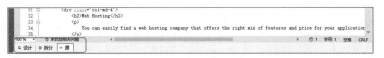

图 1-26　"设计""拆分""源"三种视图

"设计"视图用来模拟用户在浏览器中看到的显示效果；"源"视图使用户看到具体实现的源代码；"拆分"视图会将显示和代码同时呈现出来。

在"解决方案资源管理器"中双击文件Default.aspx，选择"拆分"视图，显示效果如图1-27所示。

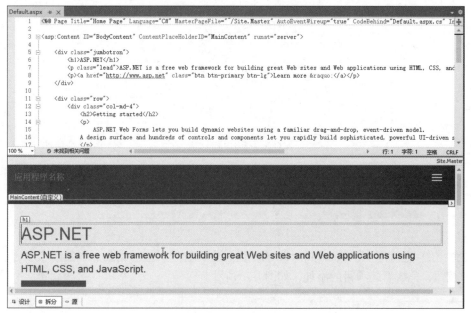

图 1-27　Default.aspx 文件"拆分"视图

4. 其他常用工具

（1）服务器资源管理器窗口：提供与多种服务器资源进行交互的方式。

（2）工具箱窗口：显示可以添加到 Visual Studio 项目的控件。

（3）属性窗口：显示开发环境中具有焦点的对象的属性并支持编辑属性。

（4）输出窗口：用于显示各种功能的状态消息，如显示项目的生成信息等。

1.3　创建第1个ASP.NET网站

本节从零开始，利用VS2019可视化环境快速创建1个ASP.NET网站。

【例1-2】利用VS2019快速创建网站

扫一扫，看视频

VS2019集成开发环境的可视化程度非常高，可以快速且高效地完成网站的基本建设。本例中，首先在页面中显示文字WelCome和一个按钮，当用户单击按钮时，页面显示hello world，具体步骤如下：

（1）通过"开始"|Visual Studio 2019，进入启动界面。选择"创建新项目"，如图1-19所示。

（2）弹出"创建新项目"窗口，选择"ASP.NET Web应用程序（.NET Framework）"，如图1-20所示。单击"下一步"按钮，弹出"配置新项目"窗口，如图1-28所示。

图 1-28 "配置新项目"窗口

在"配置新项目"窗口中，设置项目的名称为TheFirst、存储项目的位置为D:\book\，单击"创建"按钮，弹出"创建新的ASP.NET Web应用程序"窗口，如图1-29所示。

图 1-29 "创建新的 ASP.NET Web 应用程序"窗口

（3）在"创建新的ASP.NET Web应用程序"窗口中，选择"空"创建空的项目模板，单击"创建"按钮，进入"Visual Studio 2019集成开发环境IDE"。

（4）在"Visual Studio 2019集成开发环境IDE"中，在"解决方案资源管理器"中右击TheFirst项目，在弹出的快捷菜单中依次选择"添加"|"新建项"。

在弹出的"添加新项-TheFirst"窗口中，选择模板Visual C#|Web|Web Forms，设置新项名称为WelCome.aspx，如图1-30所示。单击"添加"按钮，完成新建项目的添加。

图 1-30 "添加新项 -TheFirst"窗口

（5）在"解决方案资源管理器"中单击WelCome.aspx，在"代码编辑器"中选择"设计"视图，然后单击"工具箱"，如图1-31所示。

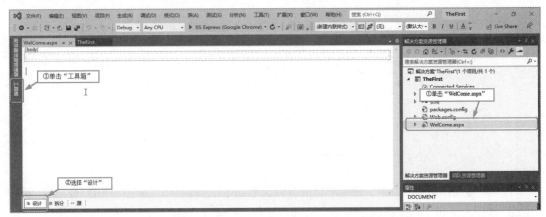

图 1-31　设计 WelCome.aspx 页面显示

（6）弹出"工具箱"窗口，如图1-32所示。工具箱提供了进行开发所必需的控件，默认包含"标准""数据""验证"等10组，如图1-33所示。

控件是已经封装好的一些可以重复使用的代码，有自己的属性和方法。将工具箱中的控件放置到页面中，开发人员就可以快速地设计出页面。

图 1-32　"工具箱"窗口

图 1-33　控件种类

VS2019中向页面添加控件的方法有以下两种：

● 双击相应的控件。

● 单击需要的控件，拖动到页面。

本例中双击Button控件和Label控件，然后调整两个控件到合适的位置，如图1-34所示。

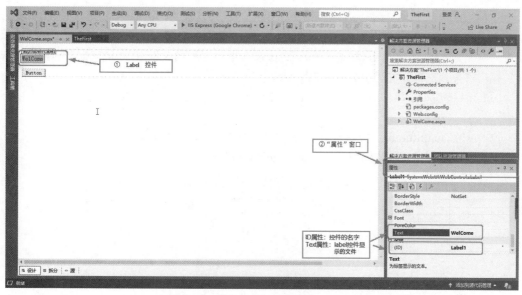

图 1-34　设置 Label 控件的 Text 属性

（7）单击Label控件，在"属性"窗口中修改Text属性值为WelCome。ID属性表示控件的名字，这个名字在后续程序代码访问时使用。

🔔 说明：

用户通过属性窗口既可以方便地设置控件的属性值，也可以方便地管理控件的事件，如图1-35所示。

图 1-35　属性窗口

（8）双击Button控件，进入按钮的单击事件，如图1-36所示。

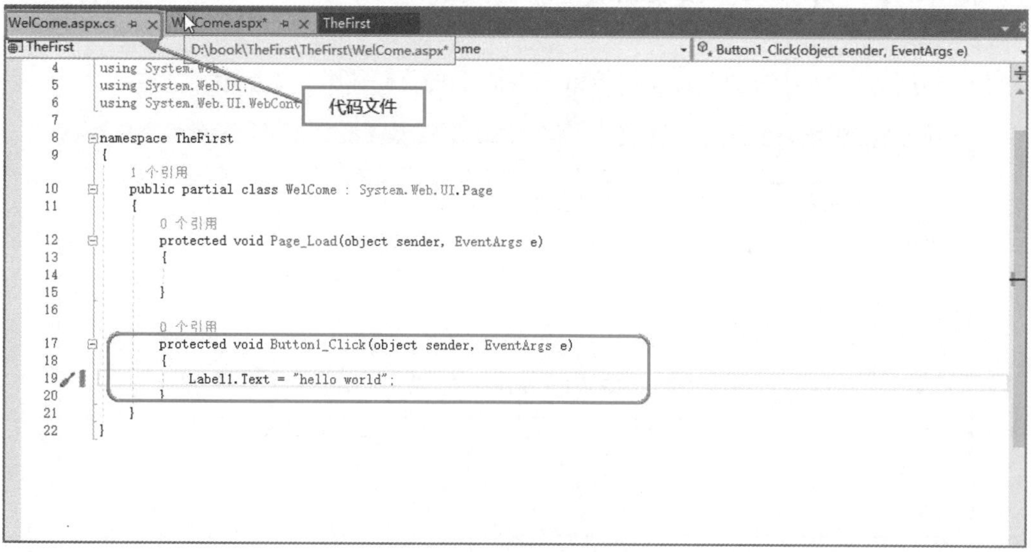

```
4      using System.Web;
5      using System.Web.UI;
6      using System.Web.UI.WebCont              代码文件
7
8      namespace TheFirst
9      {
           1 个引用
10         public partial class WelCome : System.Web.UI.Page
11         {
               0 个引用
12             protected void Page_Load(object sender, EventArgs e)
13             {
14
15             }
16
               0 个引用
17             protected void Button1_Click(object sender, EventArgs e)
18             {
19                 Label1.Text = "hello world";
20             }
21         }
22     }
```

图 1-36　Button1 按钮的单击事件

⚠ 注意:

　　代码输入的文件为WelCome.aspx.cs。ASP.NET中将页面显示的代码(前台)放在.aspx文件中,将所有的服务器端动作(后台)放在.aspx.cs中,这样的设计使前台和后台的功能更清晰、模块内聚性更强,有利于前期的开发和后期的维护。

　　Button1按钮单击事件的代码是将Label1控件的Text属性设置为hello world,注意要用";"结束。

　　(9)在"VisualStudio 2019集成开发环境"窗口中,依次选择菜单"调试"|"开始调试"或者在工具栏中选择指定的浏览器开始调试,如图1-37所示。

图 1-37　工具栏调试

　　(10)浏览器显示的结果和单击按钮后显示的内容如图1-38所示。

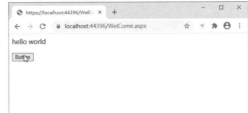

图 1-38　浏览器显示结果

1.4　ASP.NET页面语法

　　例1-2中涉及的ASP.NET页面文件WelCome.aspx的代码如图1-39所示。

图 1-39　文件 WelCome.aspx 的代码

1.4.1 页面指令

文件WelCome.aspx 的首行代码如下：

```
<%@ Page Language="C#" AutoEventWireup="true" CodeBehind="WelCome.aspx.cs" Inherits="TheFirst.
WelCome" %>
```

ASP.NET 页面中的前几行，一般是%@……%这样的代码，称为页面指令，用来定义 ASP.NET页面分析器和编译器使用的针对该页面的一些定义。常用的一些指令如下：

- Language：指定页面中的所有用<%%>和<%=%>符号包含的代码和代码声名块进行编译时使用的语言。可以是任何.NET Framework支持的语言。需要注意的是，每页只能使用和指定一种语言，但一个工程可以使用多种语言。
- AutoEventWireup：设置页面的事件是否自动绑定。
- CodeFile：指定页面引用的代码隐藏文件（如.aspx.cs）的路径。此属性与Inherits属性一起使用可以将代码隐藏源文件与网页相关联。此属性仅对编译的页面有效。
- Inherits：定义供页面继承的代码隐藏类，可以是从 Page 类派生的任何类。Inherits属性与 CodeFile 属性一起使用，用于指定要执行的代码在.aspx.cs文件中的具体位置，在使用 C# 作为页面语言时区分大小写。
- CodeBehind：指定包含与页面关联的类的已编译文件的名称。该属性用于 Web 应用程序项目，不能在运行时使用。

CodeBehind只是一个 Visual Studio .NET 属性，并不是一个真正的 ASP.NET 属性，Visual Studio .NET借用这个属性来很好地跟踪管理项目中的 Web 窗体和与之相对的代码隐藏文件。

本例中利用CodeBehind="WelCome.aspx.cs"指定了处理的文件，其代码如下：

```csharp
using System;
using System.Collections.Generic;
using System.Linq;
using System.Web;
using System.Web.UI;
using System.Web.UI.WebControls;

namespace TheFirst
{
    public partial class WelCome : System.Web.UI.Page
    {
        protected void Page_Load(object sender, EventArgs e)
        {

        }

        protected void Button1_Click(object sender, EventArgs e)
        {
            Label1.Text = "hello world";
        }
    }
}
```

WelCome.aspx.cs中指定了按钮Button1 的Click事件的代码。

1.4.2 HTML 标记

HTML标记用于向用户浏览器显示指定的内容，目前最新的版本是HTML5。.aspx文件中的HTML标记被当作文本对待，Web服务器不做任何处理，直接发送给用户浏览器。

HTML中，用<html>标记表示文档的开头，用</html>标记表示文档的结尾。HTML文档中，通常用一对标记来指定具体的内容，详细请参阅第2章的内容。

1.4.3　服务器控件

在WelCome.aspx文件中，利用以下代码声明Label、Button两个服务器控件(runat="server")。利用ASP.NET中的服务器控件，可以在Web服务器端完成指定的功能，第4章会详细介绍。

```
<asp:Label ID="Label1" runat="server" Text="WelCome"></asp:Label>
<asp:Button ID="Button1" runat="server" OnClick="Button1_Click" Text="Button" />
```

1.5　ASP.NET网站的生成和发布

1.5.1　网站的生成

在"解决方案资源管理器"中右击项目TheFirst，在弹出的快捷菜单中选择"生成"，如图1-40所示。

生成指的是将项目进行编译并且产生对应的文件。在图1-40中有以下两个选项。

- 生成：在上次编译的基础上编译那些修改过的文件，而没有修改的文件不编译。
- 重新生成：重新编译每个文件，这样速度要慢些，但可靠性高一些。

1.5.2　网站的发布

在"解决方案资源管理器"中右击项目TheFirst，在弹出的快捷菜单中选择"发布"，如图1-41所示。

图1-40　网站的生成

图1-41　网站的发布

在弹出的发布配置窗口中选择目标为"文件夹",如图1-42所示。

单击"下一步"按钮,弹出设置发布位置窗口,如图1-43所示。

图 1-42　发布配置窗口　　　　　　　　图 1-43　设置发布目录窗口

单击"完成"按钮,进入发布配置摘要窗口,如图1-44所示。

图 1-44　发布配置摘要窗口

单击"发布"按钮,就在指定目录下发布了网站。

在"Internet Information Services (IIS)管理器"窗口左侧的"网站"节点,右击选择Default Web Site,在弹出的快捷菜单中选择"添加应用程序",打开"添加应用程序"窗口,如图1-45所示。

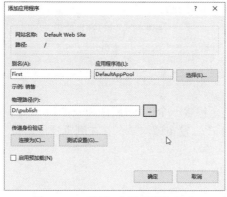

图 1-45　"添加应用程序"窗口

设置相应的别名、应用程序池和物理路径后,单击"确定"按钮,回到"Internet Information Services (IIS)管理器"中。

在"Internet Information Services (IIS)管理器"中,选择刚创建的应用程序,选择"内容视图",右击文件WelCome.aspx,在弹出的快捷菜单中选择"浏览",即可在浏览器中显示程序运行结果,如图1-46所示。

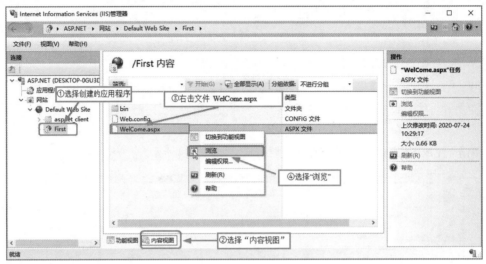

图 1-46　浏览页面

1.6　思考题

1. 简述Web资源的访问过程。
2. 简述URL的作用及构成。
3. 简述静态网页的特点及执行过程。
4. 简述动态网页的特点及执行过程。
5. 简述ASP.NET页面的执行过程。
6. 搭建ASP.NET开发运行环境时,需要安装和设置好哪些软件?
7. ASP.NET页面通常包含哪些内容?
8. 如何生成和发布ASP.NET网站?

1.7　实战练习

创建读者的第一个网站,包含一个Label控件和一个Button控件。页面开始显示读者的昵称,单击按钮后显示"加油!"。发布该网站,并在浏览器中验证。

第 2 章

网站页面制作基础

学习引导

网站是由多个页面构成的，每个网页可以包含文字、图片、音频、视频等多种数据，是网站显示内容的主要方式。本章介绍静态页面制作的基础知识，包括 HTML 标记和 CSS 的使用，这些也是进行网站开发所必须具备的知识点。

内容浏览

丰富多彩的网页主要包含如下类型的数据。

- 文本：这是网页信息的主要表现形式。
- 图像：网页支持的图像格式包括JPG、GIF和PNG等。
- 超级链接：超级链接指向一个用URL表示的资源，是WWW表示和使用资源的主要方式。
- 表单：表单主要用来收集用户信息，实现浏览者与服务器之间的信息交互。
- 其他元素：在页面中还可能包括导航条、GIF动画、Flash动画、音频、视频、框架等。

静态网页的制作通常是根据预先设计出的网页效果图，按照W3C规范，用HTML标记将其制作成网页格式。

2.1 HTML概述

HTML是用来表示网上信息的符号标记语言。在WWW上，发布信息通常使用HTML，它是Web页面制作的基础，也是Web应用开发的基础。

HTML最早源于SGML语言（Standard General Markup Language，标准通用化标记语言），是由Web页面的发明者Tim Berners-Lee和他的同事Daniel W.Connolly于1990年创建的一种新颖的标记式语言，它是SGML的应用。由于网络的飞速发展，使HTML也得到了快速的发展，在WWW革命中扮演了核心技术的角色。目前最新的是HTML5，HTML5在媒体、内容和应用等方面的能力都得到了极大的提升，被喻为改变移动互联网的重要推手。

2.1.1 HTML 文件

HTML是一种标记语言，它定义了一系列的特殊标记以便区分页面的不同部分。用这些标记编写的文件扩展名是.html或.htm，这两种文件格式是可供浏览器解释和浏览的格式，是标准的静态网页。

HTML网页是纯文本文件，只要能进行文件编辑的软件，几乎都可以用来编辑HTML文件。如Windows自带的记事本、写字板，Linux中的vim、emacs等。在保存文件或者更改文件名时，把文件的扩展名设为.htm或者.html即可将编辑的文件转换为HTML文件。

为了使设计网页更加方便，很多公司设计了专用的网页编辑器，如VS Code、Sublime Text等。除具有所见即所得的功能外，还提供了支持CSS编辑、预先定义了丰富的JavaScript函数等一些特色功能，使得网页设计和制作更加方便、有效。

本书以VS2019为工具，介绍HTML文件的操作。

2.1.2 HTML 标记

HTML语言使用"标记"的方法编写，标记由尖括号（<>）及其中独立的元素构成，如<html>。按照格式特征可以把标记分为两类：包容标记和空标记。

1. 包容标记

包容标记是由一个开始标记和一个结束标记构成的，如<html>和</html>。在HTML文件中这样的标记都必须成对出现。

在开始标记中可以设置属性值，结束标记不能包含任何属性。格式如下所示：

```
<标记名称 属性="属性值" 属性="属性值"…> 数据 </标记名称>
```

例如，创建一个表单，指定方法为get，处理页面为check.aspx。

```
<form action="check.aspx" method="get">
…
</form>
```

🔔 说明：

（1）HTML标记和属性不区分大小写，即标记<html>和<HTML>的作用是一样的。但根据W3C（World Wide Web Consortium，万维网联盟）的规范写法，一般使用小写字母。

（2）通过给属性设置不同的值，可以获得不同的样式效果。一个标记中可以包含任意多个属性，不同属性之间使用空格分隔；对于HTML标记，属性值应该使用引号括起来（单引号或双引号，通常使用双引号）。

2. 空标记

空标记只有一个开始标记，如
。空标记也可以含有属性，如下所示：

```
<IMAGE src="globe.gif">
```

2.1.3 HTML 文档的结构

HTML文档的基本结构包括html、head、body三部分，如下所示：

```
<html>
  <head>
    标题部分
  </head>
  <body>
    正文部分
  </body>
</html>
```

文档的开头和结尾分别由<html>和</html>来标记，所有HTML文档都可以分为两个部分：头部和正文，每一部分用特定的标记标出。

1. HTML文档标记

格式：<html>…</html>。

说明：标志文档的开始和结束。

<html>处于文档的最前面，说明这是一个HTML文档。当浏览器下载解析时，从<html>开始，到</html>结束，按照HTML的语法规则来解析这个页面，从而使文档以HTML页面的形式显示出来。

2. HTML文档头标记

格式：<head>…</head>。

说明：标记头部，用来说明与文档本身相关的一些信息。

这部分为可选内容，主要包含一些说明性的内容和预定义。最常用的是title标记和meta标记，其中title标记符用于定义网页的标题，其内容显示在网页窗口的标题栏中，网页标题可被浏览器用作书签和收藏清单；用meta提供有关页面的元信息（meta-information），比如针对搜索引擎和更新频度的描述。

3. HTML文档主体标记

格式：<body>…</body>。

说明：标记正文部分，是整个文档的主体部分，是用户在浏览器中可以看到的内容。这一部分可以包含文本、图片、音频、视频等各种内容。

位于头部标记之后，定义了网页上显示的主要内容和显示格式，是整个网页的编辑主体和核心部分，制作网页的主要工作将在这里完成。

🔔 注意：

<head>与<body>为独立的两个部分，不能互相嵌套使用。

【例2-1】HTML基本构成

扫一扫，看视频

本例中，利用<head>标记对在浏览器的标题栏显示"网页标题部分"，利用<body>标记对在浏览器的页面显示指定的文本，具体步骤如下：

（1）启动VS2019，在启动界面中单击在1.3节中创建的解决方案TheFirst.sln，如图2-1所示。

图 2-1　一个说明 HTML 结构的网页

（2）在"解决方案资源管理器"中右击"TheFirst"项目，在弹出的快捷菜单中依次选择"添加"|"新建项"。在弹出的"添加新项-TheFirst"窗口中，选择模板Visual C#|Web|"HTML页"，设置新项名称为Html2-1.html，如图2-2所示。单击"添加"按钮，完成新建项目的添加。

图 2-2　"添加新项 -TheFirst"窗口

（3）在代码编辑窗口的合适位置输入如下代码：

```
<!DOCTYPE html>
<html>
<head>
  <meta charset="utf-8" />
  <title>网页标题部分</title>
</head>
<body>
  <P>网页正文部分！</P>
  <P>正文部分可以包含各种网页元素。</P>
</body>
</html>
```

上述代码的功能就是将浏览器的标题显示为"网页标题部分"，在正文的地方显示"网页正文部分！"，并另起一行显示"正文部分可以包含各种网页元素。"，在浏览器中的显示结果如图2-3所示。

图 2-3　Html2-1.html 页面显示结果

例2-1中的代码<!DOCTYPE html>用于声明HTML5标准网页，<meta charset="utf-8" />用于指定当前页面的字符编码为utf-8。

2.2　HTML常用标记的使用

HTML标记众多，本节仅介绍在ASP.NET中常用的一些标记，其他内容读者可查阅网站https://www.w3.org/html/获取更多介绍。

2.2.1　基本标记

1. 注释标记

格式：<!--注释内容-->。
说明：用来在源文档中插入注释，注释的内容不会在浏览器中显示。

2. 标题标记

格式：<h1>…</h1>，<h2>…</h2>，…，<h6>…</h6>。
说明：设置各种大小不同标题的标记，其中h1的标题最大，通常用于最醒目的标题内容。

3. 段落标记

格式：<p>…</p>。
说明：设置段落标记。以<p>标记开始表示一个段落，结尾标记可以省略，但为了防止文档出错，并且提高代码的可读性，最好将</p>写上。

4. 换行标记

格式:
。

说明：放在一行文本的末尾，可以使后面的内容在下一行显示。与<p>标记不同，它在行与行之间不会产生空行，因此称为强制换行。

5. <hr>

格式:<hr>。

说明：插入水平线标记。

【例2-2】HTML基本标记的使用

扫一扫，看视频

启动VS2019，打开解决方案TheFirst.sln，创建名为Html2-2.html的"HTML页面"，输入如下代码：

```html
<!DOCTYPE html>
<!--指定当前页面为THML5标准，字符编码为"utf-8"-->
<html>
<head>
  <meta charset="utf-8" />
  <title>网页标题部分</title>
</head>
<body>
  <P>1~3号标题演示</P>
  <h1>1号标题文字演示。</h1>
  <h2>2号标题文字演示。</h2>
  <h3>3号标题文字演示。</h3>
  <hr />
  4~6号标题演示<br>
  <h4>4号标题文字演示。</h4>
  <h5>5号标题文字演示。</h5>
  <h6>6号标题文字演示。</h6>
</body>
</html>
```

在浏览器中的显示效果如图2-4所示。在浏览器中，右击，选择快捷菜单中的"查看网页源代码"，可看到文件Html2-2.html的源代码，如图2-4所示。

图 2-4　Html2-1.html 页面显示效果和源代码

1. 粗体标记

格式:… 。

说明:将标记中间的文本用粗体显示。

2. 强调标记

格式:… 。

说明:将标记中间的文本强调显示。

3. 斜体标记

格式:<i>… </i>。

说明:将标记中间的文本用斜体显示。

4. 预定格式标记

格式:<pre>…</pre>。

说明:在浏览器中浏览时,按照文档中预先排好的形式显示内容。

【例2-3】HTML文本格式化标记示例

在解决方案TheFirst.sln中,创建名为Html2-3.html的"HTML页面",输入如下代码:

```
<!DOCTYPE html>
<html>
<head>
  <meta charset="utf-8" />
  <title></title>
</head>
<body>
  <p>这是一个普通的文本– <b>这是一个加粗文本</b>。</p>
  <p>这是一个普通的文本– <em>这是一个强调文本</em>。</p>
  <p>这是一个普通的文本– <i>这是一个斜体文本</i>。</p>
  <p>
    静夜思
    床前明月光,疑是地上霜。
    举头望明月,低头思故乡。
  </p>
  <pre>
        静夜思
    床前明月光,疑是地上霜。
    举头望明月,低头思故乡。
</pre>
</body>
</html>
```

浏览器中的显示效果如图2-5所示。

图 2-5　Html2-3.html 页面显示效果

2.2.3　超级链接和图片

1. 超级链接标记

格式：<a>…</a>。

说明：在当前页面和其他页面之间建立超链接。常用的属性如下：

● href=url：指定链接目标的URL。

● target=frametarget：规定在何处打开目标 URL。仅在 href 属性存在时使用。

2. 插入图像

格式：<img>…</img>。

说明：在网页中加入图像，img标记常用的属性见表2-1。

表 2-1　img 标记常用的属性

属　性	说　明
src =URL	通过 URL 给出图像来源的位置，不可缺省
width=size	设置图像宽度
height =size	设置图像高度
alt= txt	设置在图像不存在或未载入前图片位置显示的文字

　　src 和 alt属性是 <img> 标记必填的两个属性；通过在 <a> 标记中嵌套 <img>，可以为图像添加超级链接。

【例2-4】超级链接和图片标记示例

扫一扫，看视频

　　　　在解决方案TheFirst.sln中，创建名为Html2-4.html的"HTML页面"，输入如下代码：

```
<!DOCTYPE html>
<html>
    <head>
  <meta charset="utf-8" />
  <title></title>
</head>
<body>
  <p><a href="http://www.baidu.com">百度</a></p>
  <p>
    <a href="//www.baidu.com"><!加入超级链接>
      <img src="baidu.png" alt="百度" width="540" height="258" border="0">
```

```
    <!设置图片>
      </a>
    </p>
  </body>
</html>
```

浏览器中的显示效果如图2-6所示，当鼠标移到具有超级链接的文字"百度"，或者百度图片时，会在浏览器的地址栏显示相应的超级链接。

图 2-6　Html2-4.html 页面显示效果

2.2.4　表格

1. 建立表格

格式：<table>…</table>。

说明：创建表格标记。在HTML5中，仅支持"border"属性，用于设置表格边框大小，只允许使用值 "1" 或 ""，""表示表格边框不可见。

2. 定制表格

定义表格的一行的格式：<tr>…</tr>。

通常情况下，一个HTML 表格有两种单元格类型。

● 表头单元格：表格的头部信息，用 <th>…</th> 创建，<th> 中的文本通常呈现为粗体并且居中。

● 标准单元格：表格的数据，用 <td>…</td> 创建，<td>中的文本通常是普通的左对齐文本。

3. 表格标题

格式：<caption>…</caption>。

说明：<caption> 标记必须直接放置在 <table> 标签之后，每个表格只能有一个标题。

【例2-5】HTML表格示例

在解决方案TheFirst.sln中，创建名为Html2-5.html的"HTML页面"，输入如下代码：

```
                    <!DOCTYPE html>
                    <html>
                    <head>
                      <meta charset="utf-8" />
                      <title></title>
                    </head>
  <body>
    <table border="1"> <!表格开始，且边框设置为1>
      <caption>明天工作计划</caption><!表格标题>
      <tr> <!第1行>
        <th>上午</th> <!第1列>
        <th>下午</th>
        <th>晚上</th>
      </tr>
      <tr> <!第2行>
        <td>工作</td>
        <td>开会</td>
        <td>看电影</td>
      </tr>
    </table>
  </body>
  </html>
```

扫一扫，看视频

浏览器中的显示效果如图2-7所示。

图 2-7　表格的使用

2.2.5　表单

　　网页上可控制输入表项及项目选择的栏目称为表单。表单是用户和Web应用程序、Web数据库等进行交互的界面。

1. 表单的结构

格式：<form>…</form>。

说明：定义表单标记，常用属性和事件见表2-2。

表 2-2　<form> 的常用属性和事件

属　　性	说　　明
action= URL	设置处理表单的程序
method=postmethod	设置发送表单的 HTTP 方法，有 get 和 post 两个取值
enctype=contenttype	规定在向服务器发送表单数据之前如何对其进行编码（适用于 method="post" 的情况）
onsubmit= script	当提交表单时运行的脚本
target=frametarget	规定在何处打开 action URL
accept-charset=cdata	设置可支持的字符列表
name=text	设置表单的名称

使用<form>定义交互式的表单时，action属性指定了表单数据要送去处理的程序，它既可以是一个Java小程序，也可以是本书介绍的ASP.NET程序。

method属性指定了发送表单数据的方法，一种是get（默认），另一种是post。这两种方法的区别如下：

● get是将form的输入信息作为字符串附加到action所设定的URL，中间用"?"隔开，每个表单域之间用"&"隔开，然后把整个字符串传送到服务器端。需要注意的是，由于系统环境变量的长度限制了输入字符串的长度，使得用get方法所得到的信息不能太多，一般在4000字符左右，而且不能含有非ASCII码字符，并且在浏览器的地址栏中将以明文的形式显示表单中的各个表单域值。
● post是将form的输入信息进行包装，不用附加到action属性的URL中，其传送的信息数据量基本上没有什么限制，而且在浏览器的地址栏中不会显示表单域的值。

2. form中常用的控件

使用<form>可以创建基本的表单，但是只使用这一个标记不会完成交互的功能，还需要很多其他的控件，主要控件如下：

（1）单行输入域。格式为<input>。

🔔 说明：

在<form>中使用，用来声明允许用户输入数据的input 控件，输入字段可通过type属性进行多种方式的设置。根据输入域的种类不同，<input>标记可以使用的属性也不同，此标记的主要属性见表2-3。

表2–3　<input> 标记的主要属性

属　　性	功　　能
type= inputtype	设置输入域的类型
name=cdata	设置表项的控制名，在表单处理时起作用（适用于除 submit 和 reset 外的其他类型）
size=num	设置表单域的长度
maxlength =num	设置允许输入的最大字符数（适用于 text 和 password 类型）
value=cdata	设置输入域的值（适用于 radio 和 checkbox 类型）
checked	设置是否被选中（适用于 radio、button 和 checkbox 类型）

type属性常用的取值如下：

1）text：type的默认类型，定义一个单行的文本字段（默认宽度为20个字符）。其他属性的含义如下（如果没有提到，则表示这种类型不支持该属性，后面的其他类型相同）：

● name：将输入值传给处理程序时与输入值相对应的名称。
● size：输入窗口的长度，默认值为20，以字节为单位。
● value：设定预先在窗口显示的信息。
● maxlength：限制最多输入的字节数。

2）password：定义密码字段，用户在字段中输入的字符会被遮蔽。

3）radio：定义单选按钮，即在多个选择之间只能选择其中一项。由于选择是唯一的，因此属性name取相同的值，但属性value的值各不相同。

当input类型为radio时，其他属性的含义如下：

● name：将输入值传给处理程序时与输入值相对应的名称。
● value：每个选项对应的值。

● checked：指明是否被用户选中。

4）checkbox：定义复选框，即在多个选择之间可以选择其中一项或多项。由于每一项都可以被选择，属性name取相同的值，但属性value的值各不相同。

当input类型为checkbox时，其他属性的含义如下：

● name：将输入值传给处理程序时与输入值相对应的名称。

● value：每个选项对应的值。

● checked：指明是否被用户选中。

5）submit：定义提交按钮。当用户单击这个按钮后，用户的输入信息被传送到服务器。对于一个完整的表单，提交按钮是必不可少的。

使用submit时，只有value、name属性，不需要其他属性，如果不指定，则显示浏览器内部预定的值，不同的浏览器会有不同的值。

● name：将输入值传给处理程序时与输入值相对应的名称。

● value：每个选项对应的值。

6）reset：定义重置按钮，用于将所有的表单值重置为默认值。与submit一样，reset只有value、name属性，不需要其他属性。

7）hidden：定义隐藏输入字段，其主要是方便处理程序，在发送表单时发送几个不需要用户填写，但是程序又需要的数据。

（2）多行输入域标记。格式为<textarea>…</textarea>。

🔔 说明：

定义多行文本输入域。主要属性见表2-4。

表2-4 <textarea> 的主要属性值

属　　性	说　　明
name=cdata	设置 form 提交的输入信息的名称
rows=num	设置文本域的行数
cols= num	设置文本域的列数

🔔 注意：

许多浏览器限制文本域中的内容不得超过32KB或64KB。

（3）按钮。定义按钮时，除了可以使用<input>标记外，还可以使用<button>标记，此标记为非表单控件的确认标记。格式为<button>…</botton>。主要属性见表2-5。

表2-5 <button> 主要属性

属　　性	说　　明
name=cdata	设置已发送表单的关键字
value=cdata	设置已发送表单的值
type= buttontype	设置按钮的类型

（4）选择域。当浏览者需要选择的项目较多时，如果使用单选按钮或复选框来选择，占用的页面区域会很多。这时可以使用<select>标记来定义选择栏。格式如下：

```
<select>
<option>选项一
<option>选项二
...
```

```
</select>
```

<select>主要属性见表2-6。

表 2–6 <select> 属性值

属　性	说　明
name=cdata	设置选择栏的名字
size=num	设置在选择栏中一次可见的选项个数
multiple	设置选项栏是否支持多选

<option>主要属性见表2-7。

表 2–7 <option> 属性值

属　性	说　明
value=cdata	设置选项的初始值
selected	表示此选项为预置项

【例2-6】form中常用控件示例

在解决方案TheFirst.sln中，创建名为Html2-6.html的"HTML页面"，输入如下代码：

扫一扫，看视频

```
<!DOCTYPE html>
<html>
<head>
  <meta charset="utf–8" />
  <title></title>
</head>
<body>
  <html>
  <head>
    <title>表单的应用</title>
  </head>
  <body>
    <CENTER>企业信息注册</CENTER>
    <FORM action="register.aspx" method="post" name="register" >
      企业名称：<!指定表单的名字和方法，提交处理程序为register.aspx>
      <INPUT name="name" type="text" id="myname" maxlength="10" size="20"><br>
<!输入企业的名称>
      <INPUT name="myid" type="hidden" id="myid" value="qiye">
<!隐藏输入域，用于传递参数>
      企业性质：
      <SELECT name="sex"><!下拉列表，用于选择企业的性质>
        <OPTION value="guoyou" selected>国有</OPTION>
        <OPTION value="siying">私营</OPTION>
        <OPTION value="waizi">外资</OPTION>
      </SELECT><br>
      登录密码：
      <INPUT name="pwd" type="password" size="20" maxlength="20"><br>
<!输入用户密码>
      经营项目：
      <INPUT name="speciality" type="checkbox" value="huagong" checked>
<!复选项，用于输入经营项目>
      化工原料
      <INPUT name="speciality" type="checkbox" value="jianzhu">建筑材料
      <INPUT name="speciality" type="checkbox" value="jinshu">有色金属<br>
      注册资金：
```

```
        <INPUT type="radio" name="zhucezj" value="1120">50万～99万
<!单选项，用于输入注册资金>
        <INPUT type="radio" name=" zhucezj " value="2130" checked>100万～299万
        <INPUT type="radio" name=" zhucezj " value="3140">300万～799万
        <INPUT type="radio" name=" zhucezj " value="4150">800万以上<br>
        企业图片：
        <INPUT name="photo" type="file" id="photo" size="27" maxlength="50"><br>
<!用于上传企业图片>
        企业简介：
<TEXTAREA name="resume" cols="36" rows="3">请如实填写。</TEXTAREA><br><!多行输入>
        <CENTER>
          <INPUT type="submit" name="Submit" value="提交">
          <INPUT type="reset" name="reset" value="重置">
        </CENTER>
      </FORM>
   </body>
</html>
</body>
</html>
```

浏览器中的显示效果如图2-8所示。

图 2-8　form 的使用

从图2.8中可以看到在本程序中使用了单行文本框、列表框、密码框、复选框、单选按钮、多行文本框、按钮控件，当在表单中填写完数据后，单击"提交"按钮，就会将表单内的数据提交到文件register.aspx中去处理，这只是一个简单的表单提交的例子，在进行动态网页设计的过程中，经常要使用这些技巧，读者应该熟练掌握。

2.2.6　样式和区块

1. 块标记

格式：<div>…</div>。

说明：用于将HTML文档中的指定内容分成区块。语法格式如下：

```
<div style="color:#FF0000">
 <h1>标题。</h1>
 <p>段落</p>
</div>
```

<div>标记对中的内容作为一个区块，被设置为红色字体。

<div>标记经常与CSS（详见2.3节）一起使用，用来布局网页。默认情况下，浏览器通常会在 <div> 元素前后放置一个换行符，但也可以通过CSS进行改变。

2. 行内标记

格式：< span >…</ span >。

说明：用于将HTML文档中某行内的元素进行组合。语法格式如下：

```
<p>标题 <span style="color:red">段落</span> 标题。</p>
```

上述代码只是将文字"段落"用红色显示。

🔔 注意：

<div>标记用于将HTML文档中的指定内容（可以包含多行）设置成一个单独的区块，而<span>标记用于将HTML文档中一行中的某些元素设置成一个区块。

2.3 CSS基础

2.3.1 CSS 样式

CSS（Cascading Style Sheets，层叠样式表），又称格式页，是目前页面设计中广泛使用的技术。在静态页面的设计中，HTML定义了页面的内容，CSS则描述了网页的布局，将两种技术有机地结合起来，就可以高效地完成静态页面的设计。

【例2-7】CSS示例

在解决方案TheFirst.sln中，创建名为Html2-7.html的"HTML页面"，输入如下代码：

```
<!DOCTYPE html>
<html>
<head>
  <meta charset="utf-8" />
  <title>CSS层叠样式表演示</title>
  <style type="text/css">
    h1 {
      font-family: arial;
      font-size: 16pt;
      font-style: normal;
      color: red;
    }<!定义标记<h1>的文字样式>
  </style>
</head>
<body>
  <h1>CSS样式：arial, 16pt, normal, red! </h1> <!使用标记<h1>
</body>
</html>
```

扫一扫，看视频

上段代码在浏览器中的显示结果如图2-9所示。

图 2-9　CSS 样式示例

在这段代码中，使用CSS定义了标记<h1>内的文字样式。其中，font-family定义字体、font-size定义字号、font-style定义字的风格、color定义文字的颜色。

使用CSS可以更加精确地控制网页的布局，当很多网页使用同一种标记时，只需要修改一个.css文件就可以更改多个网页的外观和格式，分工更加明确，后期的维护也变得更加容易。

2.3.2　CSS 的语法

CSS由两个主要部分构成：选择器和声明（一条或多条）。语法格式如下：

selector {declaration1; declaration2; ...; declarationN }

- selector：选择器，通常是需要改变样式的HTML标记，当有多个HTML标记时，用";"分隔。
- declaration：声明，每条声明由一个属性和一个值组成，用冒号分开。语法格式如下：

property: value

将标记h1的字体设置为arial，可以使用如下代码：

h1 {font–family: arial;}

多个声明之间用";"分隔，所有属性用一对"{"括起来，如下所示：

h1 {color:red; font–size:10px;}

将标记h1内的文字颜色定义为红色，将字体大小设置为10像素。对于红色，除了可以用单词red表示，也可以用如下代码表示：

h1 { color: #ff0000; }
h1 { color: rgb(255,0,0); }

CSS 对大小写不敏感，但通常使用小写；为了使CSS可读性更强，通常每行只描述一个属性。

2.3.3　id 和 class 选择器

可以用2.2节的内容指定HTML标记的CSS，也可以用id和class选择器先定义相应的样式表，再应用到HTML文档中。

【例2–8】id和class使用示例

在解决方案TheFirst.sln中，创建名为Html2-8.html的"HTML页面"，输入如下代码：

扫一扫，看视频

```
<!DOCTYPE html>
<html>
<head>
  <meta charset="utf–8" />
  <title>用id和class定义CSS样式</title>
```

```
<style type="text/css">
  .myclass {
    font-family: "隶书";
    font-size: 16pt;
    color: red;
  }<!利用clsss选择器定义>
  #myid {
    font-family: "黑体";
    font-size: 24pt;
    color: blue
  }<!利用id选择器定义>
</style>
</head>
<body>
  <p class="myclass">使用class定义CSS样式。</p><!使用id>
  <p id="myid">使用id定义CSS样式。</p><!使用class>
</body>
</html>
```

上段代码在浏览器中的显示结果如图2-10所示。

图 2-10　用 id 和 class 定义 CSS 样式

1. id选择器

定义id选择器时，以"#"开头，然后将属性和属性值写入大括号内，属性和取值间用":"分隔，属性间用";"分隔，如例2-8中的代码：

```
#myid {
  font-family: "黑体";
  font-size: 24pt;
  color: blue
}
```

本段代码定义了名为myid的id选择器。注意，由于数字开头的id在Mozilla/Firefox浏览器中不起作用，因此id选择器不要以数字开头。

在HTML文档中，利用"id="指定应用，代码如下：

```
<p id="myid">使用id定义CSS样式。</p>
```

id属性的作用是作为一个独立的名称来识别网页中的一个元素，在调用JavaScript语言时会经常用到。

2. class选择器

用于描述一组元素的样式，与id选择器不同，class可以在多个元素中使用。使用class的方法和id的方法基本相同，定义class时以"."开头，然后将属性和属性值写入大括号内，如例2-8中的代码：

```
.myclass {
    font-family: "隶书";
    font-size: 16pt;
    color: red;
}
```

以上代码定义了名为class的class选择器。同样地，由于数字开头的class在Mozilla/Firefox浏览器中不起作用，因此class选择器不要以数字开头。

在HTML文档中，利用"class="指定应用，代码如下：

```
<p class="myclass">使用class定义CSS样式。</p>
```

2.3.4　在 HTML 中加入 CSS 的方法

在HTML文档中加入CSS，主要是利用样式表，样式表主要有内联样式表（行内式）、内部样式表（内嵌样式表）和外部样式表（外链式）三种。

1. 内联样式表

内联样式表是利用相关标记的style属性指定CSS属性值，格式如下：

```
<p style=" text-align :center ">内联样式表。</p>
```

这种方式主要用于对具体的标记做特定的调整，作用范围只限于本标记内。它并没有很好地体现出CSS表现和内容分隔的优势，尽量少用此种样式表。

2. 内部样式表

当单个文档需要特殊的样式时，就应该考虑使用内部样式表。可以使用<style>标记在文档头部定义内部样式表，如例2-7中head标记中的代码：

```
<style type="text/css">
    h1 {
        font-family: arial;
        font-size: 16pt;
        font-style: normal;
        color: red;
    }
</style>
```

3. 外部样式表

外部样式表是把样式定义成一个.css文件，然后链接到网页中，格式如下：

```
<link rel="stylesheet" type="text/css" href=" css文件名">
```

<link> 标记应在HTML文档的头部（head），其中的属性及含义如下：

● rel表示引用文件和当前页面的关系，通常rel的值是stylesheet，用于定义一个外部加载的样式表。

● href的值表示样式表文件的相对位置。样式表文件扩展名为.css，是纯文本文件，可以在文本编辑器中进行编辑。注意，文件中不能包含任何html标记。

当样式需要应用于很多页面时，外部样式表是理想的选择。通过改变一个文件就可以修改整个站点的外观，效率非常高。

2.4 思考题

1. HTML标记分为哪几种？
2. 简述HTML文档的结构。
3. 如何制作一个表单？
4. 简述CSS的特点和作用。
5. 简述在HTML中加入CSS的三种方法。

2.5 实战练习

设计一个个人主页，内容包含某些感兴趣的超链接，列出要说明的内容（如个人信息、个人爱好、个人性格等）。注意页面风格统一、颜色搭配合理、内容丰富、栏目划分明确。在主页中用表单制作一份个人简历提交页面。

第 3 章

编程语言——C# 基础

学习引导

　　本章将从 ASP.NET 与 C# 的关系入手，学习 C# 的语法规则、标识符与关键字、数据类型、变量与常量、数组与类型转换、表达式与运算符、流程控制及常用语句等内容，力求从总体上对 C# 编程语言有一个整体的掌握，以便能够顺利地学习后面章节的内容。

内容浏览

3.1 ASP.NET中的C#

C#是C++衍生出来的面向对象的编程语言，运行于.NET Framework和.NET Core中的完全开源、跨平台的高级程序设计语言，它是一种安全的、稳定的、简单的面向对象编程语言。C#综合了C++的高运行效率，以其强大的操作能力、简单的语法风格、创新的语言特性和便捷的面向组件编程成为ASP.NET开发的首选语言。

3.1.1　什么是C#

C#语言继承了C++语言的优良传统，又借鉴了Java的很多特点，是专门为.NET平台创建的语言。其语法与C++类似，但在编程过程中要比C++简单。C#语言主要的优点如下：

（1）语法简单。其语法与C++类似，但又抛弃了C++中一些晦涩的表达。在默认情况下，C#的代码在.NET框架提供的可操作环境中运行，不允许直接操作内存。它的最大特色是没有C++的指针操作。另外，使用C#创建应用程序，不必记住复杂的基于不同处理器架构的隐含类型，包括各种类型的变化范围，这样大大降低了C#语言的复杂性。

（2）面向对象。C#语言具有面向对象语言所应有的一切特性，包括封装、继承和多态。同时，在C#语言类型系统中，每种类型都可以看作一个对象。因此，任何值类型、引用类型和Object类型之间都可以相互转换。

（3）支持跨平台。最早的C#语言仅能在Windows平台上开发并使用，但目前最新的C#版本已经能在多个操作系统中使用，如Mac、Linux等。此外还能将其应用到手机等设备上。

（4）开发多种类型的程序。使用C#语言不仅能开发在控制台下运行的应用程序，也能开发Windows窗体应用程序，网站、手机应用等多种应用程序，并且其提供的Visual Studio开发工具中也支持多种类型的程序，让开发人员能快速地构建C#应用程序。

3.1.2　第1个C#应用程序

由于C#语言的各种优点，使得在代码的编写过程中不需要花费太大的力气就可以编写出可读性很强的代码。下面通过一个入门实例开始C#语言的学习。

【例3-1】Hello World应用程序

1. 编写C#源代码

可以在VS2019中编写应用程序，也可以在记事本中输入代码。为了让初学者更深入地了解C#，这里采用记事本方式编写应用程序。

扫一扫，看视频

新建记事本文件，打开记事本编辑界面。在记事本中输入以下代码：

```csharp
using System;
class HelloWorld{
  public static void Main(){
    Console.WriteLine("Hello World!"); // 控制台打印Hello World!
  }
}
```

将文件保存为first.cs。保存文件的路径是C:\Users\Administrator\Desktop\first.cs。

2. 配置C#控制台编译环境

C#源程序需要.NET Framework安装程序提供的C#编译器csc.exe来编译。为了能够编译C#程序，需要设置系统环境变量，具体步骤如下：

（1）右击桌面上的"我的电脑"图标，在弹出的快捷菜单中依次单击"属性"|"高级"|"环境变量"，打开如图3-1所示的"系统变量"窗口。

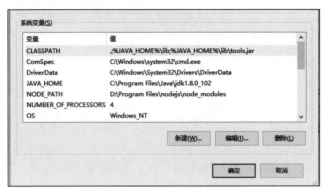

图 3-1   "系统变量"窗口

（2）在"系统变量"列表框中选择Path项，单击"编辑"按钮，打开如图3-2所示的"编辑环境变量"窗口。

（3）将.NET Framework SDK安装程序路径添加到"变量值"后面的文本框中。这里输入笔者存放程序的路径位置为C:\Windows\Microsoft.NET\Framework64\v4.0.30319\。单击"确定"按钮，退出"编辑环境变量"窗口。

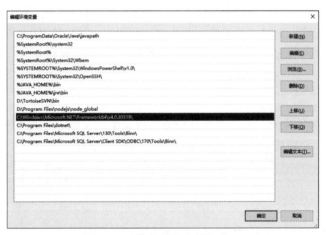

图 3-2   "编辑环境变量"窗口

3. 编译执行程序

在设置好C#控制台应用程序的编译环境之后，便可以对刚才编写的Hello World程序进行编译了，具体步骤如下：

（1）按组合键Win+R打开系统运行窗口，在如图3-3所示的"运行"窗口中的"打开"文本框中输入cmd后单击"确定"按钮。

图 3-3 "运行" 窗口

（2）在弹出的命令行窗口中输入 csc C:\Users\Administrator\Desktop\first.cs，按 Enter 键。此时会在 cs 文件的同一目录下生成一个同名的后缀为.exe的可执行文件 first.exe，如图3-4所示。

图 3-4 编译程序

（3）双击first.exe就会显示输出结果Hello World!。

至此，就完成了第1个C#控制台应用程序。

3.2 C#的语法规则

C#和其他语言一样有其固有的代码结构，在编写C#代码时必须遵循相应规则。下面通过分析3.1节中的第1个控制台应用程序first.exe来了解这些规则。

3.2.1 命名空间和类

.NET框架提供了许多类，用户可以非常便捷地使用这些类的功能。这些类根据功能划分为许多命名空间。.NET框架有一个System命名空间，常用的类都在这个命名空间下。如first程序的第一行是通知C#编译器使用System命名空间中的类，代码如下：

```
using System;
```

代码说明：通过使用关键字using来引用System命名空间，以便在下面的程序代码中能够直接使用命名空间下的方法，这个例子中使用了System命名空间下的Console类来操作控制台程序的输入和输出。

每个C#程序都是由很多类、结构和数据类型组成的集合。可以使用namespace关键字来声明自己的命名空间，声明命名空间的语法如下：

```
namespace 命名空间名称
{
  // 命名空间的声明
}
```

关键字class用来声明类。在first.exe中声明了一个名为HelloWorld的类，声明类的语法如下：

```
class 类名
{
  // 类的声明
}
```

在C#中，所有的应用程序都必须包装在一个类中，类中包含程序所需的变量与方法的定义。

3.2.2　Main 方法

每个应用程序都有且只有一个Main方法，该方法定义了这个类的行为功能，它是程序的入口。Main方法定义的语法如下：

```
public static void Main()
{
  // Main方法中的代码
}
```

代码说明：public关键字表示所有的程序都可以访问Main方法；static关键字表示Main方法为整个程序运行期间都有效的方法，而且在调用这个方法之前不必对该类进行实例化。Main方法的返回值除了void类型之外也可以是int类型。Main方法也可以带参数，如以下代码：

```
public static void Main(String[] args)
{
  Console.WriteLine("Hello World!");
}
```

以上的代码和first例子中的Main方法唯一的区别就是带了字符串数组String[]类型的参数args。注意，Main方法的第一个字母M必须大写。

3.2.3　语句块

在C#程序中，把"{"和"}"包含起来的程序称为语句块。语句块在条件语句和循环语句中经常会用到，这样有助于程序的结构化。上面first.exe中的Main方法的代码就是一个语句块。下面这段代码是求100以内所有偶数的和，它的语句块结构如下：

```
int sum=0;
for(int i=1;i<=100;i++){
  if (i%2==0){
    sum=sum + i;
  }
}
```

代码说明：第2～6行使用了由两组"{"和"}"符号形成的不同语句块，实现了语句块的嵌套。

3.2.4　语句终止符

每一句C#程序语句代码都要以语句终止符结束，C#的语句终止符是分号";"，如以下代码：

```
string name;
```

在以上代码中使用了语句终止符";"结束变量的定义。

在C#程序中，可以在一行中写多个语句，每个语句都要以";"结束；也可以在多行中写一个语句，但要在最后一行中以";"结束，如以下代码：

```
int number; string name;
sum=number+ numberl +
number2+ number3;
```

代码说明：第1行中包含有多个语句，语句之间使用终止符";"进行分割；第2行和第3行将一句代码写在多行中，在最后一行使用终止符";"结束。

3.2.5 注释

注释在开发语言中也是非常重要的，C#提供了两种注释的类型。

第一种是单行注释，注释符号是"//"，如以下代码：

```
int a=0;  // 定义一个变量a，并赋值为0
```

代码说明：使用了单行注释符号"//"，符号后面是注释的具体内容。

第二种是多行注释，注释符号是"/*"和"*/"，任何在符号"/*"和"*/"之间的内容都会被编译器忽略，如以下代码：

```
/* 一个整型变量
存储整数 */
int one;
```

代码说明：第1行和第2行使用了多行注释符号"/*"和"*/"，符号之间的是注释内容。此外，XML注释符号"///"也可以用来对C#程序进行注释，如以下代码：

```
///一个整型变量
///存储整数
int one;
```

3.2.6 大小写的区别

C#是一种对大小写敏感的语言。在C#程序中，同名的大写和小写代表不同的对象，因此在输入关键字、变量和函数时必须使用适当的字符。此外，C#比较偏向于小写，它的关键字基本都采用小写，如for、while等。

在定义变量时，C#程序员一般遵守"对于私有变量的定义一般以小写字母开头，而公有变量的定义则以大写字母开头"的规范。例如，以name来定义一个私有变量，以Name来定义一个公有变量。

3.3 标识符和关键字

3.3.1 标识符

标识符是用来识别类、变量、函数或任何其他用户定义的项目。在C#中，标识符的命名必须遵循以下基本规则：

（1）标识符必须以字母、下划线或 @ 开头，后面可以跟一系列的字母、数字（0～9）、下划线（ _ ）、@。

（2）标识符中的第一个字符不能是数字。

（3）标识符中不能包含任何嵌入的空格或符号，如 ? – +! # % ^ & * ( ) [ ] { } .；: " ' / \。

（4）标识符不能是C#关键字，除非它们有一个@前缀。例如，@if是一个有效的标识符，但if不是，因为if是关键字。

（5）标识符必须区分大小写。大写字母和小写字母被认为是不同的字母。

（6）不能与C#的类库名称相同。

3.3.2 关键字

关键字是C#编译器预定义的保留字，这些关键字不能用作标识符，称为保留关键字。如果想使用这些关键字作为标识符，可以在关键字前面加上@字符作为前缀。

在C#中，有些关键字在代码的上下文中有特殊的意义，如get和set，这些称为上下文关键字（Contextual Keywords）。

C#中的保留关键字（Reserved Keywords）和上下文关键字（Contextual Keywords）见表3-1。

表 3-1 关键字

保留关键字						
abstract	as	base	bool	break	byte	case
catch	char	checked	class	const	continue	decimal
default	delegate	do	double	else	enum	event
explicit	extern	false	finally	fixed	float	for
foreach	goto	if	implicit	in	in(generic modifier)	int
interface	internal	is	lock	long	namespace	new
null	object	operator	out	out	override	params
private	protected	public	readonly	ref	return	sbyte
sealed	short	sizeof	stackalloc	static	string	struct
switch	this	throw	true	try	typeof	uint
ulong	unchecked	unsafe	ushort	using	virtual	void
volatile	while					
上下文关键字						
add	alias	ascending	descending	dynamic	from	get
global	group	into	join	let	orderby	partial(type)
partial(method)	remove	select	set			

3.4 数据类型

3.4.1 整数型

整数型可以分为无符号型、有符号型和char型。无符号型包括byte、ushort、uint和ulong；有符号型包括sbyte、short、int和long；char型在C#中表示16位Unicode字符。

无符号型说明如下：

（1）byte类型：对应于.NET Framework中定义的System.Byte类，其大小为1个字节，取值范围为0～255。

（2）ushort类型：对应于.NET Framework中定义的System.Uintl6类，其大小为2个字节，取值范围为0～65 535。

（3）uint类型：对应于.NET Framework中定义的System.Uint32类，其大小为4个字节，取值范围为0～4 294 967 295。

（4）ulong类型：对应于.NET Framework中定义的System.Uint64类，其大小为8个字节，取值范围为0～18 446 744 073 709 551 615。

有符号型说明如下：

（1）sbyte类型：对应于.NET Framework中定义的System.SByte类，其大小为1个字节，取值范围为–128～127。

（2）short类型：对应于.NET Framework中定义的System.Int16类，其大小为2个字节，取值范围为–32 768～32 767。

（3）int类型：对应于.NET Framework中定义的System.Int32类，其大小为4个字节，取值范围为–2 147 483 648～2 147 483 647。

（4）long类型：对应于.NET Framework中定义的System.Int64类，其大小为8个字节，取值范围为–9 223 372 036 854 775 808～9 223 372 036 854 775 807。

3.4.2 实数型

实数又称为浮点数，实数有两种表示形式：单精度（float）和双精度（double），这两者之间的主要区别是取值范围和精度不同。由于计算机对小数的运算速度远低于整数，所以应该在精度足够的情况下，尽量使用单精度数。另外，C#还提供了一种专门用于金融和货币方面计算的数据类型：十进制类型（decimal）。单精度、双精度和十进制类型数据见表3-2。

表 3–2　数据类型

数据类型	说　明	精　度
float	存储 32 位浮点值	7 位
double	存储 64 位浮点值	15～6 位
decimal	128 位数据类型	28～29 位有效位

3.4.3 字符型

字符型（char）在C#中表示一个Unicode字符，正是这些Unicode字符构成了字符串。Unicode字符是目前计算机中通用的字符编码，它针对不同语言中的每个字符设定了统一的二进制编码，用于满足跨语言、跨平台的文本转换和处理的要求。char的定义非常简单，可以通过下面的代码定义字符。

```
char ch1='L';
char ch2='1';
```

注意：

char只定义一个Unicode字符。

char类为开发人员提供了许多方法，开发人员可以通过这些方法灵活地操控字符。char类的常用方法及说明见表3-3。

表 3-3　char 类的常用方法及说明

方　法	说　明
IsControl	指示指定的 Unicode 字符是否属于控制字符类别
IsDigit	指示某个 Unicode 字符是否属于十进制数字类别
IsHighSurrogate	指示指定的 char 对象是否为高代理项
IsLetter	指示某个 Unicode 字符是否属于字母类别
IsLetterOrDigit	指示某个 Unicode 字符是属于字母类别还是属于十进制数字类别
lsLower	指示某个 Unicode 字符是否属于小写字母类别
IsLowSurrogate	指示指定的 Char 对象是否为低代理项
IsNumber	指示某个 Unicode 字符是否属于数字类别
IsPunctuation	指示某个 Unicode 字符是否属于标点符号类别
IsSeparator	指示某个 Unicode 字符是否属于分隔符类别
IsSurrogate	指示某个 Unicode 字符是否属于代理项字符类别
IsSurrogatePair	指示两个指定的 char 对象是否形成代理项对
IsSymbol	指示某个 Unicode 字符是否属于符号字符类别
IsUpper	指示某个 Unicode 字符是否属于大写字母类别
IsWriteSpace	指示某个 Unicode 字符是否属于空白类别
Parse	将指定的字符串转换为它的等效 Unicode 字符
ToLower	将 Unicode 字符的值转换为它的小写等效项
ToLowerInvariant	使用固定区域性的大小写规则，将 Unicode 字符的值转换为其小写等效项
ToString	将此实例的值转换为其等效的字符串表示
ToUpper	将 Unicode 字符的值转换为它的大写等效项
ToUpperInvariant	使用固定区域性的大小写规则，将 Unicode 字符的值转换为其大写等效项
TryParse	将指定字符串的值转换为它的等效 Unicode 字符

可以看到，char提供了非常多的实用方法，其中以Is 和To开头的方法比较重要。以Is开头的方法大多是判断Unicode字符是否为某个类别，以To开头的方法用于转换为其他Unicode字符。

3.4.4　布尔型

布尔型（bool）表示布尔逻辑值，对应于.NET Framework中定义的System.Boolean类。布尔类型的可能值为True和False（仅有True和False两个布尔值），True表示逻辑真，False表示逻辑假。可以直接将True或False值赋给某个布尔变量，或将一个逻辑判断语句的结果赋给布尔类型的变量。

与C/C++不同，布尔类型不能和其他类型进行转换，布尔数据不能用于使用整数类型数据的地方，反之亦然。这是因为零整数值或空指针不可以直接被转换为布尔数值False，而非零整数值或非空指针可以直接转换为布尔数值True。在C#中，布尔类型的变量不能由其他类型的变量代替，但是可以通过装换将其他数据类型转换为布尔类型。

3.5.1 常量

常量也称为常数，是在编译时已知并在程序运行过程中其值保持不变的量。常量被声明为字段，声明时在字段的类型前面使用const关键字。常量必须在声明时初始化，如以下代码：

```
class Date
{
  public const int hour=24;
}
```

在此示例中，常数hour将始终为24，不能更改，即使是该类自身也不能更改它。

可以同时声明多个相同类型的常量，并且只要不造成循环引用，用于初始化一个常量的表达式就可以引用另一个常量，如以下代码：

```
class Date
{
  public const int hour=24,min=hour*60;
}
```

常量可标记为 public 、private、protected或internal，这些访问修饰符定义了用户访问该常量的方式。

尽管常数不能使用static关键字，但可以像访问静态字段一样访问常量，未包含在定义常数类中的表达式必须使用"类名.常数名"的方式来访问该常量，如以下代码：

```
int hours=Date.hour;
```

🔔 注意：

若要创建在运行时初始化的常量值，应使用readonly关键字。

3.5.2 变量

变量的命名规则必须符合标识符的命名规则，并且变量名要尽量有意义（便于识读），以便阅读。

变量是指在程序运行过程中其值可以不断变化的量。变量通常用来保存程序运行过程中的输入数据、计算获得的中间结果和最终结果。使用变量前必须对其进行声明。变量可以保持某个给定类型的值。声明变量时，还应指定变量的名称。声明变量的形式如下：

```
AccessModifier DataType VaribleName;
```

（1）AccessModifier：表示访问修饰符，它可以是public、protected、private或internal。访问修饰符定义特定代码块对类成员的访问级别，各修饰符的访问级别见表3-4。

表3-4 访问级别

名　称	说　明
public	使成员变量可以从任何位置访问
protected	使成员变量可以从声明它的类及其派生类内部访问

名　称	说　明
private	使成员仅可从声明他的类内部访问
internal	使成员仅可从声明他的程序集内部访问

（2）DataType：表示数据类型，它可以是C#中的任何有效变量类型。

（3）VariableName：表示变量名，变量名不能与任何C#关键字同名，如以下代码：

```
int i=0;        // 正确
int int=0;      // 错误
```

变量只能保持一种类型的值。例如，如果一个变量声明为数值类型，则无法再用其保存字符串类型的值。

```
int i=123;      // 正确
i= "123";       // 错误
```

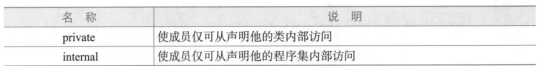

3.6　数组

3.6.1　声明和创建数组

数组可以具有多个维度，一维数组即数组的维数为1。一维数组声明的语法如下：

```
type[] arrayName;
```

二维数组即数组的维数为2，它相当于一个表格。二维数组声明的语法如下：

```
type[,] arrayName;
```

其中，type为数组存储数据的数据类型，arrayName为数组名称。

🔔 注意：

数组的长度不是声明的一部分，数组必须在访问前初始化。数组的类型可以是基本数据类型，也可以是枚举型或其他类型。

数组的初始化有很多形式，可以通过new运算符创建数组并将数组元素初始化为它们的默认值，如以下代码：

```
int[] arr =new int[5];                    //arr数组中的每个元素都初始化为0
int[,] array = new int[4,2];
```

可以在声明数组时将其初始化，并且初始化的值为用户自定义的值，如以下代码：

```
int arr1=new int[5]{1,2,3,4,5};           //一维数组
int[,] arr2=new int[3,2]{{1,2},{3,4},{5,6}};  //二维数组
```

数组大小必须与大括号中的元素个数相匹配，否则会产生编译错误。

可以在声明一个数组变量时不对其初始化，但在对数组初始化时必须使用new运算符，如以下代码：

```
// 一维数组
string[] arrStr;
arrStr = new string[7]["Sun", "Mon", Tue", "Wed", "Thu", "Fri", "Sat"};
// 二维数组
```

```
int[,] array;
array = new int[]{{1,2}, {3,4}, {5,6}, {7,8}];
```

实际上，初始化数组时可以省略new运算符和数组的长度。编译器将根据初始值的数量来计算数组长度并创建数组，如以下代码：

```
String[] arrStr={"Sun", "Mon", "Tue",'Wed", "Thu", "Fri", "Sat"};      //一维数组
int[,] array4 = {{1,2},{3,4},{5,6},{7,8}};                             //二维数组
```

🌀 3.6.2　多维数组

多维数组和一维数组有很多相似的地方，下面介绍多维数组的声明、初始化和访问方法。多维数组有多个下标，如二维数组和三维数组声明的语法分别如下：

```
数组类别[,] 数组名;
数组类型[,,] 数组名;
```

以上代码第1行声明了一个二维数组，第2行声明了一个三维数组，区别在于"[]"中逗号的数量。

更多维数的数组声明则需要更多的逗号。多维数组的初始化方法和一维数组相似，可以在声明的时候初始化，也可以使用new关键字进行初始化。下面的代码声明并初始化了一个3×2的二维数组，相当于一个三行两列的矩阵。

```
int[,] Amay = {{1,3},{2,4},{3,5}};
```

3.7 数据类型转换

类型转换就是将一种类型转换成另一种类型。转换可以是隐式转换或显式转换，本节将详细介绍这两种转换方式，并讲解有关装箱和拆箱的内容。

🌀 3.7.1　隐式转换

所谓隐式转换就是不需要声明就能进行的转换，见表3-5。进行隐式转换时，编译器不需要进行检查就能安全地进行转换。

表 3-5　隐式转换类型

源类型	目标类型
sbyte	short、int、long、float、double、decimal
byte	short、ushort、int、uint、long、ulong、float、double、decimal
short	int、long、float、double、decimal
ushort	int、uint、long、ulong、float、double、decimal
int	long、float、double、decimal
uint	long、ulong、float、double、decimal
char	ushort、int、uint、long、ulong、float、double、decimal
float	double
ulong	float、double、decimal
long	float、double、decimal

从int、uint、long或ulong到float，以及从long或ulong到double的转换可能导致精度损失，但是不会影响其数量级。其他的隐式转换不会丢失任何信息。

3.7.2 显式转换

显式转换也可以称为强制转换，需要在代码中明确地声明要转换的类型，见表3-6。如果在不存在隐式转换的类型之间进行转换，就需要使用显式转换。

表 3-6 显式类型转换表

源类型	目标类型
sbyte	byte、ushort、uint、ulong、char
byte	sbyte、char
short	sbyte、byte、usort、uint、ulong、char
ushort	sbyte、byte、short、char
int	sbyte、byte、short、ushort、uint、ulong、char
uint	sbyte、byte、short、ushort、uint、char
char	sbyte、byte、short
float	sbyte、byte、short、ushort、int、uint、long、ulong、char、decimal
ulong	sbyte、byte、short、ushort、int、unit、long、char
long	sbyte、byte、short、usort、int、unit、ulong、char
double	sbyte、byte、short、ushort、int、uint、long、ulong、long、char、decimal
decimal	sbyte、 byte、short、ushort、int、unit、ulong、long、char、double

由于显式转换包括所有隐式转换和显式转换，因此可以一直使用强制转换表达式将任何数值类型转换为任何其他的数值类型。

3.7.3 装箱与拆箱

将值类型转换为引用类型的过程称为装箱，相反，将引用类型转换为值类型的过程称为拆箱。

1. 装箱

装箱允许将值类型隐式转换成引用类型，下面通过一个实例演示如何进行装箱操作。

【例3-2】装箱示例

扫一扫，看视频

创建一个控制台应用程序，声明一个整型变量i并初始化为2020；然后将其复制到装箱对象obj中；最后改变变量i的值，代码如下：

```
static void Main(string[] args)
{
    int i = 2020;          //声明一个int类型变量i，并初始化为2020
    object  obj = i;       //声明一个object类型变量，其初始化值为i
    Console.WriteLine("1. i的值为{0},装箱之后的对象为{1}",i,obj);
    i = 927;               // 重新将i赋值为927
    Console.WriteLine("2. i的值为{0}, 装箱之后的对象为 {1}", i, obj);
    Console.ReadLine();
}
```

程序的运行结果如下：

i 的值为2020, 装箱之后的对象为 2020
i 的值为 927, 装箱之后的对象为 2020

从程序运行结果可以看出，将值类型变量的值复制到装箱得到的对象中，装箱后改变值类型变量的值，并不会影响装箱对象的值。

2. 拆箱

拆箱允许将引用类型显式转换为值类型，下面通过一个实例演示拆箱的过程。

【例 3-3】拆箱示例

创建一个控制台应用程序，声明一个整型变量 i 并初始化为 112，然后将其复制到装箱对象 obj 中；最后进行拆箱操作，将装箱对象 obj 赋值给整型变量 j，代码如下：

扫一扫，看视频

```
static void Main(string[] args)
{
    int i= 112;               //声明一个int类型的变量i，并初始化为112
    object obj = i;           //执行装箱操作
    Console.WriteLine("装箱操作：值为{O}, 装箱之后对象为{1}", i, obj);
    int j = (int)obj;         //执行拆箱操作
    Console.WriteLine("拆箱操作：装箱对象为{O}, 值为{1}", obj, j");
    Console.ReadLine();
}
```

程序运行结果为

装箱操作：值为112, 装箱之后对象为112
拆箱操作：装箱对象为112, 值为112

从程序运行结果可以看出，拆箱后得到的值类型数据的值与装箱对象相等。需要注意的是，在执行拆箱操作时，要符合类型一致的原则，否则会出现异常。

🔔 注意：

装箱是将一个值类型转换为一个对象类型（object），而拆箱则是将一个对象类型显式转换为一个值类型。装箱是将被装的值类型复制一个未转换的副本；拆箱需要注意类型的兼容性，例如，不能将一个值为 string 的 object 类型转换为 int 类型。

3.8 表达式和运算符

🔅 3.8.1 表达式

表达式由运算符和操作数组成，运算符设置对操作数进行什么样的运算。例如 +、−、* 和 / 都是运算符，操作数包括文本、常量、变量和表达式等。

【例 3-4】简单表达式示例

扫一扫，看视频

```
int i= 927;               // 声明一个 int 类型的变量i，并初始化为 927
i = i * i + 112;          // 改变变量 i 的值
int j = 2020;             // 声明一个int 类型的变量j，并初始化为 2020
j = 20;                   // 改变变量 j 的值
```

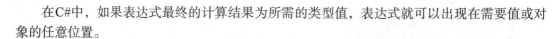

在C#中，如果表达式最终的计算结果为所需的类型值，表达式就可以出现在需要值或对象的任意位置。

【例3-5】复杂表达式示例

扫一扫，看视频

创建一个控制台应用程序，声明两个int类型的变量i和j，并将其分别初始化为927和112，然后输出i*i+j*j的正弦值，代码如下：

```
int i= 927;                              // 声明一个 int 类型的变量i并初始化为 927
int j = 112;                             //声明一个int 类型的变量j并初始化为 112
Console.WriteLine(Math.Sin(i*i+j*j));    //表达式作为参数输出
Console.ReadLine();
```

程序的运行结果为–0.599 423 085 852 245。

在上面的代码中，表达式 i*i+j*j 作为方法Math.Sin的参数来使用。同时，表达式 Math.Sin(i*i+j*j) 还是方法Console.WriteLine的参数。

3.8.2 运算符

运算符是一个术语或符号，可以接受一个或多个表达式（即操作数）作为输入并返回值。C#提供了大量的运算符，这些运算符是指定在表达式中执行哪些操作的符号。通常允许对枚举进行整型运算，如=、!=、<、>、<=、>=。

表达式是由一个或多个操作数以及零个或零个以上的运算符所组成的序列，可以通过计算得到一个值、对象、方法、命名空间等结果。表达式可以包含文本值、运算符、方法调用、操作数或简单名称。简单名称可以是变量、方法参数、类型成员、命名空间或类型的名称。

1. 运算符的分类

运算符就像数学运算中用到的各种符号，起到操作各种变量的作用，用于执行加法、减法等运算。根据运算符的作用，运算符大致可以分为赋值运算符、算术运算符、关系运算符、条件运算符、复合运算符和其他运算符等。下面详细介绍各种运算符的操作方法。

2. 赋值运算符

赋值运算符 "=" 将右操作数的值存储在左操作数表示的存储位置、属性或索引器中，并将值作为结果返回，操作数的类型必须相同（或右边的操作数必须可以隐式转换为左边操作数的类型）。

3. 算术运算符

算术运算符用于整型或者浮点型数据的算术运算。C#提供的算术运算符见表3-7。

表 3-7　算数运算符

运算符	说　明
+	加
−	减
*	乘
/	除
%	求余

4. 关系运算符

关系运算符决定值和值之间的关系。例如，决定是否相等以及排列次序。C#提供的关系

表3-8 关系运算符

运算符	说　明
>	大于
<	小于
==	等于
!=	不等于
>=	大于等于
<=	小于等于

5. 条件运算符

C#中使用条件运算符，使程序更简捷地表达if...else结构。条件运算符是唯一的三目运算符。它根据布尔型表达式的值返回两个值中的一个，其使用格式如下：

（条件表达式）：（条件为真时表达式）：（条件为假时表达式）

6. 复合运算符

复合运算符实际上是一种缩写形式，使得对变量的改变更为简捷。如"X=Y+1"可以简写为"X=++Y"。常用复合运算符见表3-9。

表3-9 复合运算符

运算符	示　例	等价于
+=	X+=5	X=X+5
−=	X−=5	X=X−5
*=	X*=5	X=X*5
/=	X/5=5	X=X/5
%=	X%5=5	X=X%5
++	X=++Y	X=Y+1
−−	X=−−Y	X=Y−1
x++,++x	X=X++,X=++X	X=X+1
x−−,−−x	X=X−−,X=−−X	X=X−1
X>>=Y	X>>=Y	X=X>>Y

复合运算的一般形式如下：

变量 复合运算符 表达式

其含义就是变量与表达式先进行运算符所要求的运算，再把运算结果赋值给参与运算的变量，其实这是C#语言中简化程序的一种方法，凡是二目运算都可以用复合运算符去简化。

3.9　程序流程控制及常用语句

3.9.1　选择语句

选择语句用于根据某个表达式的值从若干条给定语句中选择一个来执行。 选择语句包括if

语句和switch语句两种，下面对这两种选择语句进行详细讲解。

选择语句执行过程就好像在商场买东西时是用现金还是刷卡。如果刷卡，是用信用卡，还是银行卡，它是对事物进行选择的过程。

1. if... else 语句

if语句用于根据一个布尔表达式的值选择一条语句来执行，其基本格式如下：

```
if(布尔表达)
{
   【语句块】
}
```

如果使用上述的格式，只有当布尔表达式的值为True时，才执行语句块，为False则跳过if语句，执行其他程序代码。

【例3-6】if... else选择示例

扫一扫，看视频

创建一个控制台应用程序，声明两个int类型的变量i，当i值大于10时输出"现金支付"，否则输出"银行卡支付"，代码如下：

```
if(i>10){
   Console.WriteLine("现金支付");
}else{
 Console.WriteLine("银行卡支付");
}
```

2. switch语句

switch 语句多用于分支选择语句，它根据表达式的值来使程序从多个分支中选择一个用于执行的分支。switch语句的基本格式如下：

```
switch(【表达式】)
{
 case 【常量表达式】：【语句块】
    break;
 case 【常量表达式】：【语句块】
    break;
 case 【常量表达式】：【语句块】
 default:【语句块】
    break;
}
```

【例3-7】switch选择示例

扫一扫，看视频

创建一个控制台应用程序，声明一个char类型的变量i，当i值为A时输出"现金支付"，否则输出"银行卡支付"，代码如下：

```
char i="A";
switch(i){
case "A":
   Console.WriteLine("现金支付");
   break;
default:
   Console.WriteLine("银行卡支付");
   break;
}
```

3.9.2 循环语句

循环语句主要用于重复执行嵌入语句。在C#中，常见的循环语句有while语句、do...while语句、for语句。下面将对这几种循环语句进行详细讲解。

1. while语句

while语句用于根据条件值执行一条语句零次或多次，当while语句中的代码执行完毕时，将重新检查是否符合条件值，若符合则再次执行相同的程序代码；否则跳出while语句，执行其他程序代码。while语句的基本格式如下：

```
while(【布尔表达式】)
    【语句块】
```

while语句的执行顺序如下：

（1）计算【布尔表达式】的值。

（2）如果【布尔表达式】的值为True，程序执行【语句块】。执行完毕重新计算【布尔表达式】的值是否为True。

（3）如果【布尔表达式】的值为False，则控制将转移到while语句的结尾。

【例3-8】while循环示例

创建一个控制台应用程序，声明一个int类型的变量i，当i值小于5时输出asp.net，i值加1，代码如下：

```
int i=1;
while(i<5){
 i=i+1;
 Console.WriteLine("asp.net");
}
```

扫一扫，看视频

2. do...while 语句

do...while 语句与 while 语句相似，它的判断条件在循环后，do...while循环会在计算条件表达式之前执行一次，其基本格式如下：

```
do
{
    【语句块】
} while(【布尔表达式】)
```

do...while语句的执行顺序如下：

（1）程序首先执行【语句块】。

（2）当程序到达【语句块】的结束点时计算【布尔表达式】的值。如果【布尔表达式】的值是True，程序转到do...while语句块开头；否则，结束循环。

【例3-9】do... while 语句示例

创建一个控制台应用程序，声明一个int类型的变量i，当i值小于5时输出asp.net，i值加1，代码如下：

```
int i=1;
do{
 i=i+1;
```

扫一扫，看视频

编程语言——C#基础

```
        Console.WriteLine("asp.net");
    }while(i<5)
```

3. for语句

for语句用于计算一个初始化序列，当某个条件为真时，重复执行嵌套语句并计算一个循环表达式序列；如果为假，则终止循环，退出for循环。for语句的基本格式如下：

```
for(【初始化表达式】;【条件表达式】;【循环表达式】)
{
    【语句块】
}
```

【初始化表达式】由一个局部变量声明或者由一个逗号分隔的表达式列表组成。用【初始化表达式】声明的局部变量的作用域从变量的声明开始，一直到嵌入语句的结尾；【条件表达式】必须是一个布尔表达式；【循环表达式】必须包含一个用逗号分隔的表达式列表。

for语句的执行原理就好像是用复印机复印纸张一样，可以在复印机上设置要复印的张数，也就是设置循环条件，然后开始复印。当复印的张数等于设置的张数时，也就是循环条件为假时，将停止复印。

for语句执行的顺序如下：

（1）执行【初始化表达式】，只执行一次。

（2）执行【条件表达式】，若为空，则返回True；若为True，则执行大括号中的语句；若为False，则直接跳到for的结束点。

（3）执行【循环表达式】+【条件表达式】，若条件表达式为True，则执行大括号中的语句，返回步骤（3）；若为False，则跳转到for的结束点。

for循环是循环语句中最常用的一种，它体现了一种规定次数、逐次反复的功能。但是由于代码编写方式不同，所以也可以实现其他循环的功能。在应用for循环体时，循环体中的3个条件不能为空，如for(; ;)，for语句将出现死循环。

【例3-10】for 语句示例

扫一扫，看视频

创建一个控制台应用程序，声明一个int类型的变量i，当i值小于5时输出asp.net，i值加1，代码如下：

```
for(int i=1; i++; i<5){
    Console.WriteLine("asp.net");
}
```

3.9.3 转移语句

转移语句主要用于无条件地转移控制，转移语句会将程序转到某个位置，这个位置就成为转移语句的目标。如果转移语句出现在一个语句块内，而转移语句的目标在该语句块之外，则该转移语句退出该语句块。转移语句包括break语句、continue语句、goto语句，本节将对这几种转移语句分别进行介绍。

1. break 语句

break语句只能应用在switch、while、do...while、for或 foreach语句中，否则会出现编译错误。当多条switch、while、do ... while、for 或 foreach语句相互嵌套时，break语句只应用于最里层的语句。如果要穿越多个嵌套层，则必须使用 goto 语句。

2. continue语句

continue语句只能应用于while、do...while、for 或foreach 语句中，用来忽略循环语句块内位于它后面的代码而直接开始一次新的循环。当多个while、do...while、for 或 foreach语句相互嵌套时，continue语句只能使直接包含它的循环语句开始一次新的循环。

🔔 说明：

在循环体中不要在同一个语句块中使用多个跳转语句。

3. goto语句

goto语句用于将控制转移到由标签标记的语句。goto语句可以被应用在switch语句中的case标签、default标签和标记语句所声明的标签。goto语句的3种形式如下：

```
goto【标签】
goto case【参数表达式】
goto default
```

goto【标签】语句的目标是具有给定标签的标记语句；goto case语句的目标是它所在的switch语句中的某个语句列表，此列表包含一个具有给定常数值的case 标签；goto default语句的目标是它所在的那个switch语句中的 default 标签。

🔔 说明：

goto语句的一个通常用法是将控制传递给特定的switch...case 标签或 switch 语句中的默认标签。goto 语句还用于跳出深嵌套循环。

3.10 思考题

1. 简述C#语言的优点。
2. C#在定义变量时有哪些规范？C#程序员一般都遵守哪些约定？
3. 总结C#数据类型，思考数据类型之间的转换。
4. 简述程序流程控制语句，思考应用场景。

3.11 实战练习

1. 编写一个求质数的控制台应用程序。要求定义一个类来求取指定范围内的所有质数，然后在主程序中创建一个该类的实例，调用该类的方法输出所有的质数。

2. 定义一个形状类，然后派生两个子类：圆形和矩形，再定义一个长方形继承矩形。

3. 对用户输入的文本进行分析。程序在控制台统计元音、辅音、字母、数字和单词的个数。

4. 设计一个二维数组，从控制台接受输入，存放五位学生的三门课的成绩，最后求得每位学生的平均成绩。

5. 设计一个控制台应用程序，在控制台输出三角形状的九九乘法表。

第 4 章

ASP.NET 中的常用控件

学习引导

　　ASP.NET 有很多常用的控件，本章介绍 ASP.NET 中的常用控件，包括 HTML 服务器控件、Web 服务器控件、验证控件、导航控件、Web 用户控件等，熟练地掌握这些控件的使用，可以使程序的开发变得更加简单和丰富。

内容浏览

4.1 HTML服务器控件

HTML控件是ASP. NET所提供的在服务器端执行的组件，可以产生标准的HTML文件。一般来说，标准的HTML标签无法动态控制其属性、使用方法、接收事件，必须使用其他的程序语言来控制标签，这对于使用ASP.NET程序设计来说很不方便，而且会使ASP程序比较杂乱。ASP.NET在这方面开发了新的技术，将HTML标签对象化，使程序（如C#等）可以直接控制HTML标签，对象化后的HTML标签称为HTML控件。

4.1.1 将 HTML 控件转换为服务器控件

ASP.NET 文件中的HTML，默认是作为文本进行处理的。要想让这些元素可编程，需向HTML元素中添加runat="server"属性，表示该元素将被作为服务器控件进行处理。

🔔 注意：

所有HTML服务器控件必须位于带有runat="server"属性的<form>标签内。ASP.NET要求所有HTML元素必须正确地关闭和嵌套。

4.1.2 文本类型控件

文本类型控件即HtmlInputText控件，用来控制<input type="text">和<input type="password">元素。在HTML中，这两个元素用来建立文本域和密码域，格式如下：

```
<Input Id="被程序代码所控制的名称" runat="Server" Type="Text|Password" MaxLength=
"可接受的字符串长度" Size="文字输入的宽度" Value="显示在文字输入的默认值">
```

HtmlInputText控件的常用属性如下：
（1）Attributes：返回此元素所有的属性名和属性值。
（2）Disabled：指明此控件是否为被禁止的一个布尔值，默认值是False。
（3）Id：此控件的唯一id。
（4）Type：此元素的类型。
（5）MaxLength：此元素中允许的最大字符数。
（6）Name：此元素的名称。
（7）Size：此元素的宽度。
（8）runat：规定此控件是服务器控件，必须被设置为"server"。
（9）Style：设置或返回应用于此控件的CSS特性。
（10）TagName ：返回此元素的标签名称。
（11）Value：此元素的值。
（12）Visible：获取或设置一个值，该值指示HTML服务器控件是否显示在页面上。

【例4-1】创建输入文本框

创建Web应用程序，创建账户输入文本框与密码输入文本框，代码如下：

扫一扫，看视频

```
<form id="form1" runat="server" align="center">
  <h1 align="center">HTML服务器控件</h1>
  <div>
```

```
    请输入账号：
    <input id="account" type="Text" size="30" runat="server" maxlength="12" />
  <div/>
  <div>
    请输入密码：
    <input id="pwd" type="Password"  size="30" runat="server" maxlength="12" />
  </div>
</form>
```

代码编写完成后调试该程序，可在输入框中输入相应内容，执行结果如图4-1所示。

图 4-1　文本类型控件

4.1.3　按钮类型控件

按钮类型控件即HtmlButton控件，使用HtmlButton控件可以对按钮进行编程。可以为HtmlButton控件的ServerClick事件提供自定义代码，以指定在单击该控件时执行的操作。HtmlButton控件将JavaScript呈现到客户端浏览器，客户端浏览器必须启用了JavaScript，此控件才能正常运行。

HtmlButton 控件的常用属性如下：

（1）Attributes：返回此元素所有的属性名和属性值。

（2）Disabled：指明此控件是否为被禁止的一个布尔值，默认值是False。

（3）Id：此控件的唯一id。

（4）InnerHtml：设置或返回此HTML元素开始标签和结束标签之间的内容，特殊字符不自动转换为HTML实体。

（5）InnerText：设置或返回此 HTML 元素开始标签和结束标签之间的内容，特殊字符自动转换。

（6）runat：为 HTML 实体规定此控件是服务器控件，必须被设置为server。

（7）OnServerClick：此按钮被单击时执行的函数的名称。

（8）Style：设置或返回应用于此控件的CSS特性。

（9）TagName：返回此元素的标签名称。

（10）Target：打开的目标窗口。

（11）Visible：获取或设置一个值，该值指示HTML服务器控件是否显示在页面上。

HtmlButton控件必须写在窗体控件<Form runat="Server"><Form>之内，这是因为Button控件可以决定数据的上传，而只有被<Form>控件包围的数据输入控件，其数据才会被上传，格式如下：

```
<Button Id="被程序代码所控制的名称"runat="Server"
OnServerClick="事件程序名">按钮上的文字、图形或者控件</Button>
```

🔔 注意：

修改HtmlButton控件的外观有多种方法。例如，可以在控件元素的开始标记中向按钮分配样式属性；在插入控件的开始标记和结束标记之间的文本周围添加格式设置元素；为客户端的onmouseover和onmouseout事件分配更改的属性值；还可以在按钮元素自身内部包含图像；也可以在按钮元素自身包含其他Web窗体控件。

【例4-2】创建登录按钮

在例4-1基础上新增登录按钮，代码如下：

扫一扫，看视频

```html
<form id="form1" runat="server" align="center">
  <h1 align="center">HTML服务器控件</h1>
  <div>
   请输入账号：
   <input id="account" type="Text" size="30" runat="server" maxlength="12" />
  <div/>
  <div>
   请输入密码：
   <input id="pwd" type="Password"  size="30" runat="server" maxlength="12" />
  </div>
  <div>
   <Button Id="login" runat="Server">登录</Button>
  </div>
</form>
```

代码编写完成后调试该程序，可在输入框中输入相应内容，执行结果如图4-2所示。

HTML服务器控件

请输入账号：[　　　　　　　　　]

请输入密码：[　　　　　　　　　]

[登录]

图 4-2　按钮类型控件

🔘 4.1.4　选择类型控件

选择类型控件即HtmlDiv控件，该控件具有和<div>标记相似的属性。与其他控件一样，比HTML标记多出两个关键属性：id和runat。通过如下例子使用HtmlDiv的select选择标签制作一个根据不同选择执行不同操作的实例。

【例4-3】选择控件示例

在例4-2基础上，新增下拉选择类型控件，用户选择角色，代码如下：

扫一扫，看视频

```html
<form id="form1" runat="server" align="center">
  <h1 align="center">HTML服务器控件</h1>
  <div>
   请输入账号：
   <input id="account" type="Text" size="30" runat="server" maxlength="12" />
  <div/>
  <div>
   请输入密码：
```

```
          <input id="pwd" type="Password"  size="30" runat="server" maxlength="12" />
       </div>
       <div>
          请选择角色：
          <select id="rows1" runat="server" style="width: 250px;">
            <option value="student">学生</option>
            <option value="teacher">教师</option>
          </select>
       </div>
       <div>
          <Button Id="login" runat="Server">登录</Button>
       </div>
</form>
```

代码编写完成后，调试执行该程序，执行结果如图4-3所示。

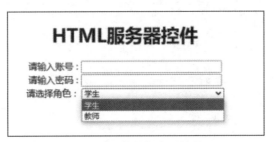

图 4-3　下拉选择类型控件

4.1.5　图形显示类型控件

图形显示类型控件即HtmlImage控件，其HtmlImage控件的作用是显示图像，使用该控件显示图片信息，以方便用户浏览。下面通过例4-4来具体了解图像显示类型控件。

【例4-4】显示风景图

扫一扫，看视频

创建一个Web应用，新建页面，在页面中显示准备好的风景图，具体步骤如下：

（1）新建一个名为HtmlImage的Web应用程序。

（2）创建form1.html，编写以下代码：

```
<form id="form1" runat="server">
  <div style="text-align:center;">
     <img alt="图片显示控件" id="MyImage" src="images/1.jpg" runat="server" />
  </div>
</form>
```

（3）单击运行图标，执行结果如图4-4所示。

图 4-4　显示风景图

4.1.6 文件上传控件

FileUpload控件显示一个文本框控件和一个浏览按钮，使用户可以选择客户端的文件并上传到Web服务器。

【例4-5】用户头像上传

新建一个名为FileUpload的ASP.NET Web应用程序，创建form_1.html，编写以下代码：

扫一扫，看视频

```
<form id="form1" runat="server" enctype="multipart/form-data">
  <input id="FileUpload1" type="file" runat="server" />
  <input id="Button2" type="button" value="上传文件" runat="server"
    onserverclick="Button2Serverclick" />
  <br/>
  <br/>
</form>
```

调试执行程序，执行结果如图4-5所示。单击"选择文件"按钮，可以选择文件进行上传。

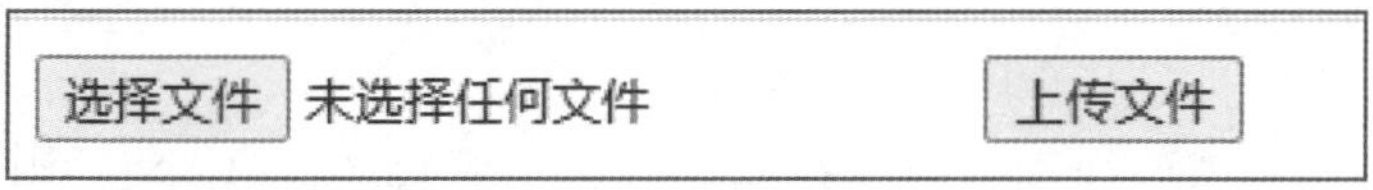

| 选择文件 | 未选择任何文件 | | 上传文件 |

图 4-5　单击上传

4.2 Web服务器控件

ASP.NET几乎把所有的HTML控件转化成了服务器控件，然而这些控件的功能非常有限。ASP.NET提供的Web控件则提供了丰富的功能，可以使程序的开发变得更加简单和丰富。在本节将会重点介绍这些控件。

4.2.1 文本类型控件

本小节主要介绍文本类型的服务器控件，包括标签（Label）控件、静态文本（Literal）控件、文本框（TextBox）控件和超链接（HyperLink）控件。

1. Label控件

Label控件为开发人员提供了一种以编程方式设置Web窗体页中文本的方法。通常，当希望在运行时更改页面中的文本时就可以使用Label控件；当希望显示的内容不可以被用户编辑时，也可以使用Label控件。

Label控件最常用的Text属性用于设置要显示的文本内容，声明Label控件的语法如下：

```
<asp:Label id="控件唯一id" Text="文本内容" runat="server"/>
<asp:Label id="控件唯一id" Text="文本内容" runat="server"/></asp:Label>
```

代码说明：以上代码是定义Label标记的两种方式。属性id定义该控件的标识为Label；Text属性表示控件要显示的文字；属性runat表示该控件是一个服务器控件。

【例4-6】标签控件示例

创建Web应用程序，编写"Web服务器控件标签"，代码如下：

扫一扫，看视频

```
<form id="form1" runat="server">
  <div align="center">
    <h1><asp:Label id="lable1" Text="Web服务器控件" runat="server"/></h1>
  </div>
</form>
```

代码编写完成后调试该程序，执行结果如图4-6所示。

Web服务器控件

图 4-6　标签控件

2. Literal控件

当要以编程方式设置文本而不添加额外的HTML标记时，可以在页面中添加Literal控件。声明Literal控件的语法如下：

```
<asp:Literal id="控件唯一id" Text="文本内容" runat="serer" />
<asp:Literal id="控件唯一id" Text="文本内容" runat="server"/></asp:Literal>
```

代码说明：以上代码是定义Literal标记的两种方式。属性id定义该控件的标识为Literal；Text属性表示控件要显示的文字；属性runat表示该控件是一个服务器控件。

除了前文介绍的基本属性外，Literal控件还有以下几个重要的属性。

（1）Text：获取或设置在Literal控件中显示的文本。

（2）Mode：设置Literal控件文本的显示方式。共有三个选项，Transform选项不修改Literal控件的空文本、PassThrough选项仅移除文本中不受支持的标记语言元素、Encode选项对Literal控件的文本进行HTML编码。

3.TextBox控件

TextBox控件为用户提供了一种向Web窗体页面中输入信息的方法，包括文本、数字和日期。声明TextBox控件的语法如下：

```
<asp:TextBox id="控件唯一id" runat="server"/>
<asp:TextBox id="控件唯一id" runat="server"/></asp:TexBox>
```

TextBox控件除了所有控件都具有的基本属性之外，还有以下几个重要的属性。

（1）AutoPostBack：用于设置在文本修改后，是否自动回传到服务器。它有两个选项，True表示回传、False表示不回传，默认为False。

（2）Columns：获取或设置文本框的宽度（以字符为单位）。

（3）MaxLength：获取或设置文本框中最多允许的字符数。

（4）ReadOnly：获取或设置一个值，用于指示是否可以修改TextBox控件的内容。它有两个选项，True表示只读，不能修改；False表示可以修改。

（5）TextMode：用于设置文本的显示模式。它有三个选项，SingleLine表示创建只包含一行的文本框；Password表示创建用于输入密码的文本框，用户输入的密码被其他字符替换；

MultiLine表示多行输入模式。

（6）Text：设置和读取TextBox中的文字。

（7）Row：用于获取或设置多行文本框中显示的行数，默认值为0，表示单行文本框。该属性当TextMode属性为MultiLine（多行文本框模式下）时才有效。

TextBox控件有一个TextChanged事件，当文本框的内容向服务器发送时，如果内容和上次发送的不同，就会触发该事件。

【例4-7】文本框控件示例

创建Web应用程序，创建内容为TextBox的文本框，代码如下：

扫一扫，看视频

```
<form id="form1" runat="server">
  <div>
    <asp:TextBox id="TextBoxl" runat="server" Text=" TextBox" />
  </div>
</form>
```

代码编写完成后调试该程序，执行结果如图4-7所示。

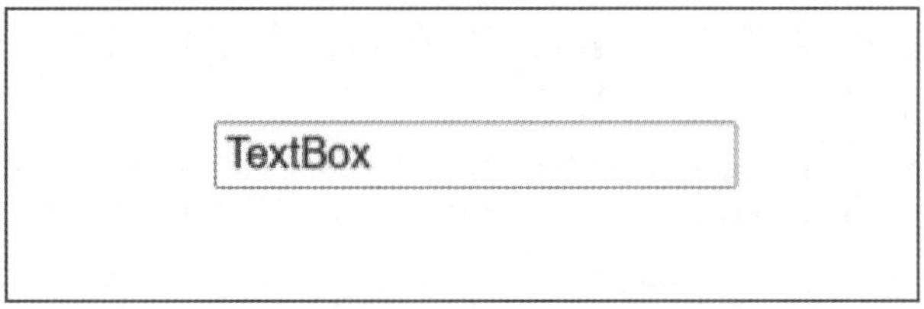

TextBox

图 4-7   文本框控件

4. HyperLink控件

HyperLink控件用于创建超链接，相当于HTML元素的<a>标记。声明HyperLink控件的语法如下：

```
<asp:HyperLink ID="控件唯一id" runat="server">内容</asp:HyperLink>
```

HyperLink控件除了基本属性之外，还有以下几个重要的属性。

（1）Text：设置或获取HyperLink控件的文本内容。

（2）NavigateURL：设置或获取单击HyperLink控件时链接到的URL。

（3）Target：设置或获取目标链接要显示的位置。其取值有三种，blank表示在新窗口中显示目标链接的页面；self 表示将目标链接的页面显示在当前的框架中；top表示将内容显示在没有框架的全窗口中，页面可以是自定义的HTML框架的名称。

（4）ImageUrl：设置或获取显示为超链接图像的URL。

【例4-8】超链接控件示例

创建Web应用程序，使用HyperLink控件在页面引入图片展示，代码如下：

扫一扫，看视频

```
<form id="form1" runat="server">
  <div>
    <asp:HyperLink ID="link" runat="server" ImageUrl="image/demo.jpg">超链接</asp:HyperLink>
  </div>
</form>
```

代码编写完成后调试该程序，图片被引入页面，执行结果如图4-8所示。

图4-8 超链接控件

4.2.2 按钮类型控件

用户在访问网页时经常需要在特定的时候激发某个动作来完成一系列的操作，使用按钮控件就可以实现这个功能。在服务器控件中包括三种按钮控件：普通按钮（Button）控件、超链接按钮（LinkButton）控件和图片按钮（ImageButton）控件。

1. Button控件

Button控件是一种常见的单击按钮传递信息的方式，能够把页面信息返回到服务器。声明Button控件的语法如下：

```
<asp:Button ID="控件唯一id" runat="Server" Text="按钮"></asp:Button>
<asp:Button ID="控件唯一id" runat="Server" Text="按钮"/>
```

Button控件除了基本属性之外，还有以下几个重要的属性和事件。

（1）Text：设置或获取在Button控件上显示的文本内容，用来提示用户进行何种操作。

（2）CommandName：设置和获取Button按钮将要触发事件的名称。当有多个按钮共享一个事件处理函数时，通过该属性来区分要执行哪个Button控件的事件。

（3）CommandArgument：指示命令传递的参数，提供有关要执行命令的附加信息，以便在事件中进行判断。

（4）OnClick事件：当用户单击按钮时要执行的事件处理方法。

【例4-9】普通按钮示例

扫一扫，看视频

创建Web应用程序，使用Button控件在页面中创建按钮，代码如下：

```
<form id="form1" runat="server">
  <div>
    <asp:Button ID="button1" runat="Server" Text="普通按钮"></asp:Button>
  </div>
</form>
```

代码编写完成后调试该程序，执行结果如图4-9所示。

普通按钮

图4-9 普通按钮控件

2. LinkButton控件

LinkButton控件是一种特殊的按钮，其功能和普通按钮控件类似，但是该控件是以超链接的形式显示的。LinkButton控件外观和HyperLink相似，但功能和Button 相同。声明HyperLink

控件的语法如下：

```
<asp:LinkButton ID="控件唯一id" runat="Server" Text="按钮" OnClientClick="链接地址"></asp:LinkButton>
<asp:LinkButton ID="控件唯一id" runat="Server" Text="按钮 OnClientClick="链接地址"/>
```

LinkButton控件的Text属性用于设置控件上的文字按钮，OnClick事件是当用户单击按钮时的事件处理函数。

【例4–10】超链接按钮示例

在例4-9的代码基础上，新增超链接按钮，代码如下：

```
<form id="form1" runat="server">
  <div>
    <asp:Button ID="button1" runat="Server" Text="普通按钮"></asp:Button>
  </div>
  <div>
    <asp:Button ID="button2" runat="Server" Text="超链接按钮" PostBackUrl="demo.aspx"></asp:Button>
  </div>
</form>
```

扫一扫，看视频

代码编写完成后调试该程序，执行结果如图4-10所示。

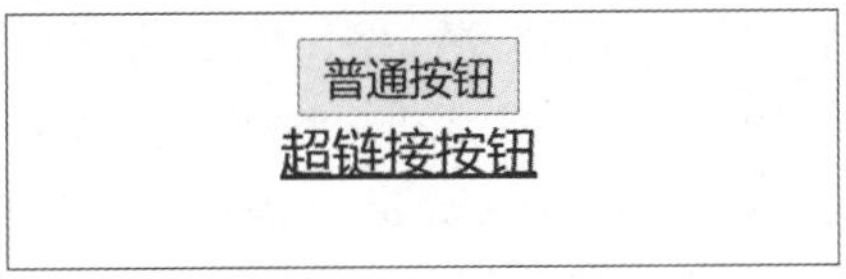

图 4-10　超链接按钮控件

3. ImageButton控件

ImageButton控件是一个显示图片的按钮，其功能和普通按钮控件类似，但是ImageButton控件是以图片形式显示的。其外观与Image控件相似，但功能与Button相同。声明ImageButton控件的语法如下：

```
<asp:ImageButton ID="控件唯一id" runat="Server" Text="按钮"></asp:ImageButton>
<asp:ImageButton ID="控件唯一id" runat="Server" Text="按钮">
```

ImageButton控件除了基本的属性之外，其他重要的常用方法和事件如下：

（1）ImageUrl：设置和获取在ImageButton控件中显示的图片位置。

（2）OnClick事件：用户单击按钮后的事件处理函数。

【例4–11】图片按钮示例

在例4-10的代码基础上新增图片按钮，代码如下：

```
<form id="form1" runat="server">
  <div>
    <asp:Button ID="button1" runat="Server" Text="普通按钮"></asp:Button>
  </div>
  <div>
    <asp:Button ID="button1" runat="Server" Text="超链接按钮" PostBackUrl="demo.aspx"></asp:Button>
  </div>
  <div>
      <asp:ImageButton ID="button3" runat="Server" Text="图片按钮"  ImageUrl="image/demo.jpg"></
asp:ImageButton>
  </div>
</form>
```

扫一扫，看视频

代码编写完成后调试该程序，执行结果如图4-11所示。

图4-11　图片按钮控件

4.2.3　列举类型控件

在Web页面中，经常需要从多个信息中选择其中一个或几个需要的数据，如选择性别和爱好等。下面介绍的控件正适用于这种情况。

1. 复选框（CheckBox）控件

CheckBox控件用于在Web窗体中创建复选框，该复选框允许用户在True和False之间切换，提供用户从选项中进行多项选择的功能。声明CheckBox控件的语法如下：

```
<asp:CheckBox ID="控件唯一id" runat="Server"></asp:CheckBox>
<asp:CheckBox ID="控件唯一id" runat="Server"/>
```

CheckBox控件除了一些基本的属性外，其他常用的属性和事件如下：

（1）AutoPostBack：设置或获取一个布尔值，该值表示在单击CheckBox控件时状态是否回传到服务器，默认值是False。

（2）Checked：获取或设置一个值，表示是否已选中CheckBox控件，该值只能是True（选中）或False（取消选中）。

（3）Text：获取或设置与CheckBox关联的文本内容。

（4）TextAlign：获取或设置与CheckBox控件关联的文本标签的对齐方式。该值只有Left和Right，指定文本标签是显示在复选框的左边还是右边，默认为Right。

（5）CheckedChanged事件：当Checked属性的值向服务器进行发送期间更改时发生，即当从选中状态变为未选中或从未选中状态到选中状态时发生。

默认情况下，单击CheckBox控件时不会自动向服务器发送数据，如要启用自动发送，应将AutoPostBack设置为True。

【例4-12】复选框控件示例

新建页面，创建CheckBox标签，选择用户爱好，代码如下：

扫一扫，看视频

```
<form id="form1" runat="server">
    <div>
        <asp:CheckBox ID="chkSport" runat="server" Text="篮球" Checked="true" />
        <asp:CheckBox ID="chkSport2" runat="server" Text="足球" />
        <asp:CheckBox ID="chkSport3" runat="server" Text="地瓜" />
    </div>
</form>
```

代码编写完成后调试该程序，执行结果如图4-12所示。

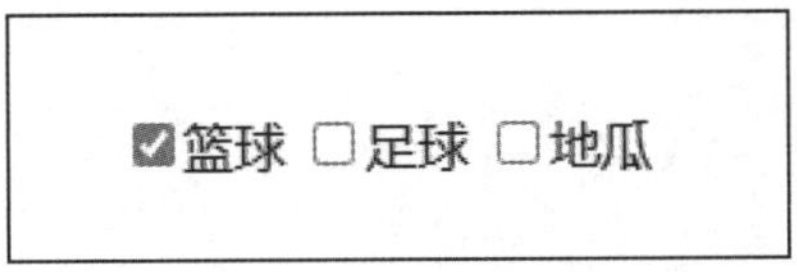

☑篮球 □足球 □地瓜

图 4-12　复选框控件

2. 复选框列表（CheckBoxList）控件

CheckBoxList控件用于在Web窗体中创建复选框组，它是一个CheckBox的集合。声明CheckBoxList控件的语法如下：

```
<asp:CheckBoxList ID="控件唯一id" runat="Server"></asp:CheckBoxList>
<asp:CheckBoxList ID="控件唯一id" runat="Server"/>
```

CheckBoxList控件除了一些基本的属性外，其他常用的属性和事件如下：

（1）AutoPostBack：获取或设置一个值，该值指示当用户更改列表中的选定内容时是否自动产生向服务器的回发。

（2）CellPadding：获取或设置表单元格的边框和内容之间的距离（以像素为单位）。

（3）DataSource：获取或设置对象，数据绑定控件从该对象中检索其数据项列表。

（4）DataTextField：获取或设置各为列表项提供文本内容的数据源字段。

（5）DataValueField：获取或设置为各列表项提供值的数据源字段。

（6）Items：获取列表控件项的集合。

（7）RepeatColumns：获取或设置要在CheckBoxList控件中显示的列数。

（8）RepeatDirection：获取或设置一个值，该值指示CheckBoxList控件是垂直显示还是水平显示。

（9）RepeatLayout：获取或设置CheckBoxList控件的Listitem排列方式是Table排列还是直接排列。

（10）SelectedIndex：获取或设置列表中选定项的最低序号索引。

（11）SelectedItem：获取列表控件中索引最小的选定项。

（12）SelectedValue：获取列表控件中选定项的值，或选择列表控件中包含指定值的项。

（13）TextAlign：获取或设置组内复选框的文本对齐方式。

【例4-13】复选框列表控件示例

新建页面，引入CheckBoxList控件，代码如下：

```
<form id="form1" runat="server">
  <div align="center">
   <asp:CheckBoxList id="checkboxlist" runat="server">
    <asp:ListItem>Item 1</asp:ListItem>
    <asp:ListItem>Item 2</asp:ListItem>
    <asp:ListItem>Item 3</asp:ListItem>
    <asp:ListItem>Item 4</asp:ListItem>
    <asp:ListItem>Item 5</asp:ListItem>
    <asp:ListItem>Item 6</asp:ListItem>
   </asp:CheckBoxList>
  </div>
</form>
```

扫一扫，看视频

代码编写完成后调试该程序，执行结果如图4-13所示。

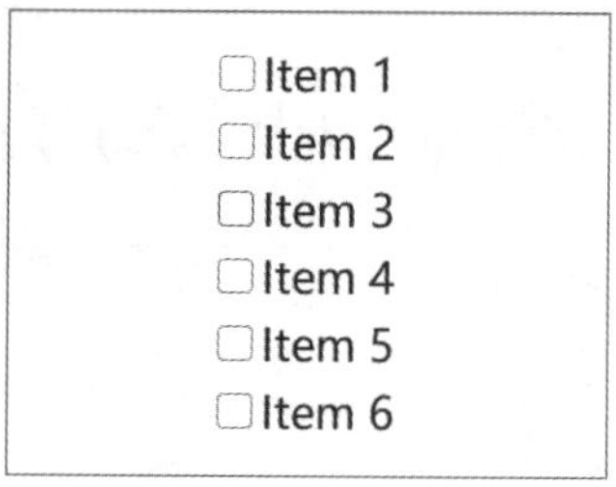

图 4-13　复选框列表控件

　　上面介绍的几个用于选择的控件，都是在选择项目比较少的时候使用的。但购物网站的商品成千上万，如果仍然使用CheckBoxList这种类型的控件，页面布局会变得非常困难，可以使用下面的控件。

3. 列表框（ListBox）控件

　　ListBox控件是一个静态的列表框，用户可以在该控件中添加一组内容列表，以供访问网页的用户选择其中的一项或多项。声明ListBox控件的语法如下：

```
<asp: ListBox ID="控件唯一id" runat="Server"></asp:ListBox>
<asp: ListBox ID="控件唯一id" runat="Server"/>
```

　　ListBox控件中的可选项目是通过ListItem元素定义的，该控件支持数据绑定。该控件添加到页面后，设置列表项的方法和CheckBoxList控件相同。

　　ListBox控件除了基本属性之外，其他几个常用的属性和事件如下：

　　（1）AutoPostBack：获取或设置一个值，该值指示当用户更改列表中的选定内容时是否自动产生向服务器的回发。

　　（2）DataSource：获取或设置对象，数据绑定控件从该对象中检索其数据项列表。

　　（3）DataTextField：获取或设置为各列表项提供文本内容的数据源字段。

　　（4）DataValueField：获取或设置为各列表项提供值的数据源字段。

　　（5）Items：获取列表控件项的集合，每一个项的类型都是ListItem。

　　（6）Rows：获取或设置ListBox控件中显示的行数。

　　（7）SelectedIndex：获取或设置列表中选定项的最低序号索引。

　　（8）SelectedItem：获取列表控件中索引最小的选定项。

　　（9）SelectedValue：获取列表控件中选定项的值，或选择列表控件中包含指定值的项。

　　（10）SelectionMode：使用SelectionMode属性指定ListBox控件的模式行为。

　　（11）Single：表示只能从ListBox控件中选择一项，而Multiple表示可选多项。

　　（12）Count：表示列表项中条目的总数。

　　（13）Selected：表示某个项被选中。

　　（14）ClearSelected：取消选择ListBox中的所有项。

　　（15）GetSelected：返回一个值，该值指示是否选定了指定的项。

　　（16）Sort：对ListBox中的项进行排序。

【例4-14】列表框控件示例

　　新建页面，引入ListBox标签，代码如下：

```
<form id="form1" runat="server">
  <div align="center">
    <asp:ListBox id="drop1" rows="3" runat="server">
```

078

```
    <asp:ListItem selected="true">Item 1</asp:ListItem>
    <asp:ListItem>Item 2</asp:ListItem>
    <asp:ListItem>Item 3</asp:ListItem>
    <asp:ListItem>Item 4</asp:ListItem>
    <asp:ListItem>Item 5</asp:ListItem>
    <asp:ListItem>Item 6</asp:ListItem>
    </asp:ListBox>
  </div>
</form>
```

代码编写完成后调试该程序，执行结果如图4-14所示。

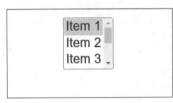

图 4-14　列表框控件

4. 下拉列表框（DropDownList）控件

DropDownList控件是一个下拉列表框控件，该控件与ListBox控件类似，可以选择一项或多项内容，但它们的外观不同。DropDownList控件有一个下拉列表框，而ListBox控件是在静态列表中显示内容。

DropDownList控件可以直接设置选项，也可以通过绑定数据源来设置选项，其绑定数据的方法与ListBox控件相似。声明DropDownList控件的语法如下：

```
<asp:DropDownList ID="DropDownList1" runat="Server"></asp:DropDownList>
<asp:DropDownList ID="DropDownList" runat="Server"/>
```

DropDownList控件除了基本属性之外，其他常用的属性和事件如下：

（1）AutoPostBack：获取或设置一个值，该值指示当用户更改列表中的选定内容时是否自动产生向服务器的回发。

（2）DataSource：获取或设置对象，数据绑定控件从该对象中检索其数据项列表。

（3）DataTextField：获取或设置为各列表项提供文本内容的数据源字段。

（4）DataValueField：获取或设置为各列表项提供值的数据源字段。

（5）Items：获取列表框控件项的集合，每一个项的类型都是Listitem。在"属性"窗口中单击该属性的按钮，可以打开"Listitem集合编辑器"对话框来设置列表项。

（6）SelectedIndex：返回被选取到的Listitem的索引项。

（7）SelectedItem：获取列表框控件中索引最小的选定项。

（8）SelectedValue：获取列表框控件中被选中的值。

【例4-15】下拉列表框控件示例

新建页面，引入DropDownList标签，代码如下：

```
<form id="form1" runat="server">
  <div align="center">
    <asp:ListBox id="drop1" rows="3" runat="server">
      <asp:ListItem selected="true">Item 1</asp:ListItem>
      <asp:ListItem>Item 2</asp:ListItem>
      <asp:ListItem>Item 3</asp:ListItem>
```

扫一扫，看视频

```
        <asp:ListItem>Item 4</asp:ListItem>
        <asp:ListItem>Item 5</asp:ListItem>
        <asp:ListItem>Item 6</asp:ListItem>
      </asp:ListBox>
    </div>
  </form>
```

代码编写完成后调试该程序，执行结果如图4-15所示。

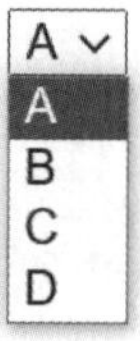

图 4-15   下拉列表框控件

4.3   验证控件

在设计Web应用程序时，用户有可能输入各式各样的信息，经常需要大量的数据验证，如果交给服务器去验证，会增加服务器的压力，并且容易导致程序异常，甚至导致网站出现一些安全问题。因此在将这些信息保存到网站的数据库之前，要对这些用户所输入的信息进行数据的合法性校验，以便后面的程序可以安全顺利地执行。

验证控件可以检查用户在TextBox控件中的输入，且在窗体发送到服务器时发生验证。验证控件可测试用户的输入内容，如果输入的内容没有通过任何一项验证测试，则ASP.NET会将该页面发回客户端设备。发生这种情况时，检测到错误的验证控件会显示错误消息。

ASP.NET提供了验证控件，有了这些验证控件，程序员不仅可以轻松地实现对用户输入的验证，而且可以选择在服务器端进行验证还是在客户端进行验证。ASP.NET中常用的验证控件有6种，这6种验证控件分别是必填验证控件（RequiredFieldValidator）、范围验证控件（RangeValidator）、正则表达式验证控件（RegularExpressionValidator）、比较验证控件（CompareValidator）、用户自定义验证控件（CustomValidator）和验证总结控件（ValidationSummary）。下面将详细讲解这些控件。

4.3.1   必填验证控件

RequiredFieldValidator 是必填验证控件，也可以说是非空验证控件，创建该控件的标准代码如下：

```
<ASP:RequiredFieldvValidator id="控件唯一id" Runat="Server"
  ControlToValidate="要检查的控件ID" ErrorMessage="检查不合法时，显示的信息"
  Display="Static|Dymatic|None">
</ASP:RequiredFieldValidator>
```

使用该控件时，ControlToValidate 属性必须赋值，否则会出现异常，RequiredFieldValidator控件除了上面标准代码中使用到的属性外，其他常用属性如下：

（1）ControlToValidate：获取或设置要验证的输入控件。

（2）ErrorMessage：获取或设置验证控件中错误消息的显示行为，该值为一个枚举值，该枚举共有3个取值，Static表示作为页面布局的物理组成部分验证程序内容；None表示从不内联显示的验证程序内容；DyNamic表示验证失败时动态添加到页面中的验证程序内容。

（3）EnableClientScript：获取或设置一个值，该值指示是否启用客户端验证。

（4）InitialValue：获取或设置关联的输入控件的初始值。

（5）IsValid：获取或设置一个值，该值指示关联的输入控件是否通过验证。

（6）PropertiesValid：获取一个值，该值指示由ControlToValidate属性指定的控件是否为有效的控件。

（7）SetFocusOnError：获取或设置一个值，该值指示在验证失败时是否将焦点设置到ControlToValidate属性指定的控件上。

（8）ValidationGroup：获取或设置此验证控件所属的验证组的名称。

【例4-16】必填验证控件示例

新建demo.aspx页面，在页面中输入名称信息，名称为必填字段。使用RequiredFieldValidator控件对用户输入进行校验，代码如下：

```
<form id="form1" runat="server">
  <div align="center">
    名称：<asp:TextBox id="name" runat="server"/>
    <br/>
    <br/>
    <asp:Button runat="server" Text="提交"/>
    <br/>
    <asp:RequiredFieldValidator ControlToValidate="name" Text="name 字段是必填的" runat="server"/>
  </div>
</form>
```

代码编写完成后调试该程序，在不输入名称的情况下，单击"提交"按钮，页面提示"name字段是必填的"，执行结果如图4-16所示。

图 4-16　必填验证控件

4.3.2　范围验证控件

RangeValidator控件使程序可以检查用户的输入是否在指定的上限与下限之间。可以检查数字对、字母对和日期对限定的范围，边界表示为常数，创建该控件的标准代码如下：

```
<ASP:RangeValidator id="控件唯一id" Runat="Server"
  ControlToValidate="要验证的控件ID" type="Integer" MinimumValue="最小值"
  MaximumValue="最大值" ErrorMessage="验证控件显示的错误信息"
  Display="Static|Dymatic|None">
</ASP:RangeValidator>
```

该控件控制范围的属性是MinimumValue和MaximumValue，这两个值界定了控件输入值

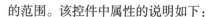
的范围。该控件中属性的说明如下：

（1）MaximumValue：获取或设置验证范围的最大值。

（2）MinimumValue：获取或设置验证范围的最小值。

（3）Type：定义输入值的类型。

（4）ControlToValidate：该属性包含要验证的输入控件。

（5）BaseCompareValidator.Type：该属性用于指定要比较的值的数据类型。在执行验证操作之前，要比较的值被转换为此数据类型。如果 MaximumValue或MinimumValue属性指定的值无法转换为指定的BaseCompareValidator.Type，则RangeValidator控件将引发异常。

【例4-17】范围验证控件示例

扫一扫，看视频

在页面中创建输入框，输入日期，使用RangeValidator控件对输入的日期进行校验，代码如下：

```
<form runat="server">
    请输入介于 2020-01-01 至 2020-02-01 的日期：
    <br/>
    <asp:TextBox id="tbox1" runat="server"/>
    <br/>
    <br/>
    <asp:Button Text="验证" runat="server"/>
    <br/>
    <br/>
    <asp:RangeValidator ControlToValidate="tbox1" MinimumValue="2020-01-01" MaximumValue="2020-02-01"
        Type="Date" EnableClientScript="false" Text="日期必须介于 2020-01-01 至 2020-02-01 之间！" runat="server"/>
</form>
```

代码编写完成后调试该程序，当输入的日期不在2020-01-01 至 2020-02-01 的范围内时，单击"验证按钮，页面提示"日期必须介于 2020-01-01 至 2020-02-01 之间！"，执行结果如图4-17所示。

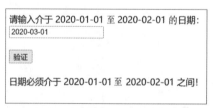

图 4-17 范围验证控件

4.3.3 正则表达式验证控件

RegularExpressionValidator 控件可以用于检查输入控件的值是否与某个正则表达式所定义的模式相匹配。通过这种类型的验证，可以检查可预知的字符序列，如身份证号码、电子邮件地址、电话号码、邮政编码等内容中的字符序列。

首先来讲解一下正则表达式。客户端的正则表达式验证语法和服务器端略有不同。在客户端，使用的是JScript 正则表达式语法，而在服务器端使用的则是Regex 语法。由于JScript 正则表达式语法是Regex语法的子集，所以最好使用JScript 正则表达式语法，以便在客户端和服务器端得到同样的结果。

其实，正则表达式就是由普通字符（如字符a~z）和特殊字符（称为元字符）组成的文字模式。该模式描述在查找文字主体时待匹配的一个或多个字符串。正则表达式作为一个模板，将某个字符模式与所搜索到的字符串进行匹配。在表达式属性中，不同的字符表示不同的值，具体如下：

（1）\w 表示任何单字符匹配，包括下划线。

（2）+ 表示匹配前一个字符一次或多次。

（3）* 表示匹配前一个字符0次或多次。

（4）[A~Z] 表示任意大写字母。

（5）\d 表示一个数字。

（6）. 表示任意字符。

（7）^表示匹配输入的开始位置。

通过上面的讲解对正则表达式有了一定的了解，下面讲解正则表达式验证控件RegularExpressionValidator，创建该控件的标准代码如下：

```
<ASP:RegularExpressionValidator id="控件唯一id"
  Runat="server" ControlToValidate="要验证控件ID"
  ValidationExpression="进行验证正则表达式" ErrorMessage="该控件显示的错误信息"
  Display="Static">
</ASP:RegularExpressionValidator>
```

该控件除了拥有验证控件公共属性外，还有一个新的属性，即 ValidationExpression，用来获取或设置确定字段验证模式的正则表达式，该属性指定用于检查可预知的字符序列模式。

【例4-18】正则表达式验证控件示例

在页面中创建邮政编码，输入文本，使用RegularExpressionValidator控件对输入的内容进行校验，要求输入五位数字，代码如下：

```
<form runat="server">
  请输入五位数字邮政编码：
  <asp:TextBox id="txtbox1" runat="server"/>
  <br/><br/>
  <asp:Button text="提交" runat="server"/>
  <br/>
  <asp:RegularExpressionValidator ControlToValidate="txtbox1" ValidationExpression="\d{5}"
    EnableClientScript="false" ErrorMessage="邮编必须是五位数字！" runat="server" />
</form>
```

扫一扫，看视频

代码编写完成后调试该程序，当输入的内容不符合要求时，页面提示"邮编必须是五位数字！"，执行结果如图4-18所示。

请输入五位数字邮政编码：　邮政编码

提交
邮编必须是五位数字！

图 4-18　正则表达式控件

4.3.4　比较验证控件

CompareValidator控件能够将用户输入到一个输入控件（如TextBox控件）中的值与另一个输入控件中的值或某个常数值进行比较。CompareValidator控件还可以确定输入到输入控件中的值是否可以转换为Type属性指定的数据类型，创建该控件的标准代码如下：

```
<ASP:CompareValidator id="控件唯一id" Runat="Server"
  ControlToValidate="要验证的控件ID"
  ErrorMessage="验证处的错误信息"
  ControlToCompare="要比较的控件ID"
  Type="String|Integer|Doublel DateTime|Currency"
  Operator="Equal|NotEqual|GreaterThan|GreaterTanEqual|LessThan|
      LessThanEqual|DataTypeCheck"
  Display="static|Dymatic|None">
</ASP:CompareValidator>
```

该控件可以对照特定的数据类型来验证ASP.NET网页中的用户输入，以确保用户输入的是数字和日期等数据。例如，如果要在用户注册页上收集出生日期信息，可以使用CompareValidator控件确保该页在提交之前其日期格式是可以识别的格式。这些都是由CompareValidator的属性进行控制的。

【例4-19】比较验证控件示例

扫一扫，看视频

在页面中创建两个文本输入框，分别输入信息，使用CompareValidator比较输入内容是否相同，代码如下：

```
<form runat="server">
    请输入内容1：
    <asp:TextBox id="txtbox1" runat="server"/>
<br/><br/>
请输入内容2：
<asp:TextBox id="textbox2" runat="server"/>
<br/></br>
<asp:Button text="比较" runat="server"/>
<asp:CompareValidator id="validator" Display="dynamic" ControlToValidate="txtbox1" ControlToCompare="textbox2"
    ForeColor="red" BackColor="yellow" Type="String" EnableClientScript="false" Text="输入内容不相同" runat="server" />
</form>
```

代码编写完成后调试该程序，在输入内容不相同时，页面提示"输入内容不相同"，执行结果如图4-19所示。

请输入内容1：111111
请输入内容2：1111111
比较 输入内容不相同

图4-19 比较验证控件

4.3.5 用户自定义验证控件

CustomValidator控件允许用自定义的验证逻辑创建验证控件。例如，可以创建一个验证控件，该控件检查在文本框中输入的值是否为偶数，创建该控件的标准代码如下：

```
<ASP:CustomValidator id="控件唯一id" Runat="Server"
  ControlToValidate="要验证控件的ID"
  OnServerValidateFunction="验证函数" ErrorMessage="错误信息"
  Display="Static|Dymatic|None">
</ASP:CustomValidator>
```

该控件具有基类 BaseValidator 的属性，除了这些基本属性外，其他常用属性和事件如下：

（1）ClientValidationFunction属性：获取或设置用于验证的自定义客户端脚本函数的名称。

（2）ServerValidate：在服务器上执行验证时触发，若要在该控件上创建服务器端验证函数，则要为执行验证的事件提供处理程序。通过将ServerValidateEventArgs对象的Value属性作为参数传递到事件处理程序，可以访问来自要验证的输入控件的字符串。验证结果随后将存储在ServerValidateEventArgs对象的IsValid属性中。

如果要创建一个客户端验证函数，首先添加先前描述的服务器端验证函数；然后将客户端验证脚本函数添加到aspx页中。使用脚本创建函数的格式如下：

```
Function ValidationFunctionName (source,arguments)
```

使用ClientValidationFunction属性指定与CustomValidator控件相关联的客户端验证脚本函数的名称。因为脚本函数在客户端执行，所以该函数必须使用目标浏览器所支持的语言。与服务器端验证类似，使用arguments参数的Value属性访问要验证的值。通过设置arguments参数的IsValid属性来返回验证结果。

【例4-20】用户自定义验证控件示例

在页面中创建输入框，输入内容，用CustomValidator判断输入内容是否为name，代码如下：

```
<script type="text/javascript">
  function IsEven(source, arguments){
    if (arguments.Value == "name") {
      arguments.IsValid = true;
    }
    arguments.IsValid = false;
  }
</script>
<form runat="server" style="height: 174px; width: 1821px">
  <asp:Label runat="server" Text="名称：" />
  <asp:TextBox id="txt1" runat="server" Height="16px" Width="125px" />
  <br/><br/>
  <asp:CustomValidator ControlToValidate="txt1" EnableClientScript="true" ClientValidationFunction="IsEven"
      ErrorMessage="请输入name!" runat="server"></asp:CustomValidator>
  <asp:Button Text="验证" runat="server"/>
</form>
```

扫一扫，看视频

代码编写完成后调试该程序，如果输入内容不是name，页面提示"请输入name!"，执行结果如图4-20所示。

图 4-20　自定义验证控件

4.3.6　验证控件总和

ValidationSummary控件允许在单个位置概述网页上所有验证控件的错误信息。该控件的功能就是收集所有验证控件的错误信息，然后将其显示到单个位置上。创建该控件的标准代码如下：

```
<ASP:ValidationSummary id="Validator_ID" RunAT="server"HeaderText="错误信息的头信息"
    ShowSummary="Truel|False"DiaplayMode="List|BulletList|SingleParagrapn">
</ASP:ValidationSummary>
```

ValidationSummary控件有许多用于显示错误信息模式和显示错误信息方式的属性，这些属性是其他验证控件不具有的属性，如下列属性：

（1）DisplayMode：获取或设置验证摘要的显示模式。

（2）ShowMessageBox：获取或设置一个值，该值指示是否在消息框中显示验证摘要。

（3）ShowSummary：获取或设置一个值，该值指示是否内联显示验证摘要。

使用ValidationSummary控件基于DisplayMode属性的值，验证摘要可显示为列表、项目符号列表或单个段落等模式的。该属性值为一个枚举值类型，共有3个值，具体如下：

（1）List：显示在列表中的验证摘要。

（2）BulletList：显示在项目符号列表中的验证摘要。

（3）SingleParagraph：显示在单个段落内的验证摘要。

在ValidationSummary 控件中，由每个验证控件的ErrorMessage属性指定页面上每个验证控件显示的错误消息。如果没有设置验证控件的ErrorMessage属性，将不会在ValidationSummary控件中为该验证控件显示错误消息。通过设置HeaderText属性，可以在ValidationSummary控件的标题部分指定一个自定义标题。通过设置ShowSummary属性，可以控制ValidationSummary控件显示或隐藏。通过将ShowMessageBox属性设置为True，可以在消息框中显示摘要。

4.4　导航控件

在以往的ASP.NET编程中，虽然能实现很多网页的页面效果，但对于树状结构图、导航菜单等效果实现时仍然比较复杂，而且用户需要熟练掌握脚本语言。与Windows窗体应用程序开发不同的是，在ASP.NET中为实现这些功能提供了控件，这样就简化了很多复杂功能的实现。

4.4.1　Menu 菜单导航控件

ASP.NET中的Menu控件使开发人员能够为经常用于提供导航功能的网页添加导航功能。Menu控件支持一个主菜单和多个子菜单，并且允许定义动态菜单（有时称为弹出菜单）。本小节将介绍如何通过Menu控件使用静态项建立导航。

利用ASP.NET的Menu控件，可以开发ASP.NET网页的静态和动态显示菜单。开发人员可以在Menu控件中直接配置其内容，也可以通过将该控件绑定到数据源的方式来指定其内容。无须编写任何代码，便可以控制Menu控件的外观、方向和内容。除控件公开的可视属性外，该控件还支持ASP.NET控件外观和主题。

Menu控件具有两种显示模式：静态模式和动态模式。静态模式意味着Menu控件是完全展开的，整个结构都是可视的，用户可以单击任何部位。在动态模式的菜单中，只有指定的部分是静态的，只有用户将鼠标指针放置在父节点上时才会显示其子菜单项。

【例4-21】菜单导航展示

创建页面，编写菜单导航栏，代码如下：

```
<asp:Menu ID="menuNav" runat="server" BackColor="#42BAB6" DynamicHorizontalOffset="2"
    Font-Names="宋体" Font-Size="9pt" ForeColor="White" Orientation="Horizontal"
    StaticSubMenuIndent="10px">
  <StaticMenuItemStyle HorizontalPadding="5px" VerticalPadding="2px" />
  <DynamicHoverStyle BackColor="#666666" ForeColor="White" />
  <DynamicMenuStyle BackColor="#42BAB6" />
  <StaticSelectedStyle BackColor="#1C5E55" />
  <DynamicSelectedStyle BackColor="#1C5E55" />
  <DynamicMenuItemStyle HorizontalPadding="5px" VerticalPadding="2px" />
  <Items>
    <asp:MenuItem Text="首页" Value="首页" NavigateUrl="~/Default.aspx"></asp:MenuItem>
    <asp:MenuItem Text="菜单导航01" Value="菜单导航01">
     <asp:MenuItem Text="demo01" Value="demo01" NavigateUrl="demo/demo01.aspx"></asp:MenuItem>
     <asp:MenuItem Text="demo02" Value="demo02"  NavigateUrl="demo/demo02.aspx"></asp:MenuItem>
     <asp:MenuItem Text="demo03" Value="demo03"   NavigateUrl="demo/demo03.aspx"></asp:MenuItem>
    </asp:MenuItem>
    <asp:MenuItem Text="菜单导航02" Value="菜单导航02">
     <asp:MenuItem Text="demo04" Value="demo04" NavigateUrl="demo/demo04.aspx"></asp:MenuItem>
     <asp:MenuItem Text="demo05" Value="demo05" NavigateUrl="demo/demo05.aspx"></asp:MenuItem>
    </asp:MenuItem>
  </Items>
  <StaticHoverStyle BackColor="#666666" ForeColor="White" />
</asp:Menu>
```

扫一扫，看视频

代码编写完成后调试该程序，执行结果如图4-21所示。

图 4-21　菜单导航控件

4.4.2 SiteMapPath 站点地图控件

SiteMapPath会显示一个导航路径（也称为当前位置或者页眉导航），此路径为用户显示当前页的位置，并显示返回到主页的路径链接。此控件提供了许多可供自定义链接的外观的选项。

SiteMapPath控件包含来自站点地图的导航数据。此数据包括相关网站中的页面信息，如URL、标题、说明和导航层次结构中的位置等。若将导航数据存储在一个地方，则可以更方便地在网站的导航菜单中添加和删除项。

在ASP.NET之前的版本中，如果要向网站中添加一个页，然后在网站内的其他页面中添加跳转到该页面的链接时，必须手动添加链接（包括一个公共文件）或开发自定义导航功能。在ASP.NET中提供了导航控件，这些控件使导航菜单的创建、自定义和维护变得很容易。

4.4.3 TreeView 树状图控件

在.NET Framework 中提供了TreeView控件，使用它可以创建一个树状结构图，以便用户能够在节点的各层次中进行导航。例如，可以创建一个代表产品分类和信息的TreeView控件，当用户单击树中显示的一个节点时，就会导航至相应的类别。

TreeView控件有着非常好的自适应能力，既支持高版本浏览器，也支持低版本浏览器。当IE5.5或者更高版本的IE浏览器请求包含TreeView控件的页面时，控件将会使用DHTML规范；当其他浏览器请求时，控件将会显示标准的HTML内容。

一个TreeView控件可以由任意多个TreeNode元素组成。每个TreeNode元素可以关联文本和图像，也可以显示为超链接并与某个URL相关联。每个TreeNode还可以包含多个TreeNode。

TreeView可以包含多种TreeNodeType元素，用于定义TreeNode的样式。不同的样式将TreeNode分组，便于设置和修改这组TreeNode样式。TreeView控件的三种元素如下：

（1）TreeView：代表一个TreeView控件实例（根节点）。

（2）TreeNode：在TreeView中创建一个节点（根的子节点）。

（3）TreeNodeType：表示一种TreeNode类型，即一组或者一个节点的样式。

4.5 Web用户控件

ASP.NET的服务器端控件使得开发人员开发Web应用程序变得更为简单，功能也更为强大。在前面的章节中已经介绍过如何在ASP.NET页面中使用服务端控件。如果在应用程序中多次使用某种类型的功能，并且ASP.NET内置的服务器控件又不能满足应用程序的要求，此时用户可以自定义服务器控件。

4.5.1 用户控件概述

用户控件是指能够在其中放置标记和Web服务器控件的容器，可以将用户控件作为一个单元对待，为其定义属性和方法。用户控件使程序员能够很容易地跨ASP.NET Web应用程序划分和重复使用公共UI功能。与Web窗体页一样，用户控件可以在第一次请求时被编译并存储在服务器内存中，从而缩短以后请求的响应时间。通过用户控件的定义可以了解到，用户控件就是一个容器，开发人员可以在该容器中添加Web服务器控件，并为其定义属性、方法和事件，还可以在其他页面中使用该用户控件。

4.5.2 自定义服务器控件

自定义服务器控件完全由开发人员自行设计开发，开发人员可自定义UI、功能、属性、方法、事件等特征，常见的自定义服务器控件分为4种：复合控件、验证控件、模板控件和数据绑定控件。

（1）复合控件：该类控件包含两个或多个已存在控件。它复用了子控件提供的实现进行控件呈现、事件处理及其他功能。

（2）验证控件：与4.3节中的标准服务器控件中的验证控件定义相同。

（3）模板控件：该类控件提供了一种称为模板的通用功能。模板控件本身不提供用户界面，而是通过内联模板提供，这意味着模板控件允许页面开发人员自定义该控件的用户界面。

（4）数据绑定控件：该控件主要用来在页面上显示数据。

4.6 思考题

1. 对比总结HTML服务器控件与Web服务器控件，思考其应用场景。
2. 思考验证控件应用场景，分析验证控件与其他验证控件的优、缺点。
3. 思考在什么情况下需要自定义控件，用户自定义控件能够带来哪些便捷。

4.7 实战练习

1. 设计三种不同类型的TextBox控件，分别为单行文本框、密码文本框和多行文本框。如果用户在密码文本框中输入的密码少于8位或者大于15位，则弹出错误提示对话框。

2. 编写一个程序，用户可以在网页上通过DropDownList控件选择其出生日期，并使用Label 控件显示该用户的出生日期。

3. 使用Image控件和DropDownList 控件，在下拉列表中有若干列表项表示图片的名称，当选中某个图片的名称时，将该图片显示在图像控件上。用户可以自由选择并切换，显示相应的图片。

4. 分别使用CheckBox控件和CheckBoxList控件完成相同的功能，并比较这两个控件的异同。

第 5 章

ASP.NET 内置对象及应用

学习引导

　　本章介绍 ASP.NET 常用内置对象的使用方法，主要包括 Page 对象、Response 对象、Request 对象、Cookie 对象、Server 对象、Session 对象和 Application 对象。熟练运用这些对象，是进行 Web 开发的基础。

内容浏览

5.1 ASP.NET内置对象及功能

ASP.NET将Web应用中开发人员必备的、常用的功能进行了封装，形成的内置对象可以直接使用，不需要显式地声明和创建。常用的内置对象名称及功能见表5-1。

表 5-1　ASP.NET 内置对象及其功能

对象名称	对象功能
Page	对 ASP.NET 页面的内容进行处理
Request	取得用户通过 HTTP 请求传递过来的信息
Response	用于向客户端发送指定的信息
Cookie	在客户端储存与客户和网站相关的信息
Server	用于访问服务器上的系统方法和属性
Session	用于存储某个特定用户的信息
Application	用于存储供多个用户使用的数据

🔔 注意：

这些内置对象都是在Web服务器端运行的，应该放在服务器脚本中。

在这些对象中，最基本、最常用的是Request和Response对象，它们实现了客户端浏览器与Web服务器端之间的交互功能。如前所述，HTTP协议是一个请求/响应协议，ASP.NET中的Request对象是与HTTP请求相对应，包含了所有客户端浏览器的请求信息，而Response对象则对应于HTTP响应，可以向客户端浏览器设置响应的信息。灵活使用这两个对象，能够实现客户端浏览器和Web服务器端之间的交互功能。

5.2 Page对象

在ASP.NET中，每个页面都派生自Page类，并继承这个类公开的所有方法和属性。Page类与扩展名为.aspx的文件相关联，这些文件在运行时被编译为Page对象，并被缓存在服务器内存中。也就是说，Page对象代表.aspx文件本身，了解Page对象对于灵活控制ASP.NET的基本形态是十分必要的。

5.2.1　Page 对象的常用属性

Page对象常用的属性如下：
- IsPostBack：获取一个值，该值指明页面是第一次呈现还是为了响应返回而加载。取值为布尔值，若IsPostBack的值为True，则表示当前网页是由于客户端返回数据而加载的。
- IsValid：获取一个值，该值指示验证是否成功。取值为布尔值，若IsValid的值为True，则表示网页上的验证控件全部验证成功，否则表示至少有一个验证控件验证失败。

5.2.2　Page 对象的常用事件

在ASP.NET网页开始载入被完全写入浏览器的过程中，产生的与Page对象有关的主要事件有3个，它们分别是Init、Load和UnLoad。上述3个事件的触发顺序如图5-1所示。

图 5-1　Page 对象的事件触发顺序

ASP.NET网页执行时，首先被初始化，此时会触发Page对象的Init事件；然后网页被加载并触发Page对象的Load事件（Init事件与Load事件的主要区别在于，对于来自浏览器的浏览请求而言，网页的Init事件只触发一次，而Load事件则可能触发多次）；之后将是来自服务器端控件的各种事件（如果这些事件存在）；最后是Page对象的UnLoad事件。

在实际应用中，Init事件通常用来设置网页或控件属性的初始值；Load事件主要用于在按用户要求回送信息时，对控件属性进行设置；UnLoad事件主要用于关闭文件、数据库连接或释放对象等。

Page对象的Load事件使用频率较高，在.aspx页面的"设计"窗体中双击即可进入 Load事件编写窗口，在对应的.aspx.cs代码编辑窗口右上角选择Page_Load(object sender, EventArgse)也可以进入Load事件编写窗口，如图5-2所示。

```
     WelCome.aspx.cs → ×  WelCome.aspx      WebForm2-1.aspx
  TheFirst                              TheFirst.WelCome                  Page_Load(object sender, EventArgs e)
   3       using System.Linq;
   4       using System.Web;
   5       using System.Web.UI;
   6       using System.Web.UI.WebControls;
   7
   8     namespace TheFirst
   9     {
             2 个引用
  10          public partial class WelCome : System.Web.UI.Page
  11          {
                 0 个引用
  12              protected void Page_Load(object sender, EventArgs e)
  13              {
  14
  15              }
  16
                 0 个引用
  17              protected void Button1_Click(object sender, EventArgs e)
  18              {
  19                  Label1.Text = "hello world";
  20              }
  21          }
  22      }
```

图 5-2　Page_Load 事件

5.3　Response对象

Response对象是ASP.NET中一个重要的内置对象，用于向客户端浏览器输出指定的信息，使用Response对象可以实现动态创建Web页面、重定向客户端请求以及向客户端写入Cookie等功能。

5.3.1 Response 对象的常用属性

Response对象常用的属性见表5-2。

表 5-2　Response 对象的常用属性

属　性	功能说明
BufferOutput	获取或设置页面的输出是否被缓冲
Cache	获取 Web 页面的缓存策略，如过期时间、保密性设置等
Charset	获取或设置 HTTP 的输出字符集
IsClientConnected	表明客户端是否与服务器保持连接状态
SuppressContent	获取或设置指示是否将 HTTP 内容发送到客户端的值。若要取消输出，则为 True；否则为 False
Status	用于传递 Web 服务器 HTTP 响应的状态（默认值为 200，表示 OK）

5.3.2 Response 对象的常用方法

Response对象的常用方法见表5-3。

表 5-3　Response 对象的常用方法

方　法	功能说明
AddHeader	将 HTTP 头添加到输出流
AppendToLog	在 Web 服务器日志中追加记录
BinaryWrite	将二进制字符串写入 HTTP 输出流
Clear	清除缓冲区流中的所有输出内容
End	停止处理 ASP.NET 文件并返回当前的结果
Flush	立即发送缓冲的输出
Redirect	重定向当前页面，尝试连接另外一个 URL
Write	直接向客户端浏览器输出数据

1. Write方法

Write方法是Response对象最常使用的方法，该方法可以向浏览器输出动态信息。Write方法的用法如下：

- Write(Char)：将一个字符写入 HTTP 响应输出流。
- Write(Object)：将 Object 写入 HTTP 响应流。
- Write(String)：将字符串写入 HTTP 响应输出流。
- Write(Char[], Int32, Int32)：将字符数组写入 HTTP 响应输出流。

例如：

```
<%Response .Write ("欢迎访问. "+"<hr>"); %>
```

🔔 说明：

在ASP.NET中，用"<%"和"%>"括起来的部分代表服务器端脚本。

2. Redirect方法

Redirect方法可以将客户端的浏览器重定向到一个新的网页。Redirect方法的用法如下：

● Redirect(String)：将请求重定向到新 URL 并指定该新 URL。
● Redirect(String, Boolean)：将客户端重定向到新的 URL，并指定是否终止当前页的执行。

【例5-1】Redirect方法示例

扫一扫，看视频

本例根据用户访问的时间不同，显示不同的内容。当在8:00—18:00访问网站时，显示"欢迎，现在是工作时间！"；当在其他时间访问时，显示"对不起，现在休息，请工作时间访问！"。实现过程如下：

在VS2019中，创建"ASP.NET Web应用程序（.NET Framework）"新项目，并取名为5TH。在项目中添加名为working.html和stop.html的HTML页。

working.html文件的代码如下：

```html
<!DOCTYPE html>
<html>
<head>
  <meta charset="utf-8" />
  <title></title>
</head>
<body>
  欢迎，现在是工作时间！
</body>
</html>
```

stop.html文件的代码如下：

```html
<!DOCTYPE html>
<html>
<head>
  <meta charset="utf-8" />
  <title></title>
</head>
<body>
  对不起，现在休息，请工作时间访问！
</body>
</html>
```

添加名为Web5-1.aspx的Web窗体，在文件Web5-1.aspx.cs的Page_Load事件中输入如下代码：

```csharp
protected void Page_Load(object sender, EventArgs e)
{
  //获取系统当前时间
  int CurrentH = System .DateTime .Now.Hour;
  //判断是否为工作时间
  if((CurrentH>=8)&&(CurrentH<=18))
    Response.Redirect("working.html");
  else
    Response.Redirect("stop.html");
}
```

运行Web5-1.aspx，在不同时间的访问结果如图5-3所示。注意浏览器的地址栏已被重定向至指定的页面。

图 5-3　Response.Redirect 示例

5.4　Request对象

Request对象包括用户浏览器端的相关信息，如浏览器的种类、提交的表单中的数据及Cookies等。

5.4.1　Request 对象的常用属性和方法

Request对象可以获得Web请求的HTTP数据包的全部信息，其常用属性见表5-4。

表 5-4　Request 对象的常用属性

属　性	功能说明
ApplicationPath	获取服务器上 ASP.NET 应用程序的虚拟应用程序根路径
Browser	获取或设置与请求的客户端浏览器相关的信息
ContentLength	客户端发送的内容长度（以字节为单位）
Cookies	获取客户端发送的 Cookie 的集合
FilePath	获取当前请求的虚拟路径
Files	获取采用大部分 MIME 格式的由客户端上传的文件的集合
Form	获取窗体变量的集合
Item[String]	从 QueryString、Form、Cookies 或 ServerVariables 集合获取指定的对象
Params	获取 QueryString、Form、Cookies 和 ServerVariables 项的组合集合
Path	获取当前请求的虚拟路径
QueryString	获取 HTTP 查询字符串变量的集合
UserHostAddress	获取远程客户端的 IP 主机地址
UserHostName	获取远程客户端的 DNS 名称

Request对象的常用方法见表5-5。

表 5-5　Request 对象的常用方法

属　性	功能说明
BinaryRead (Int32)	对当前输入流进行指定字节数的二进制读取
MapPath	将请求的 URL 中的虚拟路径映射到服务器上的物理路径
SaveAs	将 HTTP 请求保存到磁盘

5.4.2　Request 对象的典型应用

在ASP网页中，Request对象最重要的用途是以Request("表单域名称")的格式获取用户在表单中输入的数据。在ASP.NET网页中，仍然可以沿用这种方式。但由于ASP.NET允许用户直接访问服务器控件的属性，因此，较少使用Request("表单域名称")的格式获取数据。

这并不意味着可以完全抛弃Request对象，因为借助这个对象，可以获取许多与网页密切相关的数据。使用Request对象获取信息的例子如下：

【例5-2】获取地址、路径和文件名等信息

扫一扫，看视频

在VS2019中，选中5TH项目，添加名为Web5-2.aspx的"Web窗体"，在文件Web5-2.aspx.cs的Page_Load事件中输入如下代码：

```
protected void Page_Load(object sender, EventArgs e)
{
    Response.Write("客户端IP地址：");
    Response.Write(Request.UserHostAddress);
    Response.Write("<Br><Br>");
    Response.Write("当前应用程序根目录的实际路径：");
    Response.Write(Request.PhysicalApplicationPath);
    Response.Write("<Br><Br>");
    Response.Write("当前页面所在的虚拟目录及文件名称：");
    Response.Write(Request.CurrentExecutionFilePath);
    Response.Write("<Br>当前页面所在的实际目录及文件名称：");
    Response.Write(Request.PhysicalPath);
    Response.Write("<Br><Br>");
    Response.Write("当前页面的Url：");
    Response.Write(Request.Url);
}
```

【例5-3】获取客户端浏览器信息

扫一扫，看视频

Request对象的Browser属性可以获取HttpBrowserCapabilities对象，该对象中包含浏览器的信息。

在VS2019中，选中5TH项目，添加名为Web5-3.aspx的"Web窗体"，在文件Web5-3.aspx.cs的Page_Load事件中输入如下代码：

```
protected void Page_Load(object sender, EventArgs e)
{
    Response.Write("<P>浏览器信息</P>");
    Response.Write("<hr>" );
    Response.Write("操作系统：" + Request.Browser.Platform + "<br>");
    Response.Write("Win16结构：" + Request.Browser.Win16 + "<br>");
    Response.Write("Win32结构：" + Request.Browser.Win32 + "<br>");
    Response.Write("<hr>");
    Response.Write("浏览器：" + Request.Browser.Browser + "<br>");
    Response.Write("浏览器版本：" + Request.Browser.Version + "<br>");
    Response.Write("<hr>");
    Response.Write("支持JavaScript：" + Request.Browser.JavaScript +"<br>");
    Response.Write("支持VBScript：" + Request.Browser.VBScript + "<br>");
    Response.Write("<hr>");
    Response.Write("支持Cookie：" + Request.Browser.Cookies);
    Response.Write("<hr>");
    Response.Write("支持背景音乐：" + Request.Browser.BackgroundSounds +"<br>");
    Response.Write("支持表格：" + Request.Browser.Tables + "<br>");
}
```

【例5-4】利用QueryString在页面间传递参数

QueryString用于取得通过HTTP查询字符串传递的数据，查询字符串附加在URL的后面，其格式如下：

URL地址? QueryString

在URL地址和参数QueryString间使用"?"字符分隔,当传递多个QueryString时,用"&"符号作为参数间的分隔符。例如:

http://www.example.com/login.ASP.NET ? username=admin & password=123

在访问www. example.com/login.ASP.NET文件的同时向该文件传递了username(值为admin)和password(值为123)两个QueryString参数。

利用QueryString取得客户端传送数据的语法如下:

Request.QueryString[variable]

其中,variable指定了QueryString中参数的名称。

选中5TH项目,在项目中添加名为Html5-4.html的网页,输入如下代码:

```html
<!DOCTYPE html>
<html>
<head>
  <meta charset="utf-8" />
  <title></title>
</head>
<body>
  <table >
    <caption>《ASP.NET从入门到精通》目录</caption>
    <tr>
      <td><a href="Web5-4.aspx?id=1">第1章   ASP.NET入门</a></td>
      <td><a href="Web5-4.aspx?id=2">第2章   ASP.NET网站开发基础</a></td>
    </tr>
    <tr>
      <td><a href="Web5-4.aspx?id=3">第3章   编程语言——C#基础</a></td>
      <td><a href="Web5-4.aspx?id=4">第4章   ASP.NET中的常用控件</a></td>
    </tr>   </table>
</body>
</html>
```

在表格内容中添加了超链接,并设置了参数。当鼠标移动至超链接时,在浏览器的状态栏中可以看到QueryString字符串,如图5-4所示。

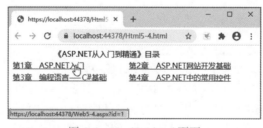

图 5-4   Html5-4.html 页面

添加名为Web5-4.aspx的"Web窗体",在文件Web5-4.aspx.cs的Page_Load事件中输入如下代码:

```csharp
protected void Page_Load(object sender, EventArgs e)
{
  string id;
  id = Request.QueryString["id"];
```

ASP.NET内置对象及应用

```
    switch (id)
    {   case "1":Response.Write("选择的是第1章");
        break;
      case "2": Response.Write("选择的是第2章");
        break;
      case "3": Response.Write("选择的是第3章");
        break;
      case "4":Response.Write("选择的是第4章");
        break;
      default: Response.Write("选择无效");
        break;
    }
}
```

Web5-4.aspx.cs中利用Request.QueryString获得了Html5-4.html传递的字符串，运行结果如图5-5所示。

图 5-5　Web5-4.aspx 页面

在图5-5中，浏览器的地址栏显示出传递的参数信息。

5.5　Cookie对象

5.5.1　Cookie 对象概述

Cookie实际上是一个字符串或一个标志，当一个包含Cookie的页面被用户浏览器读取时，一个Cookie就会被存入用户计算机的本地硬盘中，当需要时该网站就可以从用户的本地硬盘中读取这些Cookie。

🔔 注意：

Cookie被存储在用户本地计算机上，而非Web服务器上。

由于Cookie能够读、写用户本地硬盘中的数据，对于Cookie的使用一直存在着争议。从目前的使用情况来看，Cookie只能向用户本地硬盘的固定目录中写入文本文件，而不是可执行文件；此外Cookie是基于服务器的，即A服务器不能读取由B服务器生成的Cookie。因此，它们对计算机不会构成危害。

用户也可以在本地的浏览器中进行相应的设置以决定Cookie的使用情况。以谷歌浏览器为例，依次选择"设置"|"隐私和安全性"|"Cookie 及其他网站数据"，在该窗口中可以设置Cookie，如图5-6所示。

图 5-6　设置 Cookie 窗口

5.5.2　Cookie 对象的常用属性和方法

Cookie对象的常用属性见表5-6。

表 5–6　Cookie 对象的常用属性

属　　性	功能说明
Expires	获取或设置 Cookie 的到期日期和时间
Name	获取或设置 Cookie 的名称
Path	获取或设置要使用当前 Cookie 传输的虚拟路径
Value	获取或设置单个 Cookie 值

有些Cookie是临时的，还有一些是持续的。例如，当Cookie被网站用来跟踪用户进程直到用户离开网站时，Cookie就是临时的；如果Cookie被保持在Cookie文件中直到用户返回时又进行调用，这时的Cookie就是持续的。通过Cookie对象的Expires可以指定Cookie 的到期日期和时间，将Cookie设置为持续的。

Cookie对象常用方法见表5-7。

表 5–7　Cookie 对象的常用方法

方　　法	功能说明
Equals(Object)	确定指定的对象是否等于当前 Cookie 对象
ToString()	返回表示当前 Cookie 对象的字符串

5.5.3　Cookie 对象的保存和读取

使用Response对象的Cookies数据集合可以在客户端定义Cookie变量，语法如下：

```
Response.Cookies[varName].Value=值
```

其中，参数varName用于指定创建Cookie变量的名称。

利用Request对象的Cookies数据集合取得相关信息。其语法格式如下：

变量名=Request.cookies[varName].Value

【例5-5】Cookie对象的典型应用——"防刷新"

扫一扫，看视频

　　选中5TH项目，在项目中添加名为Web5-5.aspx的"Web窗体"，在页面中添加一个Label控件、一个RadioButtonList控件和一个Button控件，它们的属性设置见表5-8。

表 5-8　Web5-5.aspx 页面控件属性设置

类　型	名　称	属性及说明
Label	Label1	Text：显示当前投票的状态
RadioButtonList	RadioButtonList1	Items：设置参与投票的学员名单，本例设计为"张三、李四、王五"
Button	Button1	单击按钮完成投票，其 Text 属性设置为"投票"

在按钮Button1的单击事件中，完成Cookie对象的写入，代码如下：

```
protected void Button1_Click(object sender, EventArgs e)
{
    Response.Cookies["once"].Value = "ok";
}
```

在Web5-5.aspx.cs的Page_Load事件中，完成用户是否投过票的验证，代码如下：

```
protected void Page_Load(object sender, EventArgs e)
{
    var oldCookie = Request.Cookies["once"];
    if (oldCookie == null)//用户首次访问
    {
        Label1.Text = "欢迎使用投票系统，请选择最佳学员";
        RadioButtonList1.Visible = true;
        Button1.Visible = true;
    }
    Else//用户已访问过
    {
        Label1 .Text ="已投过票，感谢参与！ ";
        RadioButtonList1.Visible = false;
        Button1.Visible = false;
    }
}
```

　　用户初次访问时，由于名为once的Cookie对象为空，显示投票信息；当以后访问时，由于once已有取值，将不再显示投票信息，如图5-7所示。

图 5-7　Web5-5.aspx 页面显示效果

5.6　Server对象

　　Server对象提供对服务器上的方法和属性的访问，在ASP.NET中是一个重要的对象，许多高级功能都是由它完成的。例如，经常使用Server对象的CreateObject方法创建ActiveX组件。

5.6.1 Server 对象的常用属性和方法

Server对象用于访问服务器上的资源，其常用属性见表5-9。

表 5–9　Server 对象的常用属性

属　　性	功能说明
MachineNames	获取服务器的计算机名称
ScriptTimeOut	获取或设置请求超时值（以秒为单位）

Server对象的常用方法见表5-10。

表 5–10　Server 对象的常用方法

方　　法	功能说明
Execute	在当前请求的上下文中执行指定虚拟路径的处理程序
HtmlEncode	对字符串进行 HTML 编码并返回已编码的字符串
HtmlDecode	对 HTML 编码的字符串进行解码，并返回已解码的字符串
MapPath	返回与指定虚拟路径相对应的物理路径
Transfer	对于当前请求，终止当前页的执行，并使用指定页的 URL 路径来开始执行一个新页
UrlDecode	对字符串进行 URL 解码并返回已解码的字符串
UrlEncode	对字符串进行 URL 编码，并返回已编码的字符串

5.6.2 Server 对象的典型应用

1. 调用指定的ASP.NET网页

（1）Server对象的Execute方法用于执行指定的网页，执行完成后返回原来的网页继续执行。该方法提供了与函数调用类似的功能，有如下4种格式：

Execute(String)

执行String指定虚拟路径的页面。

Execute(String, Boolean)

执行String指定虚拟路径的页面，并指定是否清除QueryString和Form集合。

Execute(String, TextWriter)

执行String指定虚拟路径的页面，TextWriter 捕获执行的处理程序的输出。

Execute(String, TextWriter, Boolean)

执行String指定虚拟路径的处理程序，TextWriter 捕获页面输出，布尔参数则指定是否清除QueryString和Form集合。

（2）Server对象的Transfer方法也用于执行指定的网页，与Execute方法不同，Transfer方法终止当前网页，执行新的网页。常用的格式如下：

Transfer(String)

终止当前页面的执行，并使用String指定页的URL路径来开始执行一个新页。

Transfer(String, Boolean)

终止当前页的执行，并使用String指定页的URL路径来开始执行一个新页。指定是否清除QueryString和Form集合。

【例5-6】Execute方法和Transfer方法使用示例

扫一扫，看视频

选中5TH项目，在项目中添加名为Web5-6.aspx和Web5-60.aspx的两个文件，在Web5-6.aspx页面中添加2个Button控件，它们的属性设置见表5-11。

表 5-11　Web5-6.aspx 页面控件属性设置

类　型	名　称	属性及说明
Button	Button1	单击按钮完成 Execute 方法，其 Text 属性设置为 Execute
Button	Button2	单击按钮完成 Transfer 方法，其 Text 属性设置为 Transfer

在按钮Button1的单击事件中，完成Execute方法，代码如下：

```
protected void Button1_Click(object sender, EventArgs e)
{
    Response.Write("Execute begin"+"<br>");
    Server.Execute("Web5-60.aspx");
    Response.Write("Execute end" + "<br>");
}
```

在按钮Button2的单击事件中，完成Transfer方法，代码如下：

```
protected void Button2_Click(object sender, EventArgs e)
{
    Response.Write("Transfer begin" + "<br>");
    Server.Transfer ("Web5-60.aspx");
    Response.Write("Transfer end" + "<br>");
}
```

在Web5-60.aspx.cs的Page_Load事件中，输入如下代码：

```
protected void Page_Load(object sender, EventArgs e)
{
    Response.Write("this is 5-60.aspx");
}
```

在Web5-6.aspx页面单击不同的按钮，页面显示如图5-8所示。

图 5-8　Web5-6.aspx 页面显示效果

2. 获取服务器的物理地址

MapPath方法可以将指定的虚拟路径转换为Web服务器上相应的物理路径，语法如下：

物理路径 = Server.MapPath(string Path)

其中，Path是一个用于指定相对路径或虚拟路径的字符串。如果在Path中以字符"\"或"/"开始，说明Path是一个完整的路径（由网站的根目录开始）；如果Path中不以字符"\"或"/"开始，说明Path中指定的路径是相对于当前ASP.NET文件所在的路径。

MapPath典型的使用方法如下：

```
//取得当前网站的物理路径
Response.Write(Server.MapPath("/")+"<br>");
//取得当前ASP.NET文件所在目录下test的物理路径
Response.Write(Server.MapPath("test")+"<br>");
//取得当前Web站点下名为ASP.NET目录下Userlogin.ASP.NET文件的物理路径
Response.Write(Server.MapPath("/ASP.NET/Userlogin.ASP.NET")+"<br>");
```

当需要物理路径以便操作Web服务器上的目录或文件时常使用MapPath方法。

3. 字符编码

（1）HtmlEncode方法是对指定的字符串应用HTML编码。常用的语法如下：

```
Server.HTMLEncode( string s )
```

其中，string指定要编码的字符串。

当从服务器端向浏览器输出HTML标记时，浏览器就将其解释为HTML标记，并以指定的格式显示在浏览器上。如果想使浏览器原样输出HTML标记字符，不对这些标记进行解释，可以使用本方法。使用方法如下：

```
Response.Write("<p><i>.HtmlEncode方法示例</i></p><br>");
Response.Write( Server.HtmlEncode ("<p><i>HTMLEncode方法示例</i></p><br>"));
```

（2）URLEncode方法将指定的字符串进行URL编码，语法如下：

```
Server.URLEncode( string )
```

其中，string指定要编码的字符串。

当向服务器方发送URL参数时，如果数据中含有汉字或特殊字符（如"&"等），则对URL参数进行解码时就会出现错误。采用URL编码就可以确保所有浏览器都能正确地传输URL字符串中的文本。

Server.URLEncode方法将指定的字符转化成URL中等效的字符，空格用"+"代替，ASCII码大于126的字符用"%"后跟十六进制代码进行替换。例如：

```
Response.Write(Server.UrlEncode("http://www.microsoft.com"));
```

将得到如下结果：

```
http%3a%2f%2fwww.microsoft.com
```

5.7 Session对象

5.7.1 Session 概述

HTTP协议是一种无状态（stateless）的协议，利用HTTP协议无法跟踪用户。从网站的角度看，每一个新的请求都是单独存在的，当服务器完成用户的请求后，服务器将不能继续保持与该用户浏览器的连接；当用户在Web站点的多个页面间切换时，根本无法知道该用户以前在网站请求的相关信息。Session的引用就是为了弥补这个缺陷。当用户在Web站点的多个页面间切换时，利用Session可以保存该用户的一些有用信息，网站可以利用这些信息获得该用户在网站的活动情况。

Session的中文是"会话"，在ASP.NET中Session代表Web服务器与客户机之间的"会话"。Session的作用时间可以从浏览者到达某个特定Web页开始，直到该用户离开Web站点，或在程序中利用代码终止某个Session。在这段时间内，服务器为用户多个页面的运行提供了一个全局变量区，存储在这个区域中的所有Session变量会始终伴随该用户，可以在不同的页面中读取这些变量的值，实现了页面间数据的传递。

系统为每个访问者都设立一个独立的Session对象，用以存储Session变量，并且各个访问者的Session对象互不干扰。换句话说，当某个用户在网站的页面之间跳转时，只能访问属于自己的Session变量，无法访问其他用户的Session变量，Session对象是针对单一用户的。

5.7.2　Session 对象的常用属性和方法

Session对象常用的属性见表5-12。

表 5-12　Session 对象的常用属性

属　　性	功能说明
IsNewSession	当浏览者首次启动浏览器浏览网页时，该属性返回值为 True；浏览者刷新网页或进入网站中的其他网页时，该属性返回值为 False
SessionID	获取 Session 的唯一标识符
Item[ ]	获取或设置 Session 变量值
TimeOut	获取或设置 Session 对象的失效时间（以分钟为单位）

Session对象常用的方法见表5-13。

表 5-13　Session 对象的常用方法

方　　法	功能说明
Abandon()	强制结束 Session
Add(String, Object)	向 Session 状态集合添加一个新项
Clear()	从 Session 状态集合中删除所有键和值

5.7.3　Session 对象应用举例

存取Session对象变量都是通过"键/值"对的方式进行的，语法如下：

```
Session[varName]=值
```

其中，varName为Session的变量名。

【例5-7】利用Session对象在页面间传递参数

扫一扫，看视频

本例中，将用户在注册页面输入的用户名和密码以及注册时间分别保存到Session变量中，这样用户在本网站其他页面间跳转时，都可以利用相应的Session变量获取用户在注册时的信息。

选中5TH项目，在项目中添加名为Web5-7.aspx的文件，在Web5-7.aspx页面中添加2个Label控件、2个TextBox控件和2个Button控件，它们的属性设置见表5-14。

表 5-14　Web5-7.aspx 页面控件属性设置

类　　型	名　　称	属性及说明
Label	Label1	Text 属性设置为 "用户名"
Label	Label2	Text 属性设置为 "密码"

类　型	名　称	属性及说明
TextBox	TextUserName	输入注册的用户名
TextBox	TextUserPass	输入注册的密码，TextMode 属性设置为 Password
Button	ButtonLog	单击按钮完成注册，Text 属性设置为 "注册"
Button	ButtonCan	单击按钮完成取消，其 Text 属性设置为 "取消"

"取消" 按钮的单击事件用于清除用户的输入信息，代码如下：

```
protected void ButtonCan_Click(object sender, EventArgs e)
{
    TextUserName.Text = "";
    TextUserPass.Text = "";
}
```

"注册" 按钮将用户的信息存入Session中并重定向到文件Web5-70.aspx，代码如下：

```
protected void ButtonLog_Click(object sender, EventArgs e)
{
    Session["UserName"] = TextUserName.Text;
    Session["UserPass"] = TextUserPass.Text;
    Session["LogTime"] = DateTime.Now;
    Response.Redirect("Web5-70.aspx");
}
```

在Web5-70.aspx.cs的Page_Load事件中，输入如下代码：

```
protected void Page_Load(object sender, EventArgs e)
{
    Response.Write("您注册的用户名为：" + Session["UserName"] + "<br>");
    Response.Write("您注册的密码为：" + Session["UserPass"] + "<br>");
    Response.Write("您注册的时间为：" + Session["LogTime"] + "<br>");
}
```

经过注册页面访问Web5-70.aspx，运行结果如图5-9所示。

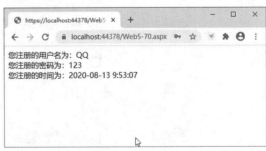

图 5-9　经过注册页面访问 Web5-70.aspx

上例中，当用户访问Web5-7.aspx文件后就具有了Session变量，只要该用户没有离开网站，并且在后续的页面中没有明确利用代码释放Session，就始终可以读、写这些Session变量。此外，由于Session是针对单一用户的，每个用户根据其用户名和年龄的不同，会得到不同的Session变量值，相互之间不会有影响。

如果用户没有经过注册页面，而直接访问Web5-70.aspx文件，将会得到如图5-10所示的结果。

ASP.NET内置对象及应用

图 5-10　直接访问 Web5-70.aspx 文件

由于Session变量没有赋值，可以看到用户的所有信息均为空。也就是说，用户没有经过本例中的注册页面。进一步理解，可以在需要的页面中利用Session变量来判断用户是否经过了某些特殊的页面，如用户登录页面等。

5.7.4　Session 对象的事件

Session对象有Session_End和Session_Start两个事件，这两个事件的代码应放在Global.asax文件中。

Global.asax文件（也称为 ASP.NET 应用程序文件）是一个可选文件，该文件包含响应 ASP.NET 或 HTTP 模块所引发的应用程序（Application）级别和会话（Session）级别事件的代码，必须放在站点的根目录中。

在VS2019中创建Global.asax文件的方法为：依次在项目中选择"添加"|"新建项"|Web|"全局应用程序类"，如图5-11所示。

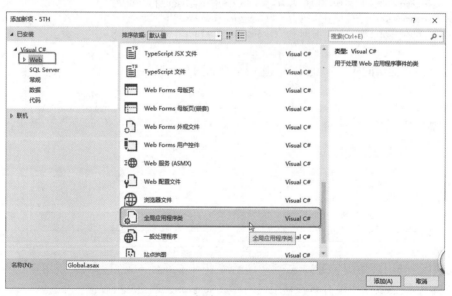

图 5-11　创建 Global.asax 文件

1. Session_Start事件

在服务器创建一个新的会话时触发Session_Start事件，并且在执行请求的页面之前执行该事件脚本。用于执行会话的任何初始化工作，如设置会话变量的默认值。如果不希望用户跳过登录页面而直接进入网站的其他页面，可以使用如下代码：

```
protected void Session_Start(object sender, EventArgs e)
{
    string defaultpage = "Web5-7.aspx";
    //获取用户请求的页面
    string userpage = Request.ServerVariables["Script_Name"];
    if (defaultpage!=userpage)
        Response.Redirect(defaultpage);
}
```

2. Session_End事件

Session_End事件对应Session对象的结束事件，当超过Session对象的TimeOut属性指定的时间没有请求或者程序中使用了Abandon方法，该事件所对应的代码被激活。

通常情况下，在Session_End事件中设置一些清理系统对象或变量的值、释放系统资源的脚本。

5.8 Application对象

5.8.1 Application 对象概述

Application对象是一个Web应用程序级的对象，这里的Web应用程序是指Web站点某个虚拟目录及其以下的子目录的所有文件（包括页面、处理程序、模块、代码和单个Web服务器上的子目录等），通常由相互关联的HTML文件、ASP.NET文件和Global.asax等文件组成。每个Web站点可以设置多个虚拟目录，也就是说，每个Web站点上可以有多个Web应用程序。

Application中所包含的数据可以在整个Web站点中被所有用户使用，并且可以在网站运行期间持久保存数据。

Application对象和Session对象有很多相似之处，它们的功能都是在不同的ASP.NET页面之间共享信息。两者的区别如下：

● 应用范围不同。Application对象是针对所有用户，可以被多个用户共享，一个用户接收到的Application变量可以传递给另外的用户；Session对象是针对单一用户，某个用户无法访问其他用户的Session变量。

● 存活时间不同。由于Application变量是多个用户共享的，因此不会因为某一个用户甚至全部用户离开而消失，一旦建立了Application变量，就会一直存在，直到网站关闭；Session变量会随着用户离开网站而被自动删除。

Application对象是网站建设中经常使用的一项技术，利用Application对象可以实现统计网站的在线人数、创建多用户游戏以及多用户聊天室等功能，其功能类似于一般程序设计语言中的"全局变量"。

5.8.2 Application 对象的常用属性和方法

Application对象的常用属性见表5-15。

表 5-15　Application 对象的常用属性

属　　性	功能说明
AllKeys	返回全部 Application 对象变量到一个字符串数组
Count	获得 Application 对象变量的数量
Item[ ]	通过索引或者变量名获取 Application 对象的值

Application对象的常用方法见表5-16。

表 5-16　Application 对象的常用方法

方　　法	功能说明
Add	新增一个 Application 对象变量
Clear	清除全部 Application 对象变量
Lock	锁定全部 Application 对象变量
Remove	删除指定 Application 对象变量
RemoveAll	删除所有 Application 对象变量
Set	设置指定有 Application 对象变量的值
UnLock	解除锁定的 Application 对象变量

由于多个用户可以共享Application对象，对于同一个Application变量，如果多人同时调用就可能会出现错误，如以下代码：

```
Application["counters"]=Application["counters"]+1;
```

counters中存储着访问网站用户的总数，每个访问该页面的操作都会使Application变量counters的值加1。如果有多个用户同时访问该网站，这段代码将被同时使用，counters中的数值会因为多用户同时读写（并发）而发生错误。

可以利用Application对象的Lock和UnLock方法来确保多个用户无法同时改变某一Application变量，代码如下：

```
//锁定Apploication对象
Application.Lock();
Application["counters"]=Application["counters"]+1;
//解锁Apploication对象
Application.UnLock();
```

🔔 注意：

不能针对个别变量进行Lock操作，也就是说，要么全都进行Lock操作，要么全都不进行。

🎯 5.8.3　Application 对象的事件

Application对象常用的有Application_Start和Application_End两个事件。

Application_Start事件对应Application对象的开始事件，只在第一个用户第一次请求Web应用程序时发生一次，在随后的其他请求时不再激活，主要用于初始化变量、创建对象和执行指定的代码。

Application_End事件对应Application对象的结束事件，在Web服务器被关闭时发生，同样也只发生一次，当它被触发时，应用程序的所有变量也相应地被取消。

与Session对象的Session_Start、Session_End两个事件的使用方法类似，Application对象两个事件的代码也必须放在Global.asax文件中。

5.8.4 Application 对象应用举例

存取Application对象变量也是通过"键/值"对的方式进行的，语法如下：

Application [varName]=值

其中，varName为Application的变量名。

【例5-8】网站计数器的实现

网站计数器是Application对象和Session相结合的一个典型应用，合理构造Global.asax中相关事件的功能，就可以完成网站的计数功能。

扫一扫，看视频

（1）Application对象的Application_Start事件。在应用程序启动时，将存储在线人数的Application变量online的初值设为0，代码如下：

```
protected void Application_Start(object sender, EventArgs e)
{
    Application["online"] = 0;
}
```

（2）Session对象的Session_Start事件对应新用户的加入，加入一个则将在线人数加1，注意修改前后加锁和解锁，代码如下：

```
protected void Session_Start(object sender, EventArgs e)
{
    Application.Lock();
    Application["online"] =(int) Application["online"] + 1;
    Application.UnLock();
}
```

（3）Session对象的Session_End事件对应用户的离开，离开一个则将在线人数减1，注意修改前后加锁和解锁，代码如下：

```
protected void Session_End(object sender, EventArgs e)
{
    Application.Lock();
    Application["online"] = (int)Application["online"] – 1;
    Application.UnLock();
}
```

（4）在需要显示在线人数的页面加入以下代码即可。

```
Response.Write("当前用户总数："+Application ["online"]+"<br>");
```

由于Application变量创建后不会自动消亡，在使用时就要特别小心，因为它要始终占用内存，如果创建过多就会降低服务器对其他工作的响应速度。

5.9 思考题

1. ASP的内置对象有哪些？
2. 简述Page对象的常用事件及触发顺序。
3. 简述Response对象的主要用处。
4. 简述Response对象的特点。

5．如何对Cookie对象的数据进行保存和读取？

6．如何利用Server对象调用指定的ASP.NET网页？

7．简述Session对象的特点。

8．简述Session对象和Application对象的区别。

5.10 实战练习

设计一个网站计数器，要求能显示20位最近访问者的姓名、访问时间等信息。

2

关键技术

第 6 章

母版页及其主题

学习引导

本章主要介绍 ASP.NET 程序中母版页和主题的相关知识，包括母版页的创建与访问、主题创建与应用。

内容浏览

6.1 母版页

母版页是具有扩展名为.Master的 ASP.NET 文件，可以包括静态文本、HTML元素和服务器控件的预定义布局。它的主要用途是为 Web 应用程序中的页面创建统一的风格样式，带有共享的布局和功能。母版页为内容定义了可被内容页覆盖的占位符，内容页包含用户想要显示的内容。当用户请求内容页时，ASP.NET 会对内容页与母版页进行合并以生成结合了母版页布局和内容页内容的输出。

使用母版页可以方便地创建一组控件和代码，并将结果应用于一套页面，简化了以往重复设计每个Web页面的工作；母版页中还承载了网站的统一内容、设计风格，可以集中处理页面上的通用功能，只需在一个位置上更新即可更新所有页面，减轻了页面设计人员的工作量，提高了开发效率。

6.1.1 母版页的创建

母版页中包含的是页面的公共部分，因此在创建母版页之前，必须判断哪些内容是页面的公共部分。创建母版页的具体步骤如下：

（1）在网站的解决方案资源管理器下右击项目文件夹，在弹出的快捷菜单中选择"添加"命令，然后在弹出的子菜单中选择"新建项"命令，如图6-1所示。

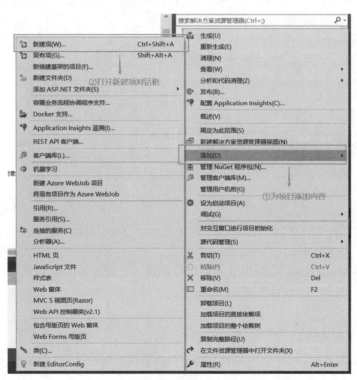

图 6-1　为网站添加内容

（2）打开"添加新项_WebApplication1"对话框。选择"Web Forms 母版页"，命名为MasterPage.Master。单击"添加"按钮即可创建一个新的母版页，如图6-2所示。

图 6-2　创建母版页

（3）母版页MasterPage.Master 中的代码如下：

```
<%@ Master Language="C#" AutoEventWireup="true" CodeBehind="MasterPage.master.cs"
Inherits="WebApplication1.MasterPage" %>

<!DOCTYPE html>

<html>
<head runat="server">
<meta http-equiv="Content-Type" content="text/html; charset=utf-8"/>
  <title></title>
  <asp:ContentPlaceHolder ID="head" runat="server">
  </asp:ContentPlaceHolder>
</head>
<body>
  <form id="form1" runat="server">
    <div>
      <asp:ContentPlaceHolder ID="ContentPlaceHolder1" runat="server">
      </asp:ContentPlaceHolder>
    </div>
  </form>
</body>
</html>
```

代码中的ContentPlaceHolder控件为占位符控件，它所定义的位置可替换为内容出现的区域。

6.1.2　使用母版页创建内容页

创建完母版页后，就可以创建包含母版页的内容。创建过程与母版页类似，具体步骤如下：

（1）在网站的解决方案资源管理器下右击项目名称，在弹出的快捷菜单中选择"添加"命令。

（2）打开如图6-3所示的"添加新项_WebApplication1"对话框。在对话框中选择"包含母版页的Web窗体"并为其命名，单击"添加"按钮，弹出如图6-4所示的"选择母版页"对话框，在其中选择将要使用的母版页，单击"确定"按钮，即可创建一个新的内容页。

（3）内容页中的代码如下：

```
<%@ Page Title="" Language="C#" MasterPageFile="~/MasterPage.Master" AutoEventWireup="true"
CodeBehind="WebForm1.aspx.cs" Inherits="WebApplication1.WebForm1" %>
<asp:Content ID="Content1" ContentPlaceHolderID="head" runat="server">
</asp:Content>
<asp:Content ID="Content2" ContentPlaceHolderID="ContentPlaceHolder1" runat="server">
</asp:Content>
```

🔔 说明：

母版页中有几个ContentPlaceHolder控件，在内容页中就会有几个对应的Content控件，Content 控件的ContentPlaceHolderID属性值对应母版页ContentPlaceHolder控件的ID值。

图 6-3　创建内容页

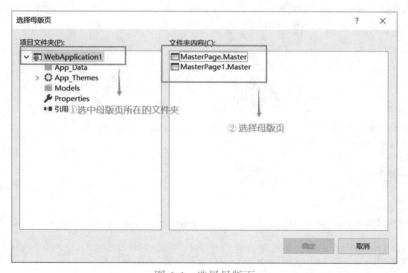

图 6-4　选择母版页

6.1.3 访问母版页的控件

内容页访问母版页中的属性和方法有一定的限制，如果某些属性和方法在母版页中被声明为公共成员，便可以在内容页中对它们进行引用，否则不可以。在引用母版页中的控件时，则没有这种限制。

1.使用 Master.FindControl方法访问母版页上的控件

内容页中的Page 对象有一个公共属性Master，该属性能够实现对相关母版页基类MasterPage的引用。母版页中的MasterPage相当于普通ASP.NET页面中的Page对象，由于母版页中的控件是受保护的，因此必须通过MasterPage对象的FindControl方法访问。

【例6-1】访问母版页上的控件

扫一扫，看视频

本例主要通过使用FindControl方法获取母版页ListBox控件中的内容。程序实现的主要步骤如下：

（1）创建一个母版页，命名为MasterPage.Master，再添加一个包含母版页的Web窗体，命名为WebForm1.aspx，作为母版页的内容页。

（2）在母版页中添加一个ID 属性为city的ListBox控件，代码如下：

```
<%@ Master Language="C#" AutoEventWireup="true" CodeBehind="MasterPage.master.cs"
Inherits="WebApplication1.MasterPage" %>

<!DOCTYPE html>

<html>
<head runat="server">
<meta http-equiv="Content-Type" content="text/html; charset=utf-8"/>
  <title></title>
  <asp:ContentPlaceHolder ID="head" runat="server">
  </asp:ContentPlaceHolder>
</head>
<body>
  <form id="form1" runat="server">
    <span style="font-family: 微软雅黑; font-size: small; font-weight: bold">母版页中的成员控件</span><br />
    <asp:ListBox ID="city" runat="server" Width="150px">
      <asp:ListItem Value="BeiJing">北京</asp:ListItem>
      <asp:ListItem Value="ShangHai">上海</asp:ListItem>
      <asp:ListItem Value="TianJin">天津</asp:ListItem>
      <asp:ListItem Value="XiaMen">厦门</asp:ListItem>
    </asp:ListBox>
    <div>
      <asp:ContentPlaceHolder ID="ContentPlaceHolder1" runat="server">
      </asp:ContentPlaceHolder>
    </div>
  </b></form>
</body>
</html>
```

（3）在内容页中添加一个ID属性为DropDownList的DropDownList控件，代码如下：

```
<%@ Page Title="" Language="C#" MasterPageFile="~/MasterPage.Master" AutoEventWireup="true"
CodeBehind="WebForm1.aspx.cs" Inherits="WebApplication1.WebForm1" %>
<asp:Content ID="Content1" ContentPlaceHolderID="head" runat="server">
```

```
</asp:Content>
<asp:Content ID="Content2" ContentPlaceHolderID="ContentPlaceHolder1" runat="server">
   内容页访问母版页上的控件<br />
   <asp:DropDownList ID="DropDownList" runat="server">
   </asp:DropDownList>
</asp:Content>
```

（4）在内容页中的Page_LoadComplete事件中，使内容页的DropDownList控件显示母版页中的ListBox控件内容，代码如下：

```
protected void Page_LoadComplete(object sender, EventArgs e)
{
   ListBox lb = Master.FindControl("city") as ListBox;
   DropDownList.Items.Clear();
   foreach (ListItem li in lb.Items)
   {
      DropDownList.Items.Add(li);
   }
}
```

（5）执行程序，运行结果如图6-5所示。

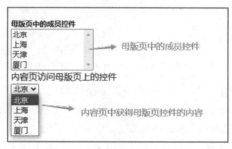

图 6-5　访问母版页上的控件

2. 引用@MasterType指令访问母版页中的控件

通过在内容页中使用 MasterType 指令可以创建与内容页相关的母版页的强类型引用，进而实现对母版页中内容的访问。在设置MasterType 指令的同时，还要设置VirtualPath属性来指定相关母版页的URL地址。

【例6-2】引用 @MasterType指令访问母版页上的控件

本例通过引用MasterType指令访问母版页中的内容，程序实现的主要步骤如下：
（1）在母版页中定义一个Label控件并将其强类型化，代码如下：

```
public Label MasterPageLabel
{
   get
   {
      return masterlabel;
   }
   set
   {
      masterlabel = value;
   }
}
```

扫一扫，看视频

（2）在内容页代码头的设置中，增加<%@MasterType%>，并设置其中的 VirtualPath属性指定母版页的URL地址，代码如下：

```
<%@ Page Title="" Language="C#" MasterPageFile="~/MasterPage1.Master" AutoEventWireup="true"
CodeBehind="WebForm2.aspx.cs" Inherits="WebApplication1.WebForm2" %>
<%@ MasterType VirtualPath="~/MasterPage1.master" %>
<asp:Content ID="Content3" ContentPlaceHolderID="ContentPlaceHolder1" Runat="Server">
  <asp:Label ID="contentlabel" runat="server">这里将显示母版页Label控件中的内容。</asp:Label>
</asp:Content>
```

（3）在内容页的Page_Load事件下，通过Master对象引用母版页中的公共属性，代码如下：

```
protected void Page_Load(object sender, EventArgs e)
{
    contentlabel.Text = Master.MasterPageLabel.Text;
}
```

6.2 主题

6.2.1 主题概述

主题由外观、级联样式表（CSS）、图像和其他资源组成，它是在网站或Web服务器上的特殊目录中定义的。外观是主题的核心内容，用于定义页面中服务器控件的外观，包含各个控件的属性设置，因此主题中至少要包含外观。在制作网站中的网页时，有时需要对控件和页面设置进行重复设计，主题的出现不仅将重复的工作简单化，还能够统一网站的样式和外观，一个网站可以通过不同的主题呈现出不同的外观。

主题还可以包含级联样式表（CSS文件）。将CSS文件放在主题目录中时，样式表将自动作为主题的一部分应用到页面中。主题还可以包含图片和其他资源，如视频或脚本文件等。通常，主题的资源文件与该主题的外观文件位于同一个文件夹中，但也可以在Web应用程序中的其他地方，如主题目录的某个子文件夹中。

在Web应用程序中，主题文件必须存储在根目录的App_Themes文件夹下（除全局主题之外）。App_Themes文件夹如图6-6所示。

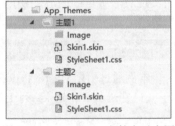

在App_Themes文件夹中包括"主题1"和"主题2"两个文件夹。主题文件夹中可以包含外观文件、CSS文件和资源文件等。通常App_Themes文件夹中只存储主题及与主题有关的文件。外观文件是主题的核心部分，主题较多、页面内容较复杂时，就需要开发人员根据实际情况对外观文件进行有效管理。通常根据SkinID、控件类型及文件3种方式进行组织，具体说明见表6-1。

图 6-6　App_Theme 文件夹示意图

表 6-1　3种常见的外观文件的组织方式及说明

方　式	说　明
SkinID	将具有相同SkinID的控件放在同一个外观文件中，适用于网站页面较多、设置内容复杂的情况
控件类型	以控件类型进行分类，适用于页面中包含控件较少的情况
文件	以网站中的页面进行分类，适用于网站中页面较少的情况

6.2.2 创建并应用主题

1. 创建外观文件

外观文件分为默认外观和已命名外观两种类型。在向页面应用主题时，默认外观会自动应用于同一类型的所有控件。如果控件外观不包含SkinID属性，就是默认外观；如果设置了SkinID 属性，就是已命名外观。已命名外观通过设置控件的SkinID属性将其应用于控件。下面通过示例来介绍如何创建外观文件。

【例6-3】创建外观文件

本例主要通过两个Calendar控件分别介绍如何创建默认外观和命名外观。

扫一扫，看视频

程序实现的主要步骤如下：

（1）在项目名文件夹上右击，弹出如图6-7所示的快捷菜单，选择"添加"→"添加 ASP.NET文件夹"→"主题"命令。

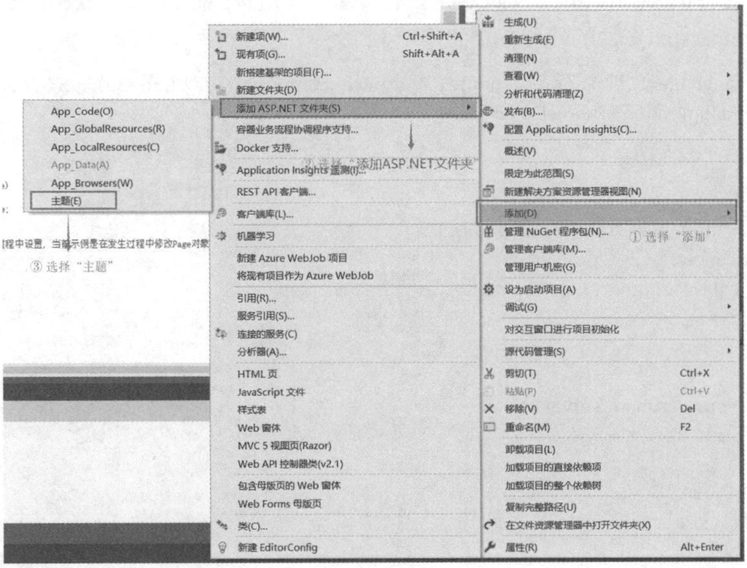

图 6-7　添加主题

（2）完成后自动生成一个App_Themes文件夹，同时包含一个"主题1"文件夹，右击"主题1"选择添加外观文件，生成名为Calendar.skin的外观文件，用来设置页面中 Calendar控件的外观。Calendar.skin外观文件的代码如下：

```
<asp:Calendar runat="server" BackColor="#FFFFCC" BorderColor="#FFCC66" BorderWidth="1px"
DayNameFormat="FirstLetter" Font-Names="Verdana" Font-Size="8pt"
ForeColor="#663399" Height="200px" ShowGridLines="True" Width="220px">
    <SelectedDayStyle BackColor="#CCCCFF" Font-Bold="True" />
    <SelectorStyle BackColor="#FFCC66" />
    <OtherMonthDayStyle ForeColor="#CC9966" />
    <TodayDayStyle BackColor="#FFCC66" ForeColor="White" />
    <NextPrevStyle Font-Size="9pt" ForeColor="#FFFFCC" />
    <DayHeaderStyle BackColor="#FFCC66" Font-Bold="True" Height="1px" />
    <TitleStyle BackColor="#990000" Font-Bold="True" Font-Size="9pt" ForeColor="#FFFFCC" />
</asp:Calendar>
```

```
<asp:Calendar SkinID="Simple" runat="server" BackColor="White" BorderColor="#999999" CellPadding="4"
DayNameFormat="FirstLetter" Font-Names="Verdana"
Font-Size="8pt" ForeColor="Black" Height="180px" Width="200px">
  <SelectedDayStyle BackColor="#666666" Font-Bold="True" ForeColor="White" />
  <SelectorStyle BackColor="#CCCCCC" />
  <WeekendDayStyle BackColor="#FFFFCC" />
  <OtherMonthDayStyle ForeColor="#808080" />
  <TodayDayStyle BackColor="#CCCCCC" ForeColor="Black" />
  <NextPrevStyle VerticalAlign="Bottom" />
  <DayHeaderStyle BackColor="#CCCCCC" Font-Bold="True" Font-Size="7pt" />
  <TitleStyle BackColor="#999999" BorderColor="Black" Font-Bold="True" />
</asp:Calendar>
```

代码中创建了两个Calendar控件的外观，其中未定义SkinID属性的是Calendar控件的默认外观，定义了SkinID属性的是Calendar控件的命名外观，其SkinID属性为Simple。

（3）在Web窗体ThemeDemo.aspx中添加两个TextBox控件，应用Skin1.skin中的控件外观。首先在<%@ Page%>标签中设置一个Theme属性用来应用主题，如果为控件设置了默认外观，则不需要设置控件的SkinID属性，如果为控件设置了命名外观，则需要设置控件的SkinID属性。ThemeDemo.aspx文件的代码如下：

```
<%@ Page Language="C#" Theme="Theme1" AutoEventWireup="true" CodeBehind="ThemeDemo.aspx.cs"
Inherits="WebApplication1.ThemeDemo" %>

<!DOCTYPE html>

<html xmlns="http://www.w3.org/1999/xhtml">
<head runat="server">
<meta http-equiv="Content-Type" content="text/html; charset=utf-8"/>
  <title></title>
</head>
<body>
  <form id="Form1" runat="server">
    <table runat="server">
      <tr>
        <td>
          默认外观
        </td>
        <td>
          <ASP:Calendar ID = "Calendar1" runat="server"></asp:Calendar>
        </td>
      </tr>

      <tr>
        <td>
          自定义外观
        </td>
        <td>
          <asp:Calendar ID="Calendar2" runat="server" SkinID="Simple"></asp:Calendar>
        </td>
      </tr>
    </table>
  </form>
</body>
</html>
```

如果在控件代码中添加了与控件外观相同的属性，则页面最终显示以控件外观的设置效果为主。

（4）执行程序，运行结果如图6-8所示。

图 6-8　外观应用示例

2. 为主题添加CSS样式

主题中的样式表主要用于设置页面和普通HTML控件的外观样式，自动应用于页面并且必须保存在主题文件夹中。

【例6-4】为主题添加CSS 样式

本例通过CSS文件对页面背景颜色、普通文字、input边框颜色以及超链接文本创建样式。

程序实现的主要步骤如下：

（1）新建一个网站，添加一个主题，在主题下添加一个样式表文件，默认名称为StyleSheet1.css。页面中共有三处被设置样式，一是页面背景颜色、文本对齐方式及文本颜色；二是超文本的外观；三是HTML按钮的边框颜色。StyleSheet1.css文件的代码如下：

```
body {
    text-align: center;
    color: red;
    background-color: #00CCFF;
    font-weight: bold;
}

A:link {
    color: White;
    text-decoration: underline;
}

A:visited {
    color: White;
    text-decoration: underline;
}

A:hover {
    color: Fuchsia;
    text-decoration: underline;
    font-style: italic;
```

```
}
input {
    border-color: Yellow;
}
```

（2）新建Web窗体 ThemeCSS.aspx，然后应用刚刚创建的主题中的CSS文件样式，ThemeCSS.aspx代码如下：

```
<%@ Page Language="C#" AutoEventWireup="true" CodeBehind="ThemeCSS.aspx.cs" Theme="Theme1"
Inherits="WebApplication1.ThemeCSS" %>

<!DOCTYPE html>

<html xmlns="http://www.w3.org/1999/xhtml">
<head runat="server">
<meta http-equiv="Content-Type" content="text/html; charset=utf-8"/>
    <title>ASP.NET在主题中添加CSS样式</title>
</head>
<body>
    <form id="form1" runat="server">
        <div>
            为主题添加CSS样式
            <table>
                <tr>
                    <td style="width: 100px">
                        <a href ="ThemeCss.aspx">链接一</a>
                    </td>
                </tr>
                <tr>
                    <td style="width: 100px">
                        <input id="Button1" type="button" value="按钮一" />
                    </td>
                    <td style="width: 100px">
                    </td>
                </tr>
            </table>
        </div>
    </form>
</body>
</html>
```

（3）执行程序，运行结果如图6-9所示。

图 6-9　为主题添加 CSS 样式

3. 应用主题

不仅可以对单个网页应用主题，而且可以对全局应用主题。在网站级设置主题会对站点上的所有页面和控件应用样式及外观，除非对个别页重写主题。在页面级设置主题会对该页及其所有控件应用样式和外观。可以设置Web.config文件中的pages配置节的内容，为同一项目下的所有页面设置同一个主题，Web.config 文件的配置代码如下：

```
<configuration>
  <system.web>
    <pages theme="ThemeName"/>
  </system.web>
</configuration>
```

只要将<pages>配置节中的Theme属性或者 StyleTheme 属性值设置为空（""），即可禁用整个应用程序的主题设置。

6.2.3 动态切换主题

除了在页面声明和配置文件中指定主题之外，还可以通过编程方式动态加载主题。

【例6-5】动态切换主题

本例主要通过选择相应的主题，实现动态切换对页面应用主题。程序实现的主要步骤如下：

（1）新建一个网站，添加2个主题，分别命名为Theme2和Theme3，每个主题包含一个外观文件（Skin1.skin）和一个CSS文件（StyleSheet1.css），用于设置页 扫一扫，看视频 面外观及控件外观。主题文件夹Theme2中的外观文件Skin1.skin的代码如下：

```
<asp:TextBox runat="server" Text="主题1" BackColor="#FFE0C0" BorderColor="#FFC080" Font-Size="12pt"
ForeColor="#C04000" Width="149px"/>
<asp:TextBox SkinId="textboxSkin" runat="server" Text="主题1" BackColor="#FFFFC0" BorderColor="Olive"
BorderStyle="Dashed" Font-Size="15pt" Width="224px"/>
```

级联样式表文件StyleSheet1.css的代码如下：

```
body {
    text-align: center;
    color: Yellow;
    background-color: Navy;
}

A:link {
    color: White;
    text-decoration: underline;
}

A:visited {
    color: White;
    text-decoration: underline;
}

A:hover {
    color: Fuchsia;
    text-decoration: underline;
    font-style: italic;
}

input {
    border-color: Yellow;
```

```
}
```

主题文件夹Theme3 中的外观文件Skin1.skin的代码如下：

```
<asp:TextBox runat="server" Text="主题2" BackColor="#C0FFC0" BorderColor="#00C000" ForeColor="#004000"
Font-Size="12pt" Width="149px"/>
<asp:TextBox SkinId="textboxSkin" runat="server" Text="主题2" BackColor="#00C000" BorderColor="#004000"
ForeColor="#C0FFC0" BorderStyle="Dashed" Font-Size="15pt" Width="224px"/>
```

级联样式表文件StyleSheet1.css 的代码如下：

```
body {
  text-align: center;
  color: #004000;
  background-color: Aqua;
}

A:link {
  color: Blue;
  text-decoration: underline;
}

A:visited {
  color: Blue;
  text-decoration: underline;
}

A:hover {
  color: Silver;
  text-decoration: underline;
  font-style: italic;
}

input {
  border-color: #004040;
}
```

（2）在网站的Web窗体ThemeSwitch.aspx中添加1个DropDownList控件，包含2个选项，一个是"主题一"，另一个是"主题二"。当用户选择任意一个选项时，都会触发SelectedIndexChanged事件，该事件会将选项的主题名存放在URL的QueryString中并重新加载页面。其代码如下：

```
protected void DropDownList1_SelectedIndexChanged(object sender, EventArgs e)
{
  string url = Request.Path + "?theme=" + DropDownList1.SelectedItem.Value;
  Response.Redirect(url);
}
```

（3）通过后台程序指定页面主题的代码如下：

```
void Page_PreInit(Object sender, EventArgs e)
{
  string theme = "Theme2";
  if (Request.QueryString["theme"] == null)
  {
    theme = "Theme2";
  }
  else
  {
```

```
        theme = Request.QueryString["theme"];
    }
    Page.Theme = theme;
    ListItem item = DropDownList1.Items.FindByValue(theme);
    if (item != null)
    {
        item.Selected = true;
    }
}
```

（4）执行程序，运行结果如图6-10和图6-11所示。

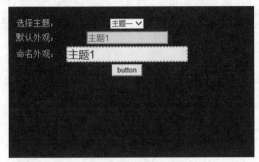

图 6-10　主题一

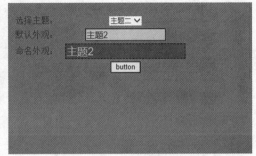

图 6-11　主题二

6.3　思考题

1．简述母版页的作用。
2．简述母版页和内容页的区别。
3．母版页与内容页之间如何传递参数？
4．简述主题、外观文件和级联样式文件的区别。
5．如何将定义好的Theme文件在多个程序中共享？

6.4　实战练习

1．参照例6-1，创建母版页和内容页，然后在母版页中选择一个城市，在内容页中显示所选择的城市名称。

2．为Calendar日历控件设置主题，其背景色为蓝色，日历标头文字格式为Shortest，TodayDayStyle中的背景色为#C0000，TitleStyle中的背景色为#FFE0C0，字体加粗，前景色为#FF8000。

第 7 章

ASP.NET 缓存机制

学习引导

　　ASP.NET 中的缓存是把应用程序中需要频繁、快速访问的数据保存在内存中的技术，通常用来提高应用程序的响应速度。本章介绍 ASP.NET 中常用的缓存技术，并提供一些关键代码，帮助读者学会缓存的开发技巧。

内容浏览

缓存概述

缓存是一种用空间换取时间的技术——通过将访问频率高的数据存储在内存中，提高响应速度并减少对磁盘的访问。缓存可以减少生成内容所需的工作，从而显著提高应用程序的性能和可伸缩性。缓存适用于不经常更改的数据。通过缓存，可以比从原始数据源返回数据的速度快得多。缓存功能是大型网站设计中一个很重要的部分。由数据库驱动的Web应用程序，如果需要改善其性能，最好的方法是使用缓存功能。

从分布上来看，可以概括为服务器端缓存、客户端缓存和第三方缓存系统，如图7-1所示。

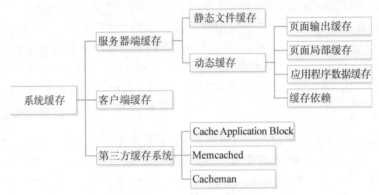

图 7-1 ASP.NET 缓存机制

服务器端缓存——有些数据不宜在客户端缓存，就需要在服务器端进行缓存。服务器端缓存从性质上看，又可以分为静态缓存和动态缓存两种。

1. 静态缓存

网站中有些页面是静态的，很少改动，那么这种文件最适用于静态缓存。现在的IIS部分的内容是直接存放在内核空间（Kernel Space）中，由HTTP.SYS直接管理。由于它在内核空间，所以它的性能非常高。用户请求的数据如果在缓存中存在，那么HTTP.SYS直接将缓存中的数据返回给用户，不需要再从IIS的用户空间（User Space）查找并复制到内核空间中，然后返回给用户。内核级缓存（Kernel Level Cache）几乎是现在高性能Web服务器的一个必不可少的特性。

2. 动态缓存

在ASP.NET中，常见的动态缓存主要有以下几种：
- 传统缓存。
- 页面输出缓存。
- 页面局部缓存。
- 利用.NET提供的System.Web.Caching缓存。
- 缓存依赖。

其中，传统缓存就是第5章讲解的内置对象，比如将可重复利用的文件放到Application或是Session中去保存。

```
Session["Style"] = val;
Application["Count"] = 0;
```

客户端缓存——第一次访问一个新的网站时，可能要花一些时间才能载入整个页面。而后再次访问时，时间就会大大缩短，原因就在于客户端缓存。现在的浏览器大多数具有缓存功能，它会在客户端的硬盘上保留许多静态的文件，如各种.gif、.jpeg文件等。等以后再访问的时候，它会尽量使用本地缓存中的文件。只有服务器端的文件更新了，或是缓存中的文件过期了，它才会再次从服务器端下载这些文件。客户端缓存是浏览器自带的功能。

第三方缓存系统——由于ASP.NET没有一个很好的机制支持多服务器，每个服务器上的缓存都对其他服务器缓存的改变一无所知，而一些第三方缓存系统能够很好地解决此问题。第三方缓存系统有很多，下面对使用频率较高的Caching Application Block和Memcached进行简要介绍。

1.Caching Application Block

Caching Application Block是微软开发的企业级缓存应用程序块，它提供了一个灵活且可扩展的缓存框架，其中包含一组可在应用程序的任何层使用的 API。它支持在内存、数据库或隔离存储中存储缓存数据，可伸缩性和可用性都很强，能够广泛应用于ASP.NET Web应用或Web服务、Windows窗体应用程序、控制台应用程序、Windows服务和COM+服务器等项目中。使用Caching Application Block实现缓存可以提高应用程序的性能、减少开发时间和降低成本。

2.Memcached

Memcached是高性能、分布式的内存对象缓存系统，用于在动态应用中减少数据库负载，提高访问速度。Memcached在内存中维护一个统一的、巨大的hash表，能够用来存储各种格式的数据，包括图像、视频、文件以及数据库检索的结果等。Memcached由Danga Interactive开发，最初是用来提高LiveJournal网站的访问速度，后来被很多大型网站采用。如果想了解更多信息，请访问其官网（网址为 http://memcached.org/ ）。

7.2 页面输出缓存

扫一扫，看视频

页面输出缓存是最简单的缓存机制，该机制将整个ASP.NET页面内容保存在服务器内存中。当用户请求该页面时，系统从内存中输出相关数据，直到缓存数据过期。在这个过程中，缓存内容直接发送给用户，而不必再次经过页面处理。通常情况下，页面输出缓存对于那些包含不需要经常修改内容，但需要大量处理才能编译完成的页面特别有用。需要注意的是，页面输出缓存是将页面全部内容都保存在内存中，并用于完成客户端请求。

在ASP.NET中需要使用页面输出缓存时，只需要在aspx页面的顶部加入以下声明语句即可。

```
<%@ OutputCache Duration="60" VaryByParam="none" %>
```

Duration是缓存的时间（秒），这是必选属性。如果未包含该属性，将出现分析器错误。

页面输出缓存的前端页面代码如下：

```
<%@ Page Language="C#" AutoEventWireup="true" CodeBehind="WebForm1.aspx.cs"
Inherits="CacheWebApp._16_4_3.WebForm1" %>
<%@ OutputCache Duration="60" VaryByParam="none" %>
<html xmlns="http://www.w3.org/1999/xhtml" >
<head runat="server">
  <title>页面输出缓存示例</title>
</head>
<body>
```

```
  <form id="form1" runat="server">
  <div>
    <asp:Label ID="Label1" runat="server" Text="Label"></asp:Label>
  </div>
  </form>
</body>
</html>
```

后台代码如下：

```
protected void Page_Load(object sender, EventArgs e)
{
    if (!IsPostBack)
    {
        Label1.Text = DateTime.Now.ToString();
    }
}
```

如果不加<%@ OutputCache Duration="60" VaryByParam="none" %>缓存声明，刷新页面上的时间每次都在变化。而加了缓存声明以后，刷新页面的时间并不是每次都在变化，60秒后才变化一次，说明数据被缓存了60秒。

VaryByParam是指页面根据使用POST或GET发送的名称/值对（参数）来更新缓存的内容，多个参数用分号隔开。如果不希望根据任何参数来改变缓存内容，需要将值设置为none；如果希望所有的参数值改变都更新缓存，需要将值设置为星号（*）。

例如，有一个页面 http://localhost /WebForm1.aspx?p=1，则可以在WebForm1.aspx页面头部声明缓存<%@ OutputCache Duration="60" VaryByParam="p" %>。

以上代码设置页面缓存时间是60秒，并根据p参数的值来更新缓存，即p的值发生变化才更新缓存。

如果一直是WebForm1.aspx?p=1访问该页，则页面会缓存当前数据，当p=2时又会执行后台代码更新缓存内容。

有多个参数时，如http://localhost/WebForm1.aspx?p=1&n=1，可以使用声明语句<%@ OutputCache Duration="60" VaryByParam="p;n" %>。

除此之外，@OutputCache还有一些其他的属性。@OutputCache指令中的属性参数描述如下：

```
<%@ OutputCache Duration="#ofseconds"
  Location="Any | Client | Downstream | Server | None |
  ServerAndClient "
  Shared="True | False"
  VaryByControl="controlname"
  VaryByCustom="browser | customstring"
  VaryByHeader="headers"
  VaryByParam="parametername"
  CacheProfile="cache profile name | ""
  NoStore="true | false"
  SqlDependency="database/table name pair |CommandNotification"
%>
```

CacheProfile用于调用Web.config配置文件中设置的缓存时间。这是可选属性，默认值为空字符（""）。

例如，在Web.config中加入以下配置：

```
<system.web>
  <caching>
```

```
      <outputCacheSettings>
        <outputCacheProfiles>
          <add name="CacheTest" duration="50" />
        </outputCacheProfiles>
      </outputCacheSettings>
    </caching>
    </system.web>
```

页面中声明如下：

```
<%@ OutputCache CacheProfile="CacheTest" VaryByParam="none" %>
```

🔔 注意：

包含在用户控件（.ascx文件）中的@OutputCache指令不支持此属性。在页面中指定此属性时，属性值必须与OutputCacheSettings节下面的outputCacheProfiles元素中的一个可用项的名称匹配。如果此名称与配置文件项不匹配，将引发异常。

如果每个页面的缓存时间相同，则不需要对每个页面进行设置，而是进行统一的控制，这样就可以更好地控制所有页面的缓存时间。如果想改变缓存时间，只需要修改web.config的配置信息即可，而不用每个页面都修改。

VaryByControl通过用户控件文件中包含的服务器控件来改变缓存（值是控件ID，多控件用分号隔开）。

在ASP.NET页和用户控件上使用@OutputCache指令时，需要该属性或VaryByParam属性。

```
<%@ Page Language="C#" AutoEventWireup="true" CodeBehind="WebForm2.aspx.cs"
Inherits="CacheWebApp._16_4_3.WebForm2" %>
<%@ OutputCache Duration="60" VaryByParam="none" VaryByControl="DropDownList1" %>
<html xmlns="http://www.w3.org/1999/xhtml" >
<head runat="server">
   <title>根据控件页面缓存</title>
</head>
<body>
   <form id="form1" runat="server">
   <div>
      <%=DateTime.Now %>
      <br>
   <asp:DropDownList ID="DropDownList1" runat="server">
      <asp:ListItem>beijing</asp:ListItem>
      <asp:ListItem>shanghai</asp:ListItem>
      <asp:ListItem>guangzhou</asp:ListItem>
      </asp:DropDownList>
      <asp:Button ID="Button1" runat="server" Text="提交" />
   </div>
   </form>
</body>
</html>
```

以上代码设置缓存有效期是60秒，并且页面不随任何GET或POST参数改变（即使不使用VaryByParam属性，但是仍然需要在@ OutputControl指令中显式声明该属性）。如果用户控件中包含ID属性为DropDownList1的服务器控件（如下拉框控件），那么缓存将根据该控件的变化来更新页面数据。

7.3 页面局部缓存

扫一扫，看视频

　　有时候缓存整个页面是不现实的，因为页面的某些部分可能在每次请求时会发生变化。在这样的情况下，只能缓存页面的一部分。页面局部缓存是将页面部分内容保存在内存中以便响应用户请求，而页面其他部分内容则为动态内容。页面局部缓存的实现包括两种方式：控件缓存和替换后缓存。

◎ 7.3.1 控件缓存

　　控件缓存也称片段缓存，这种方式允许将需要缓存的信息包含在一个用户控件内，然后将该用户控件标记为可缓存的，以此来缓存页面输出的部分内容。控件缓存允许缓存页面中的特定内容，而不缓存整个页面，因此，每次都需要重新创建整个页面。例如，如果要创建一个显示大量动态内容（如股票信息）的页面，其中有些部分为静态内容（如每周总结），这时可以将静态部分放在用户控件中，并允许缓存这些内容。

　　在ASP.NET中，提供了UserControl用户控件的功能。一个页面可以通过多个UserControl组成。只需要在某个或某几个UserControl里设置缓存。

　　可以在WebUserControl1.ascx的页头代码中添加以下声明语句：

```
<%@ Control Language="C#" AutoEventWireup="true"
CodeBehind="WebUserControl1.ascx.cs" Inherits="CacheWebApp._16_4_5.WebUserControl1" %>
<%@ OutputCache Duration="60" VaryByParam="none" %>
<%=DateTime.Now %>
```

　　调用该控件的页面WebForm1.aspx代码如下：

```
<%@ Page Language="C#" AutoEventWireup="true" CodeBehind="WebForm1.aspx.cs"
Inherits="CacheWebApp._16_4_5.WebForm1" %>
<%@ Register src="WebUserControl1.ascx" tagname="WebUserControl1" tagprefix="uc1" %>
<html xmlns="http://www.w3.org/1999/xhtml" >
<head runat="server">
    <title>控件缓存</title>
</head>
<body>
    <form id="form1" runat="server">
    <div>
    页面的： <%=DateTime.Now %>
    </div>
    <div>
    控件的： <uc1:WebUserControl1 ID="WebUserControl11" runat="server" />
    </div>
    </form>
</body>
</html>
```

　　刷新WebForm1.aspx页面时，页面的时间每次刷新都变化，而用户控件中的时间却是60秒才变化一次，说明对页面的"局部"控件实现了缓存，而整个页面不受影响。

与控件缓存正好相反,它对整个页面进行缓存,但是页面中的某些片段是动态的,因此不会缓存这些片段。ASP.NET页面中既包含静态内容,又包含基于数据库数据的动态内容。静态内容通常不会发生变化,因此,对静态内容实现数据缓存是非常必要的。而那些基于数据的动态内容则不同,数据库中的数据可能每时每刻都在发生变化,因此,如果对动态内容也实现缓存,可能造成数据不能及时更新的问题。这时如果使用控件缓存方法,显然不切实际,而且实现过程很烦琐,易发生错误。

为实现缓存页面的大部分内容,而不缓存页面中的小部分内容,ASP.NET 2.0提供了缓存后替换功能,可通过以下三种方法实现该项功能:

● 以声明方式使用Substitution控件。
● 以编程方式使用Substitution控件API。
● 以隐式方式使用控件。

前两种方法的核心是Substitution控件,本小节将重点介绍该控件,第三种方法仅专注于控件内置支持的缓存后替换功能,因此只进行简要说明。

1. Substitution控件应用

为提高应用程序性能,可能会缓存整个ASP.NET页面,也可能需要根据每个请求来更新页面中特定的部分。例如,要缓存页面的大部分内容,但需要动态更新该页面中与时间或用户高度相关的信息,在这种情况下,推荐使用Substitution控件。Substitution控件能够指定页面输出缓存中需要以动态内容替换的部分,即允许对整个页面进行输出缓存,然后使用Substitution控件指定页面中免于缓存的部分。需要缓存的区域只执行一次,然后从缓存读取,直至该缓存项到期或被清除;动态区域(Substitution控件指定的部分),在每次请求页面时都执行。Substitution控件提供了一种缓存部分页面的简化解决方案,代码如下:

```
<%@ Page Language="C#" AutoEventWireup="true" CodeBehind="WebForm2.aspx.cs"
 Inherits="CacheWebApp._16_4_5.WebForm2" %>
<%@ OutputCache Duration="60" VaryByParam="none" %>
<html xmlns="http://www.w3.org/1999/xhtml" >
<head runat="server">
  <title>缓存后替换示例</title>
</head>
<body>
  <form id="form1" runat="server">
  <div>
  页面缓存的时间: <%= DateTime.Now.ToString() %>
  </div>
  <div>
   真实(替换)的时间: <asp:Substitution ID="Substitution1" runat="server" MethodName="getCurrentTime" />
  </div>
  </form>
</body>
</html>
```

页面后台代码如下:

```
public partial class WebForm2 : System.Web.UI.Page
{
  public static string getCurrentTime(HttpContext context)
```

```
    {
        return DateTime.Now.ToString();
    }
}
```

如以上代码所示，Substitution控件有一个重要属性，即MethodName属性。该属性用于获取或设置当Substitution控件执行时为回调而调用的方法名称。该方法比较特殊，必须符合以下3条标准：

- 必须被定义为静态方法。
- 必须接受HttpContext类型的参数。
- 必须返回String类型的值。

在运行情况下，Substitution控件将自动调用MethodName属性所定义的方法。该方法返回的字符串即为要在页面中的Substitution控件的位置上显示的内容。如果页面设置了缓存全部输出，那么在第一次请求时，该页将运行并缓存其输出。对于后续的请求，将通过缓存来完成，该页面的其他代码不会再运行。但Substitution控件及其相关方法则在每次请求时都执行，并且自动更新该控件所显示的动态内容，这样就实现了整体缓存、局部变化的替换效果。

如以上代码所示，在代码头部通过@ OutputCache指令设置页面输出缓存过期时间为5秒，这意味着整个页面数据都应用了缓存功能。因此，"页面缓存的时间"所显示的时间值来自数据缓存。这个时间值不会随着刷新页面而变化，仅当缓存过期时才会发生变化。Substitution控件的MethodName属性值为getCurrentTime。该控件显示的内容来自于getCurrentTime方法的返回值。尤为重要的是，虽然页面设置了输出缓存功能，但是每当页面刷新时，ASP.NET执行引擎仍然要重新执行Substitution控件，并将MethodName属性值指定的方法返回值显示在页面上，因此，显示的是当前最新时间。

随着页面的刷新，真实时间在变，而页面缓存的时间在指定的缓存时间内始终不变。

🔔 注意：

（1）Substitution控件无法访问页上的其他控件，也就是说，无法检查或更改其他控件的值。但是，代码确实可以使用传递给它的参数来访问当前页上下文。

（2）在缓存页包含的用户控件中可以包含Substitution控件。但是，在输出缓存用户控件中不能放置Substitution控件。

（3）Substitution控件不会呈现任何标记，其位置所显示内容完全取决于所定义方法的返回字符串。

2. Substitution控件API应用

上面介绍了以声明方式使用Substitution控件实现缓存后替换的应用。下面介绍另一种实现方法。该方法的核心是以编程方式利用Substitution控件API实现缓存后替换，相对于以声明方式使用Substitution控件的方法具有更强的灵活性。

通过为Substitution指定回调方法，实现和声明同样的效果。Substitution的回调方法必须是HttpResponseSubstitutionCallback委托定义的方法，它有以下两个特征：

- 返回值必须是String。
- 参数有且仅有一个，并且是HttpContext类型。

当需要以编程方式为缓存的输出响应动态生成指定的响应区域时，可以在页面代码中将某个方法（即回调方法）的名称作为参数（HttpResponseSubstitutionCallback）传递给Substitution。这样Substitution就能够使用回调方法，并将回调方法的返回值作为给定位置的替代内容显示出来。

　　需要注意的是，回调方法必须是线程安全的，可以是作为容器的页面或用户控件中的静态方法，也可以是其他任意对象上的静态方法或实例方法。

　　下面演示一个以编程方式将 Substitution 控件添加到输出缓存网页的方法。与 Substitution 控件应用的示例完成相同的功能，但实现方式不同，代码如下：

```
<%@ Page Language="C#" AutoEventWireup="true" CodeBehind="WebForm3.aspx.cs"
Inherits="CacheWebApp._16_4_5.WebForm3" %>
<%@ OutputCache Duration="60" VaryByParam="none" %>
<html xmlns="http://www.w3.org/1999/xhtml">
<head runat="server">
  <title>缓存后替换–Substitution控件API应用</title>
</head>
<body>
  <form id="form1" runat="server">
    <div>
      页面缓存的时间：<asp:Label ID="Label1" runat="server" Text="Label"></asp:Label>
    </div>
    <div>
      真实（缓存替换）的时间：
      <asp:PlaceHolder ID="PlaceHolder1" runat="Server"></asp:PlaceHolder>
    </div>
    </form>
</body>
</html>
```

页面后台代码如下：

```
protected void Page_Load(object sender, EventArgs e)
{
  //创建一个Substitution
  Substitution Substitution1 = new Substitution();
  //指定调用的回调方法名
  Substitution1.MethodName = "GetCurrentDateTime";
  PlaceHolder1.Controls.Add(Substitution1);
  Label1.Text=DateTime.Now.ToString();
}
public static string GetCurrentDateTime(HttpContext context)
{
  return DateTime.Now.ToString();
}
```

　　如以上代码所示，页面使用@ OutputCache指令设置了输出缓存功能，其配置数据缓存过期时间为60秒。页面中其他内容都被缓存，而通过Substitution调用的回调方法显示的内容是不被缓存的。

7.4　应用程序数据缓存

扫一扫，看视频

　　System.Web.Caching 命名空间提供用于缓存服务器上常用数据的类。此命名空间包括 Cache类，该类是一个字典，可以在其中存储任意数据对象，如哈希表和数据集。它还为这些对象提供了失效功能，并提供了添加和移除这些对象的方法。

用户还可以添加依赖于其他文件或缓存项的对象，并在从Cache对象中移除对象时执行回调以通知应用程序。

```
/// <summary>
/// 获取当前应用程序指定CacheKey的Cache对象值
/// </summary>
/// <param name="CacheKey">索引键值</param>
/// <returns>返回缓存对象</returns>
public static object GetCache(string CacheKey)
{
    System.Web.Caching.Cache objCache = HttpRuntime.Cache;
    return objCache[CacheKey];
}
/// <summary>
/// 设置当前应用程序指定CacheKey的Cache对象值
/// </summary>
/// <param name="CacheKey">索引键值</param>
/// <param name="objObject">缓存对象</param>
public static void SetCache(string CacheKey, object objObject)
{
    System.Web.Caching.Cache objCache = HttpRuntime.Cache;
    objCache.Insert(CacheKey, objObject);
}
/// <summary>
/// 设置当前应用程序指定CacheKey的Cache对象值
/// </summary>
/// <param name="CacheKey">索引键值</param>
/// <param name="objObject">缓存对象</param>
/// <param name="absoluteExpiration">绝对过期时间</param>
/// <param name="slidingExpiration">最后一次访问所插入对象时与该对象过期时之间的时间间隔</param>
public static void SetCache(string CacheKey, object objObject, DateTime absoluteExpiration, TimeSpan
slidingExpiration)
{
    System.Web.Caching.Cache objCache = HttpRuntime.Cache;
    objCache.Insert(CacheKey, objObject, null, absoluteExpiration, slidingExpiration);
}
protected void Page_Load(object sender, EventArgs e)
{
    string CacheKey = "cachetest";
    object objModel = GetCache(CacheKey);              //从缓存中获取
    if (objModel == null)                             //如果缓存中没有
    {
        objModel = DateTime.Now;                      //把当前时间进行缓存
        if (objModel != null)
        {
            int CacheTime = 30;                        //缓存时间为30秒
            SetCache(CacheKey, objModel, DateTime.Now.AddSeconds(CacheTime), TimeSpan.Zero);    //写入缓存
        }
    }
    Label1.Text = objModel.ToString();
}
```

以上几种方法都很好地解决了数据缓存的问题，但有一个最大的问题，即数据发生变化了，而缓存中还是过期的数据，只有等缓存过期后才会重新获取最新的数据，很多时候用户获取的数据都是和实际数据不一致的过期数据，这给用户造成了很大的麻烦。这时候可以使用文件依赖缓存，让缓存依赖于一个指定的文件，通过改变文件的更新日期来清除缓存。

```
protected void Page_Load(object sender, EventArgs e)
{
    string CacheKey = "cachetest";
    object objModel = GetCache(CacheKey);           //从缓存中获取
    if (objModel == null)                           //如果缓存中没有
    {
        objModel = DateTime.Now;                    //把当前时间进行缓存
        if (objModel != null)
        {
            //依赖 C:\\test.txt 文件的变化来更新缓存
            System.Web.Caching.CacheDependency dep = new System.Web.Caching.CacheDependency("C:\\test.txt");
            SetCache(CacheKey, objModel, dep);      //写入缓存
        }
    }
    Label1.Text = objModel.ToString();
}
```

当改变test.txt的内容时，缓存会自动更新。这种方式非常适合读取配置文件的缓存处理。如果配置文件不变化，就一直读取缓存的信息，一旦配置发生变化，自动更新同步缓存的数据。

这种方式的缺点是，如果缓存的数据比较多，相关的依赖文件比较松散，管理这些依赖文件有一定的麻烦。在负载均衡的环境下，还需要同时更新多台Web服务器下的缓存文件，如果多个Web应用中的缓存依赖于同一个共享的文件，可能会省掉这个麻烦。

7.5 数据库缓存依赖

扫一扫，看视频

服务器性能的损耗大多发生在查询数据库的时候，所以对数据库的缓存就显得特别重要，上面几种方式都可以实现部分数据缓存功能。但问题是数据有时候是在变化的，这样用户可能在缓存期间查询的数据就是过期的数据，从而导致数据不一致。因此，需要想办法做到如果数据不变化，用户就一直从缓存中取数据，一旦数据变化，系统能自动更新缓存中的数据，从而让用户得到更好的用户体验。

.NET提供了一种非常好的解决方法，即SqlCacheDependency数据库缓存依赖。实现数据库缓存依赖功能的步骤如下：

（1）修改web.config，让项目启用SqlCacheDependency。将下列代码加入web.config的<system.web>节。

```
<system.web>
  <caching>
    <sqlCacheDependency enabled="true" pollTime="6000">
      <databases>
<add name="codematic" connectionStringName="strcodematic" />
      </databases>
    </sqlCacheDependency>
  </caching>
  <compilation debug="true">
  </compilation>
  <authentication mode="Windows"/>
</system.web>
```

这里的connectionStringName指定了在<connectionStrings>中添加的某一个连接字符串。

name则是为SqlCacheDependency起的名字，这个名字将在步骤（3）中用到。

SqlCacheDependency类会自动完成对此配置节信息的读取以建立和数据库之间的联系。

🔔 注意：

在<databases>节的<add name="codematic" connectionStringName="strcodematic"/>中的
name属性值必须和步骤（3）Page_Load代码中的System.Web.Caching.SqlCacheDependency
("codematic","P_Product");中的第一个参数（数据库名称）相一致。

（2）执行下述命令，为数据库启用缓存依赖（操作过程如图7-2所示）。

```
aspnet_regsql –C "data source=127.0.0.1;initial catalog=codematic;user id=sa;password=" –ed –et –t "P_Product"
```

🔔 说明：

aspnet_regsql.exe工具位于Windows\\Microsoft.NET\\Framework\\[版本]文件夹中。

参数–C后面的字符串是连接字符串。

参数–t后面的字符串是数据表的名字。

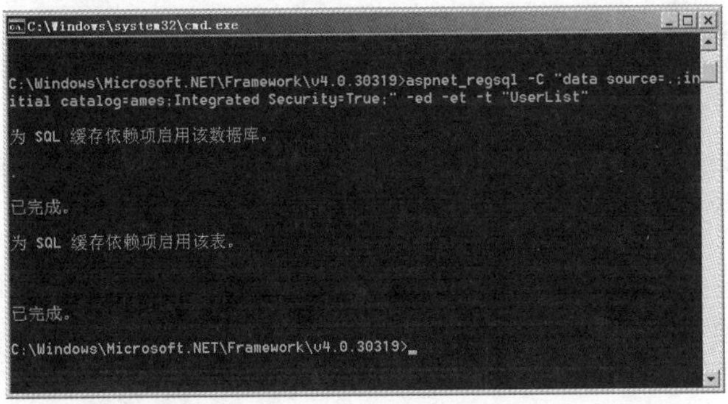

图7-2　为数据库启用缓存依赖

命令执行后，在指定的数据库中会多出一个AspNet_SqlCacheTablesForChangeNotificat-
ion表，如图7-3所示。

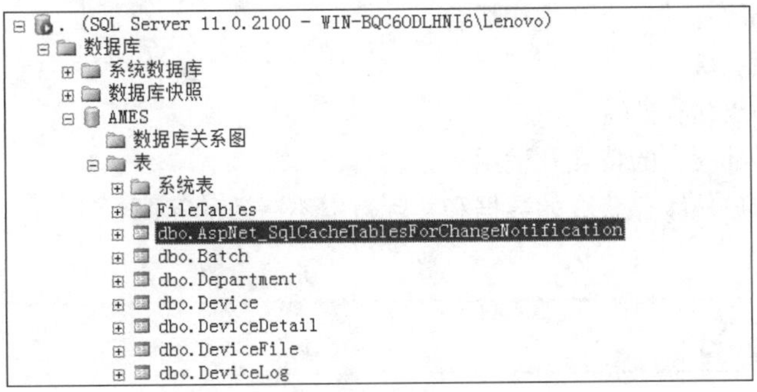

图7-3　启用缓存依赖后的数据库表

（3）在代码中使用缓存，并为其设置SqlCacheDependency依赖，代码如下：

```
protected void Page_Load(object sender, EventArgs e)
{
    string CacheKey = "cachetest";
    object objModel = GetCache(CacheKey);          //从缓存中获取
    if (objModel == null)                          //如果缓存中没有
    {
```

```
    objModel = GetData();                        //把当前时间进行缓存
    if (objModel != null)
    {
        //依赖数据库codematic中的P_Product表变化来更新缓存
        System.Web.Caching.SqlCacheDependency dep = new System.Web.Caching.SqlCacheDependency("codematic",
"P_Product");
        SetCache(CacheKey, objModel, dep);       //写入缓存
    }
}

GridView1.DataSource = (DataSet)objModel;
GridView1.DataBind();
}
```

从以上代码可以看出，数据库缓存依赖和文件依赖基本相同，只是在存放缓存SetCache时存入的依赖对象不同，这里用的是SqlCacheDependency。

创建SqlCacheDependency的构造方法的代码如下：

```
public SqlCacheDependency(string databaseEntryName,string tableName)
```

其中，databaseEntryName 是在Web.config 文件的 caching 节的 sqlCacheDependency 的 databases 元素中定义的数据库的名称；tableName 是与 SqlCacheDependency 关联的数据库表的名称。

这样，只有当P_Product表的内容发生变化时，查询操作才会重新查询数据更新缓存的内容，可以大大减少数据库的重复查询，提高系统的性能和运行效率。

7.6 思考题

1. 什么场景下需要使用ASP.NET缓存机制？
2. 简述缓存的原理及优点。
3. 简述客户端缓存的特点及适用场合。
4. 简述服务端缓存的特点及适用场合。
5. 什么是内核级缓存？
6. 简述页面输出缓存的特点。
7. 简述页面局部缓存的特点及适用场合。
8. 如何避免用户从缓存获取的数据和实际数据不一致的问题？

7.7 实战练习

从网上下载ApacheBench压力测试工具（网址为http://www.apachehaus.com），对本章实现的带缓存的页面进行压力测试，然后注释掉缓存相关代码之后，再次进行测试，对比两次测试结果并分析缓存对性能的影响。

第 8 章

数据库访问技术——ADO.NET 和 LINQ

学习引导

本章介绍 ASP.NET 程序设计中与数据库进行交互的相关技术，包括如何与数据库建立连接、ADO.NET 五大对象、LINQ 技术以及 ASP.NET 中常用的数据控件等。

内容浏览

8.1 数据库基础

8.1.1 数据库简介

数据库是按照数据结构来组织、存储和管理数据的仓库，是存储在一起的相关数据的集合。使用数据库可以将数据按照一定规则进行存放，提升查询效率，节省数据的存储空间。

在数据库的发展历史上，数据库先后经历了层次数据库、网状数据库和关系型数据库等各个阶段的发展。常见的数据库按照是否支持联网分为单机版数据库和网络版数据库；按照是否支持关系分为非关系型数据库和关系型数据库。关系型数据库已经成为目前数据库产品中最为重要的一员，这主要是因为传统的关系型数据库可以比较好地解决管理和存储关系型数据的问题。关系型数据库由许多张数据表组成，每张数据表由多条记录组成，而每条记录又由多个字段组成。在创建关系型数据库时，开发者往往根据实际的要求，对字段的长度、数据类型等属性进行设置。

下面以Microsoft SQL Server 2019为例，介绍如何创建和删除数据库。

1. 创建数据库

（1）打开Microsoft SQL Server Management Studio（对象资源管理器），如图8-1所示。

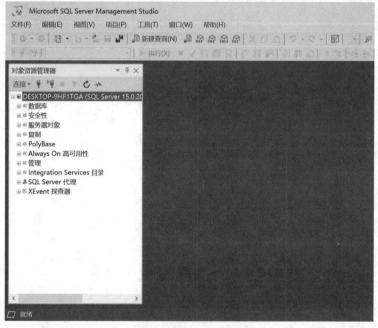

图8-1　对象资源管理器

（2）在左侧菜单栏中的"数据库"项目上右击，在弹出的菜单中选择"新建数据库"，打开"新建数据库"对话框，如图8-2所示。

该对话框中包含"常规""选项""文件组"3个选项卡，"常规"选项卡用于设置数据库名称、所有者等常规属性，"选项"和"文件组"选项卡用于定义数据库的一些选项，显示文件和文件组的统计信息，这两项一般采用默认设置。

（3）在"数据库名称"文本框中输入新建数据库的名称DB_1后，用户可以根据需要自行修改文件组、自动增长和路径等默认设置，这里均采用默认设置。

（4）设置完成后单击"确定"按钮，数据库DB_1创建完成。

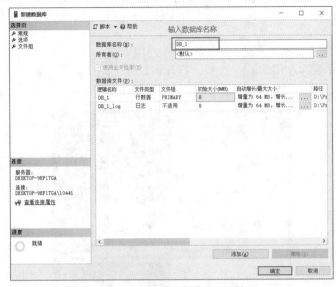

图 8-2 "新建数据库"对话框

2. 删除数据库

删除数据库的方法很简单，在要删除的数据库上右击，在弹出的快捷菜单中选择"删除"即可，如图8-3所示。

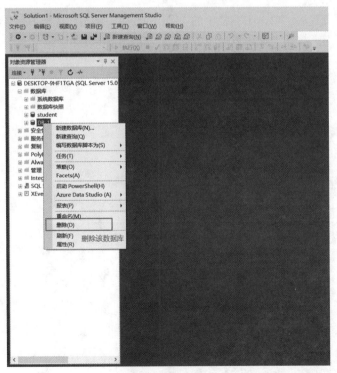

图 8-3 删除数据库

8.1.2　数据表的创建及删除

数据库创建完成后，要在数据库中继续创建数据表，接下来以数据库DB-1为例，介绍如何创建和删除数据表。

1. 创建数据表

（1）单击数据库名称左侧的"+"按钮，打开该数据库的子项目，在子项目中的"表"选项上右击，在弹出的快捷菜单中选择"新建"|"表"，如图8-4所示。

图 8-4　新建数据表

（2）打开创建数据表的窗口，编辑每一个字段的名称、数据类型、长度以及设置是否允许为空，如图8-5所示。

（3）完成各项设置后，单击工具栏中的"保存"按钮，弹出"选择名称"对话框，输入数据表名称，单击"确定"按钮，完成数据表的创建，如图8-6所示。

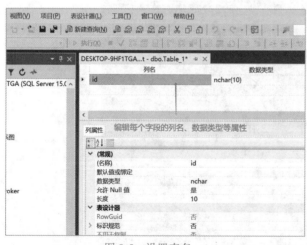

图 8-5　设置表名

图 8-6　编辑字段属性

2. 删除数据表

如果要删除某张数据表，右击该表，在弹出的快捷菜单中选择"删除"即可，如图8-7所示。

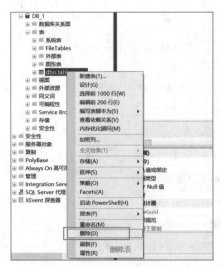

图 8-7　删除表

8.1.3　SQL 语句的应用

SQL（Structured Query Language，结构化查询语言）是一种数据库查询语言，用于存取数据以及查询、更新和管理关系型数据库。结构化查询语言是高级的非过程化编程语言，它不要求用户了解具体的数据存放方式，所以不同的数据库系统可以使用相同的结构化查询语言进行数据的插入与管理，这使它具有极大的灵活性和强大的功能，因此备受用户青睐。经过多年的发展，SQL语言已成为关系型数据库的标准语言。

通过SQL语句可以对数据库中的数据进行查询、插入、删除和更新操作，接下来将简单介绍用来实现这几种操作的语法。

1. 查询语句

通过SELECT语句可以从数据库中查询数据，并将查询结果以表格的形式返回，SELECT语句的语法如下：

```
SELECT [select_expr, ...]
    FROM tb_name
    [JOIN 表名]
    [ON 连接条件]
    [WHERE 条件判断]
    [GROUP BY col_name, ...]
    [HAVING WHERE 条件判断]
    [ORDER BY col_name [ASC | DESC], ...]
```

为了更好地了解SELECT语句如何应用，我们先创建一张用于存放学生基本信息的students数据表并插入数据，数据表格式如图8-8所示。

id	name	age	height	gender
1	张三	16	166	男
2	李四	17	170	男
3	小明	18	181	女
4	阿华	19	172	女
5	永辉	20	168	男
6	周杰	19	182	女

图 8-8　students 数据表

（1）查询年龄大于18岁的学生信息。

```
select * from students where age>18;
```

（2）查询年龄大于18岁的女生。

```
select * from students where age>18 and gender='女';
```

（3）查询姓名以"小"字开头的学生信息。

```
select * from students where name like '小%';
```

（4）查询姓名包含"小"字的学生信息。

```
select * from students where name like '%小%';
```

（5）查询18岁和19岁的学生信息。

```
select * from students where age in (18,19);
```

（6）查询所有学生信息并按身高进行降序排列。

```
select * from students order by height desc;
```

（7）计算所有学生的平均年龄。

```
select avg(age) as '平均年龄' from students;
```

（8）查询各个性别的平均年龄和平均身高，并保留两位小数。

```
select gender,round(avg(age),2),round(avg(height),2) from students group by gender;
```

2. 插入语句

INSERT INTO 语句用于向数据表中插入新的数据，语法如下：

```
INSERT INTO table_name (列1, 列2,...) VALUES (值1, 值2,....)
```

插入一条学生信息的INSERT语句写法如下：

```
INSERT INTO students (name, age) VALUES ('小红', 18)
```

3. 删除语句

DELETE语句用于删除数据表中的数据，语法如下：

```
DELETE FROM table_name
WHERE some_column=some_value;
```

其中，WHERE子句规定删除哪条记录或者哪些记录。如果省略了 WHERE 子句，所有的记录都将被删除。

删除id小于3的学生信息的DELETE语句写法如下：

```
DELETE FROM students WHERE id<3;
```

4. 更新语句

UPDATE语句用于更新数据表中的数据，语法如下：

```
UPDATE table_name
SET column1=value1,column2=value2,...
WHERE some_column=some_value;
```

将id为1的学生年龄更改为18岁的UPDATE语句写法如下：

```
UPDATE students
SET age=18
where id=1;
```

8.2 ADO.NET简介

8.2.1 什么是 ADO.NET

ADO.NET是一个COM组件库，可以让开发人员以一致的方式存取资料来源（如 SQL Server 与 XML）。开发人员可以使用ADO.NET来连接这些数据源，并检索、处理和更新所包含的数据。ADO.NET主要包括Connection、Command、DataReader、DataSet和DataAdapter对象，它们的基本介绍如下：

（1）Connection 对象主要提供与数据库的连接功能。

（2）Command 对象用于返回数据、运行存储过程以及执行查询、修改、插入、删除等命令。

（3）DataReader 对象允许开发人员获得从Command对象的SELECT语句得到的结果。DataReader对象以一种只读的、向前的、快速的方式访问数据库。

（4）DataSet是ADO.NET的中心概念，它可以看作一个存在于内存中的数据库，是数据在内存中的表示形式。它可以用于多种不同的数据源，如访问 XML 数据或用于管理本地应用程序的数据，无论数据源是什么，它都会提供一致的关系编程模型。

（5）DataAdapter对象提供连接DataSet对象和数据源的桥梁，它使用Command对象在数据源中执行SQL命令，以便将数据加载到DataSet中，并确保DataSet中数据的更改与数据源保持一致。

8.2.2 ADO.NET 的结构

ADO.NET通过数据处理将数据访问分解为多个不连续的元件，这些元件可分开使用，也可串联使用。ADO.NET包含用于连接到数据库、执行命令和检索结果的.NET Framework 数据提供程序，用户可以直接处理检索到的结果，或将检索到的结果放入ADO.NET DataSet对象中，以便与多个来源的资料结合，或在各层之间进行传递。ADO.NET DataSet对象可以独立于.NET Framework 数据提供程序使用，用来管理应用程序本地的数据或来自XML的数据。.NET Framework 数据提供了程序与DataSet之间的关系，如图8-9所示。

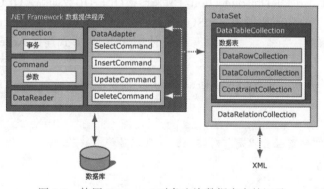

图 8-9 使用 Command 对象查询数据库中的记录

8.3 ADO.NET与数据库的连接

8.3.1 ADO.NET 与 SQL Server 数据库的连接

ADO.NET 提供了 SQL Server .NET数据提供程序用于访问SQL Server 数据库。SQL Server.NET 数据提供程序包含了专门用于访问 SQL Server 数据库的数据访问类集合，如 SqlConnection、SqlCommand、SqlDataReader及SqlDataAdapter等数据访问类。

SqlConnection类是用于建立与SQL Server服务器连接的类，其语法格式如下：

```
SqlConnection con=new SqlConnection(Server=服务器名;User Id=用户;Pwd=密码;DataBase= 数据库名称")
```

通过 ADO.NET连接本地 SQL Server中的students数据库，代码如下：

```
//连接字符串
string connectionString = @"server=(local);" +        //指定数据库服务器实例
    "integrated security=SSPI;"+                        //指定连接方式
    "database=students";                                //指定数据库实例
//创建连接
var connection = new SqlConnection(connectionString);
//打开连接
connection.Open();
//关闭连接
connection.Close();
```

数据库连接资源是有限的，因此，打开数据库连接后，在不需要操作数据库时要及时关闭连接，如果未及时关闭连接就会耗费内存资源，造成资源的浪费或者在内存不足时引发一系列问题。

🔔 说明：

在连接SQL Server 数据库时，Server 参数需要指定服务器所在的机器名称（IP地址）和数据库服务器的实例名称。

8.3.2 ADO.NET 与 Access 数据库的连接

ADO.NET还提供了OleDbConnection对象来连接OLE DB数据源，OLE DB数据源包含具有OLE DB驱动程序的任何数据源，如SQL Server、Access、Excel和Oracle 等。OLE DB 数据源连接字符串必须提供Provide属性及其值。使用OLE DB方式连接 Access数据库的语法格式如下：

```
OleDbConnection myConn=new OleDbConnection("Provide=提供者;Data Source=Access文件路径");
```

🔔 说明：

Access数据库文件路径可以是相对路径，也可以是绝对路径。

8.3.3 ADO.NET 与 MySQL 数据库的连接

ADO.NET可以通过使用MySqlConnection 对象来连接MySQL数据库。对于不同的数据库服务商，有不同的连接字符串形式。与MySQL数据库建立连接的连接字符串必须提供Server（MySQL服务地址）、Database（数据库名称）、Uid（用户名）、Pwd（密码）属性及其值。使用MySqlConnection对象连接 MySQL数据库的语法格式如下：

```
MySqlConnection conn =new MySqlConnection("Server=MySQL服务地址;Database=数据库名称;Uid=数据库用
户名;Pwd=数据库密码;");
```

🔔 说明：

对于Server，若是本地连接，则Server=localhost；若为远程连接，则为IP地址。

8.4 ADO.NET五大对象

8.4.1 使用 SqlConnection 对象连接数据库

当连接到数据源时，首先应选择一个.NET数据提供程序。数据提供程序能够连接到数据源，高效地操作数据。Microsoft提供了如下4种数据提供程序的连接对象：

（1）SQL Server .NET数据提供程序的SqlConnection 连接对象。

（2）OLE DB .NET数据提供程序的OleDbConnection连接对象。

（3）ODBC .NET数据提供程序的OdbcConnection连接对象。

（4）Oracle .NET数据提供程序的OracleConnection连接对象。

数据库连接字符串常用的参数及说明见表8-1。

表 8-1　数据库连接字符串常用的参数及说明

参　　数	说　　明
Provider	用于设置或返回连接提供程序的名称，仅用于 OleDbConnection 对象
Connection TimeOut	与数据库建立连接的超时时间（以秒为单位），默认值为 15
Initial Catalog 或 Database	数据库名称
Data Source 或 Server	连接打开时使用的 SQL Server 名称或 Access 数据库的文件名
Password 或 Pwd	数据库密码
User ID 或 Uid	数据库用户名
Integrated Security	此参数决定连接是否为安全连接

1. OdbcConnection对象连接 ODBC 数据源

与ODBC数据源连接需要使用ODBC .NET Framework数据提供程序，在ASP.NET应用程序中连接ODBC 数据源的代码如下：

```
string strCon="Driver=提供程序名;Server=服务器名;Trusted_Connection=yes;Database=数据库名"
OdbcConnection odbcconn =new OdbcConnection(strCon);
odbcconn.Open():
odbcconn.Close();
```

2. 使用OracleConnection对象连接 Oracle数据库

Oracle .NET Framework数据提供程序专门用来访问和操作Oracle数据库，它位于命名空间System.Data.OracleClient。

在ASP.NET应用程序中连接Oracle数据库的代码如下：

```
string ConnectionString="Data Source=sky;user=system;password=manager;";
OracleConnection conn=new OracleConnection(ConnectionString);
conn.Open();
conn.Close();
```

8.4.2　使用 SqlCommand 对象在连接状态下操作数据

使用Connection 对象与数据源建立连接后，可使用Command对象对数据源执行查询、添加、删除和修改等各种操作。根据所用的.NET Framework数据提供程序的不同，Command对象也可以分成4种，分别是 SqlCommand、OleDbCommand、OdbcCommand 和 OracleCommand。在实际的编程过程中应根据访问的数据源不同，选择相应的Command 对象。

Command 对象的常用属性及说明见表8-2。

表 8-2　Command 对象的常用属性及说明

属　性	说　明
Connection	对 Connection 对象的引用，Command 对象将使用该对象与数据库通信
Parameters	命令对象包含的参数
CommandText	获取或设置对数据库执行的 SQL 语句

Command 对象的常用方法及说明见表8-3。

表 8-3　Command 对象的常用方法及说明

方　法	说　明
ExecuteNonQuery()	返回影响的记录行数（int 类型）
ExecuteReader()	返回 DataReader，可以用 fill() 方法填充到 DataSet 中来使用
ExecuteScalar()	返回 SQL 语句中第一行、第一列的值（object 类型）

1. 使用 Command 对象查询数据

查询数据库中的数据时，首先创建SqlConnection对象连接数据库；然后定义查询字符串；最后将查询的数据记录绑定到数据控件上（如GridView控件）。

【例8-1】使用Command对象查询数据库中的数据

扫一扫，看视频

本例主要演示使用 Command 对象查询数据库中的数据的方法。执行程序，在"请输入学号"文本框中输入abc，并单击"查询"按钮，将会在页面中显示如图8-10所示的查询结果。

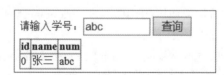

图 8-10　使用 Command 对象查询数据库中的数据

程序实现的主要步骤如下：

（1）新建一个网站，添加Web窗体CommandSelect.aspx，代码如下：

```
<tr>
  <td>
    请输入学号：<asp:TextBox ID="txtName" runat="server" Width="80px"></asp:TextBox>
```

```
    <asp:Button ID="selectBtn" runat="server" OnClick="selectBtn_Click" Text="查询" />
  </td>
</tr>
<tr>
  <td>
    <asp:GridView ID="GridView1" runat="server"></asp:GridView>
  </td>
</tr>
```

（2）在Web.config文件配置节<configuration>下的子配置节<appSettings>中配置数据库连接字符串，代码如下：

```
<appSettings>
  <add key="ConnectionString" value="server=localhost;database=student;UId=sa;Trusted_
Connection=True;password=""/>
</appSettings>
```

（3）在CommandSelect.aspx 页中，使用ConfigurationManager类获取配置文件中的数据库连接字符串，代码如下：

```
public SqlConnection GetConnection()
{
string conStr = ConfigurationManager.AppSettings["ConnectionString"].ToString();
SqlConnection conn = new SqlConnection(conStr);
return conn;
}
```

（4）在"查询"按钮的Click事件中设置Command对象参数，通过传递的参数来查询对应的数据，然后将数据显示出来，代码如下：

```
protected void selectBtn_Click(object sender, EventArgs e)
{
  if (this.txtName.Text != "")
  {
    SqlConnection conn = GetConnection();
    conn.Open();
    string sqlStr = "select * from student_info where num=@num";
    SqlCommand command = new SqlCommand(sqlStr, conn);
    command.Parameters.Add("@num", SqlDbType.VarChar, 20).Value = this.txtName.Text.Trim();
    SqlDataAdapter sqtaAdapter = new SqlDataAdapter(command);
    System.Data.DataSet dataSet = new System.Data.DataSet();
    sqtaAdapter.Fill(dataSet);
    if (dataSet.Tables[0].Rows.Count > 0)
    {
      GridView1.DataSource = dataSet;
      GridView1.DataBind();
    }
    else
    {

      Response.Write("<script>alert('未查询到相关数据')</script>");
    }
    dataSet.Dispose();
    conn.Close();
  }
  else
    this.bind();
}
```

数据库访问技术——ADO.NET和LINQ

2. 使用 Command对象添加数据

【例8-2】使用Command对象添加数据

扫一扫，看视频

　　本例主要演示使用Command对象添加数据的方法，在如图8-11所示的文本框中输入"小王"，然后单击"添加"按钮，将"小王"添加到数据库中。

图 8-11　使用 Command 对象添加数据

程序实现的主要步骤如下：

（1）继续在例8-1的网站下新建一个页面CommandInsert.aspx，主要代码如下：

```
<tr>
  <td>
    <asp:GridView ID="GridView1" runat="server"></asp:GridView>
  </td>
</tr>
<tr>
  <td>
      请输入学生姓名:<asp:TextBox ID="txtClass" runat="server" Width="78px"></asp:TextBox><asp:Button ID="btnAdd"
runat="server"  Text="添加" OnClick="addBtn_Click" />
  </td>
</tr>
```

（2）在"添加"按钮的Click 事件下，首先连接数据库，然后定义添加记录的SQL字符串，最后调用SqlCommand对象的ExecuteNonQuery方法执行记录的添加操作，代码如下：

```
protected void addBtn_Click(object sender, EventArgs e)
{
  if (this.txtClass.Text != "")
  {
    SqlConnection conn = GetConnection();
    conn.Open();
    string sqlStr = "insert into student_info(name) values('"
    + this.txtClass.Text.Trim() + "')";
    SqlCommand command = new SqlCommand(sqlStr, conn);
    command.ExecuteNonQuery();
    conn.Close();
    this.bind();

  }
  else
    this.bind();
}
```

3. 使用 Command 对象修改数据

【例8-3】使用Command对象修改数据

本例演示如何使用Command对象修改数据表中的数据。运行程序，在如图8-12所示的页面中，单击id为1的记录前的"编辑"按钮，运行结果如图8-13所示。在图8-13所示的文本框中修改学生姓名，单击"更新"按钮，即可完成数据的修改。

	id	name	num
编辑	0	张三	abc
编辑	1	李四	202002
编辑	2	小明	202001
编辑		小王	

图 8-12　数据修改前

	id	name	num
编辑	0	张三	abc
更新 取消	1	李四	202002
编辑	2	小明	202001
编辑		小王	

图 8-13　单击"编辑"按钮修改数据

扫一扫，看视频

程序实现的主要步骤如下：

（1）继续在例8-1网站下新建一个页面CommandUpdate.aspx，在CommandUpdate. aspx 页面中添加一个GridView控件，代码如下：

```
<asp:GridView ID="GridView1" runat="server" AutoGenerateEditButton="True" OnRowCancelingEdit="Cancel"
OnRowEditing="Edit" OnRowUpdating="Update"></asp:GridView>
```

（2）编写bind()方法读取数据库中的信息，并将其绑定到数据控件GridView中，代码如下：

```
protected void bind()
{
    SqlConnection conn = GetConnection();
    conn.Open();
    string sqlStr = "select * from student_info";
    SqlDataAdapter dataAdapter = new SqlDataAdapter(sqlStr, conn);
    System.Data.DataSet dataSet = new System.Data.DataSet();
    dataAdapter.Fill(dataSet);
    GridView1.DataSource = dataSet;
    GridView1.DataKeyNames = new string[] { "id" };
    GridView1.DataBind();
    dataAdapter.Dispose();
    dataSet.Dispose();
    conn.Close();
}
```

（3）单击GridView控件上的"编辑"按钮时，将会触发GridView控件的Edit事件，在该事件下指定需要编辑信息行的索引值，代码如下：

```
protected void Edit(object sender, GridViewEditEventArgs e)
{
    GridView1.EditIndex = e.NewEditIndex;
    this.bind();
}
```

单击GridView控件上的"更新"按钮时，将会触发GridView 控件的Update事件，在该事件下定义修改数据的SQL字符串，然后调用SqlCommand对象的ExecuteNonQuery方法执行记录的修改操作，对指定信息进行更新，代码如下：

```
protected void Update(object sender, GridViewUpdateEventArgs e)
{
    int id = Convert.ToInt32(GridView1.DataKeys[e.RowIndex].Value.ToString());
    string name = ((TextBox)(GridView1.Rows[e.RowIndex].Cells[2].Controls[0])).Text.ToString();
    string sqlStr = "update student_info set name='" + name + "' where id=" + id;
    SqlConnection conn = GetConnection();
    conn.Open();
    SqlCommand command = new SqlCommand(sqlStr, conn);
    command.ExecuteNonQuery();
```

数据库访问技术——ADO.NET和LINQ

```
      command.Dispose();
      conn.Close();
      GridView1.EditIndex = -1;
      this.bind();
    }
```

单击GridView控件上的"取消"按钮时，将会触发GridView控件的Cancel事件，该事件将取消编辑，代码如下：

```
protected void Cancel(object sender, GridViewCancelEditEventArgs e)
{
    GridView1.EditIndex = -1;
    this.bind();
}
```

4. 使用 Command 对象删除数据

【例8-4】使用Command对象删除数据

本例演示如何使用Command对象删除数据库中的记录。运行结果如图8-14所示。

	id	name	num
删除	0	张三	abc
删除	1	李小四	202002
删除	2	小明	202001
删除		小王	

图 8-14　使用 Command 对象删除数据

扫一扫，看视频

程序实现的主要步骤如下：

（1）继续在例8-1网站下新建一个页面CommandDelete.aspx，在CommandDelete.aspx页面中添加一个GridView控件，主要代码如下：

```
<asp:GridView ID="GridView1" runat="server"  AutoGenerateDeleteButton="True" OnRowDeleting="Delete"
OnRowDataBound="Prompt"></asp:GridView>
```

（2）编写bind()方法读取数据库中的信息，并将其绑定到数据控件GridView中，代码如下：

```
protected void bind()
{
    SqlConnection conn = GetConnection();
    conn.Open();
    string sqlStr = "select * from student_info ";
    SqlDataAdapter dataAdapter = new SqlDataAdapter(sqlStr, conn);
    System.Data.DataSet dataSet = new System.Data.DataSet();
    dataAdapter.Fill(dataSet);
    GridView1.DataSource = dataSet;
    GridView1.DataKeyNames = new string[] { "id" };
    GridView1.DataBind();
    dataAdapter.Dispose();
    dataSet.Dispose();
    conn.Close();
}
```

（3）单击GridView控件上的"删除"按钮时，将会触发GridView控件的Delete事件，在该事件下定义删除语句，然后调用SqlCommand对象的ExecuteNonQuery方法完成对记录的删除操作，代码如下：

```
protected void Delete(object sender, GridViewDeleteEventArgs e)
{
    int id = Convert.ToInt32(GridView1.DataKeys[e.RowIndex].Value.ToString());
    string sqlStr = "delete from student_info where id=" + id;
    SqlConnection conn = GetConnection();
    conn.Open();
    SqlCommand command = new SqlCommand(sqlStr, conn);
    command.ExecuteNonQuery();
    command.Dispose();
    conn.Close();
    GridView1.EditIndex = -1;
    this.bind();
}
```

5. 使用Command对象实现数据库的事务处理

事务是一组由相关任务组成的单元，该单元中的任务要么全部成功，要么全部失败。在事务执行的过程中，如果某一步失败，则需要将数据恢复到事务执行前的状态，这个操作称为回滚。

【例8-5】使用Command对象实现数据库事务处理

本例演示如何使用Command对象进行事务处理。执行程序，当数据插入失败时，将会弹出事务回滚提示框。程序实现的主要步骤如下：

（1）继续在例8-1网站下新建一个页面CommandTransaction.aspx，主要代码如下：

```
<tr>
  <td>
    <asp:GridView ID="GridView1" runat="server" >
    </asp:GridView>
  </td>
</tr>
<tr>
  <td>
    请输入姓名：<br/>
    <asp:TextBox ID="txtClassName" runat="server" Width="108px"></asp:TextBox>
    <asp:Button ID="btnAdd" runat="server" Text="添加" OnClick="btnAdd_Click" /></td>
</tr>
```

（2）在"添加"按钮的Click事件下向数据库中添加记录，并用try...catch语句捕捉异常，当出现异常时，执行事务回滚操作，代码如下：

```
protected void Insert(object sender, EventArgs e)
{
    SqlConnection conn = GetConnection();
    conn.Open();
    string sqlStr = "insert into student_info(name) values('"
    + this.txtClassName.Text.Trim() + "')";
    SqlTransaction sqlTrans = conn.BeginTransaction();
    SqlCommand command = new SqlCommand(sqlStr, conn);
    command.Transaction = sqlTrans;
    try
    {
        command.ExecuteNonQuery();
        sqlTrans.Commit();
        conn.Close();
```

数据库访问技术——ADO.NET和LINQ

```
        this.bind();
    }
    catch
    {
        Response.Write("<script>alert('操作失败，事务已经回滚')</script>");
        sqlTrans.Rollback();
    }
}
```

🎯 8.4.3 使用 SqlDataAdapter 对象在连接状态下操作数据

DataAdapter 对象主要用于从数据源中检索数据、填充 DataSet 对象中的表或者把对 DataSet对象作出的更改写入数据源。DataAdapter对象的常用属性及说明见表8-4。

表 8–4 DataAdapter 对象的常用属性及说明

属 性	说 明
SelectCommand	从数据源中检索行
InsertCommand	从 DataSet 中把插入的行写入数据源
UpdateCommand	从 DataSet 中把修改的行写入数据源
DeleteCommand	从数据源中删除行

DataAdapter对象的常用方法及说明见表8-5。

表 8–5 DataAdapter 对象的常用方法及说明

方 法	说 明
Fill()	从数据源中提取数据以填充数据集
Update()	更新数据源

下面介绍如何使用 DataAdapter 对象填充 DataSet对象。

一般在使用DataAdapter取出数据后会调用DataAdapter的Fill方法将数据填充到DataSet中。DataAdapter的Fill方法需要两个参数，一个是被填充的DataSet的名字，另一个是为填充到DataSet中的数据的命名。例如，以下代码将从数据表student_info中检索学生信息，并调用DataAdapter的Fill方法填充 DataSet 数据集。

```
DataSet dataSet= new DataSet();
string sqlStr = "select * from student_info";
SqlConnection conn=new SqlConnection(ConnectionString);
SqlDataAdapter dataAdapter=new SqlDataAdapter(sqlStr,conn);
//连接数据库
conn.Open();
//使用SqlDataAdapter对象的Fill方法填充数据集
dataAdapter.Fill(dataSet,"student");
```

🎯 8.4.4 使用 DataTable 对象操作数据

DataTable是ADO.NET中的重要成员，它表示一个与内存有关的数据表。数据库中存储的是实体表，而DataTable是存储在内存中的表。DataTable对象的常用属性及说明见表8-6。

表 8–6 DataTable 对象的常用属性及说明

属 性	说 明
CaseSensitive	指示表中的字符串比较是否区分大小写

属 性	说 明
ChildRelations	获取此 DataTable 的子关系的集合
Columns	获取属于该表的列的集合
DataSet	获取此表所属的 DataSet
MinimumCapacity	获取或设置该表最初的起始大小、该表中行的最初起始大小，默认值为 50
Rows	获取属于该表的行的集合
TableName	获取或设置 DataTable 的名称

DataTable对象的常用方法及说明见表8-7。

表 8-7   DataTable 对象的常用方法及说明

方 法	说 明
AcceptChanges()	提交自上次调用 AcceptChanges() 以来对该表进行的所有更改
BeginInit()	开始初始化在窗体上使用或由另一个组件使用的 DataTable
Clear()	清除所有数据的 DataTable
NewRow()	创建与该表具有相同架构的新 DataRow
EndInit()	结束在窗体上使用或由另一个组件使用的 DataTable 的初始化
ImportRow(DataRow row)	将 DataRow 复制到 DataTable 中，保留任何属性设置、初始值和当前值
Merge(DataTable table)	将指定的 DataTable 与当前的 DataTable 合并

【例8-6】使用DataTable对象操作数据

本例主要通过操作DataTable实例，将数据整理为想要的格式。在如图8-15所示的页面中单击"统计"按钮后，生成如图8-16所示的表格。

扫一扫，看视频

图 8-15   使用 DataTable 对象操作数据 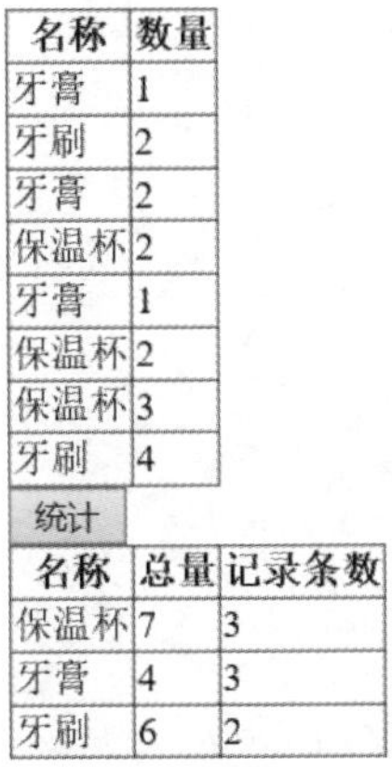   图 8-16   数据统计结果

程序实现的主要步骤如下：

（1）继续在例8-1网站下新建一个页面DataTable.aspx，DataTable.aspx 页面中放置一个GridView，用来显示最开始的数据。

（2）创建一个DataTable并填充数据，当页面加载时，为刚才创建的GridView绑定这个DataTable，代码如下：

```
protected void Page_Load(object sender, EventArgs e)
{
```

```
    if (!IsPostBack)
    {
        this.GridView1.DataSource = GetData();
        this.GridView1.DataBind();
    }
}

System.Data.DataTable GetData()
{
    System.Data.DataTable table = new System.Data.DataTable();
    table.Columns.Add("Name", typeof(string));
    table.Columns.Add("Quantity", typeof(int));
    table.Rows.Add("牙膏", 1);
    table.Rows.Add("牙刷", 2);
    table.Rows.Add("牙膏", 2);
    table.Rows.Add("保温杯", 2);
    table.Rows.Add("牙膏", 1);
    table.Rows.Add("保温杯", 2);
    table.Rows.Add("保温杯", 3);
    table.Rows.Add("牙刷", 4);
    return table;
}
```

（3）在DataTable.aspx继续放置一个按钮和一个GridView，用来显示数据，代码如下：

```
<asp:GridView ID="GridView1" runat="server" AutoGenerateColumns="false">
    <Columns>
        <asp:TemplateField>
            <HeaderTemplate>
                名称
            </HeaderTemplate>
            <ItemTemplate>
                <%# Eval("Name") %>
            </ItemTemplate>
        </asp:TemplateField>
        <asp:TemplateField>
            <HeaderTemplate>
                数量
            </HeaderTemplate>
            <ItemTemplate>
                <%# Eval("Quantity") %>
            </ItemTemplate>
        </asp:TemplateField>
    </Columns>
</asp:GridView>
<asp:Button ID="ButtonReport1" runat="server" Text="统计" OnClick="Statistical" />
<asp:GridView ID="GridView2" runat="server" AutoGenerateColumns="false">
    <Columns>
        <asp:TemplateField>
            <HeaderTemplate>
                名称
            </HeaderTemplate>
            <ItemTemplate>
                <%# Eval("Name") %>
            </ItemTemplate>
        </asp:TemplateField>
        <asp:TemplateField>
```

```
      <HeaderTemplate>
          总量
      </HeaderTemplate>
      <ItemTemplate>
          <%# Eval("Amount") %>
      </ItemTemplate>
    </asp:TemplateField>
    <asp:TemplateField>
      <HeaderTemplate>
          记录条数
      </HeaderTemplate>
      <ItemTemplate>
          <%# Eval("RowCount") %>
      </ItemTemplate>
    </asp:TemplateField>
  </Columns>
</asp:GridView>
```

（4）"统计"按钮对应的Statistical事件代码如下：

```
protected void Statistical(object sender, EventArgs e)
{
    SortedList<string, Item> _sl = new SortedList<string, Item>();

    System.Data.DataTable otable = GetData();
    foreach (DataRow dr in otable.Rows)
    {
        if (_sl.ContainsKey(dr["Name"].ToString()))
        {
            _sl[dr["Name"].ToString()].Amount += Convert.ToInt32(dr["Quantity"]);
            _sl[dr["Name"].ToString()].RowCount += 1;
        }
        else
        {
            Item i = new Item(dr["Name"].ToString(), Convert.ToInt32(dr["Quantity"]), 1);
            _sl.Add(dr["Name"].ToString(), i);
        }
    }
    this.GridView2.DataSource = _sl.Values;
    this.GridView2.DataBind();
}
```

8.4.5   使用 DataSet 对象操作数据

【例8-7】对DataSet中的数据进行操作

本例演示如何对DataSet中的数据进行处理，然后绑定到数据控件中，使页面中学生的学号均显示为"******"。示例运行结果如图8-17所示。

扫一扫，看视频

id	name	num
0	张三	******
1	李小四	******
2	小明	******
	小王	******

图 8-17   使用 DataSet 对象操作数据

数据库访问技术——ADO.NET和LINQ

程序实现的主要步骤如下：

（1）继续在例8-1网站下新建一个页面DataSet.aspx，在DataSet.aspx 页面中添加一个GridView控件，用于显示学生信息。

（2）当页面加载时，使用数据适配器DataAdapter从数据库中读取学生信息填充到DataSet数据集中，然后对DataSet中的数据信息进行处理，最后绑定到数据控件GridView中，代码如下：

```
protected void Page_Load(object sender, EventArgs e)
{
    if (!IsPostBack)
    {
        SqlConnection conn = GetConnection();
        conn.Open();
        string sqlStr = "select * from student_info";
        SqlDataAdapter dataAdapter = new SqlDataAdapter(sqlStr, conn);
        System.Data.DataSet dataSet = new System.Data.DataSet();
        dataAdapter.Fill(dataSet);
        for (int i = 0; i <= dataSet.Tables[0].Rows.Count − 1; i++)
        {
            dataSet.Tables[0].Rows[i]["num"] = "******";
        }
        GridView1.DataSource = dataSet;
        GridView1.DataKeyNames = new string[] { "id" };
        GridView1.DataBind();
        dataAdapter.Dispose();
        conn.Close();
    }
}
```

8.5 LINQ

8.5.1 LINQ 概述

LINQ（Language Integrated Query，语言集成查询）是Microsoft公司提供的一项技术，它能够将查询直接引入到.Net Framework的编程语言中，LINQ查询操作可以通过编程语言自身完成，而不是以字符串形式嵌入到代码中执行。

LINQ定义了大约40个查询操作符，如select、from、in、where以及order by。使用这些操作符可以编写查询语句。LINQ 主要由三部分组成，分别为LINQ to Objects、LINQ to ADO.NET和LINQ to XML。其中，LINQ to ADO.NET可以分为LINQ to SQL和LINQ to DataSet两部分。它们的基本说明如下：

（1）LINQ to SQL 组件：可以查询基于关系型数据库的数据，并对这些数据进行操作。

（2）LINQ to DataSet组件：可以查询DataSet对象中的数据，并对这些数据进行操作。

（3）LINQ to Objects 组件：可以查询任何可枚举的集合，如Array、ArrayList、泛型列表（List<T>）等。

（4）LINQ to XML组件：可以查询或操作XML结构的数据，如XML文档或XML格式的字符串等。

8.5.2 LINQ 常用子句

LINQ查询表达式可以从一个或多个给定的数据源中检索数据，并指定检索结果的数据格式。LINQ查询表达式由一个或多个LINQ查询子句按照一定的规则组成，包括from、where、select、group和orderby等子句，这些子句的具体说明见表8-8。

表 8-8　LINQ 查询子句说明

子 句	说 明
from	指定范围变量和数据源
where	根据 bool 表达式从数据源中筛选数据
select	指定查询结果中的元素所具有的类型或表现形式
group	对查询结果按照键值进行分组
into	提供一个标识符，它可以用于对 join、group 或 select 子句结果的引用
orderby	对查询出的元素进行排序（ascending/descending）
join	按照两个指定匹配条件连接两个数据源
let	产生一个用于存储查询表达式中的子表达式查询结果的范围变量

LINQ查询表达式以from子句开头，from子句指定查询操作的数据源和范围变量。其中，数据源不仅包括查询本身的数据源，而且包括子查询的数据源。范围变量一般用来表示源序列中的每一个元素。

where子句指定筛选元素的逻辑条件，一般由逻辑运算符组成，每一个where 子句可以包含一个或多个布尔条件表达式；select 子句指定查询结果的类型和表现形式，LINQ查询表达式必须以select子句或 group子句结尾；利用orderby子句可以对查询结果进行升序（ascending）或降序（descending）排序，且排序的主键可以是一个或多个。下面的代码演示一个简单的LINQ查询操作，该查询操作从numbers数组中查询能被3整除的元素，并按照升序排序。其中，v是范围变量；numbers是数据源。

```
protected void Page_Load(object sender, EventArgs e)
{
    int[] numbers = {1,2,3,4,5,6,7};
    var number = from v in numbers
            where v % 3 == 0
                orderby v ascending
            select v;
    foreach (var v in number)
    {
        Response.Write(v.ToString() + "<br>");
    }
}
```

8.5.3 LINQ 实战

使用LINQ可以实现在一个集合中筛选出指定条件的数据以及进行各种复杂的逻辑运算，通常能够在很多情况下代替foreach遍历，并且在结构上要优于循环的方式。

【例8-8】使用 LINQ 筛选数据

本例演示将100以内的整数添加到List集合中，然后通过LINQ的查询运算符和定义的条件筛选出所有能被6整除的数。程序的实现步骤如下：

（1）继续在例8-1网站下新建一个页面LINQ.aspx，在页面中添加一个DataList控件。

（2）打开LINQ.aspx.cs文件，在页面类中定义List类，然后在Page_Load中将100以内的整数添加到List中，接着调用筛选方法，代码如下：

```
public List<int> Numbers = new List<int>();
protected void Page_Load(object sender, EventArgs e)
{
    int Start = 0;                   //定义起始数
    int End = 100;                   //定义终止数
    for (; Start <= End; Start++)
    {
        Numbers.Add(Start);
    }
    Screen();
}

private void Screen()
{
    /*使用标准查询运算符并定义Lambda表达式筛选条件，
     *通过Select方法将检索的项赋给LeapYearEntity类
     */
    var EveryEntity = Numbers.Where(W =>     W % 6 == 0).Select(S => new Entity() { EveryEntity = S });
    //绑定筛选出来的数据到DataList控件
    this.DataList1.DataSource = EveryEntity;
    //执行绑定
    this.DataList1.DataBind();
}
public class Entity
{
    public int EveryEntity { get; set; }
}
```

执行程序，页面加载完成后将显示所有100以内能被6整除的数字列表，如图8-18所示。

100以内能被6整除的数字
0
6
12
18
24
30

图 8-18　使用 LINQ 筛选数据

8.6　ASP.NET数据控件

8.6.1　数据访问控件概述

ASP.NET中提供了多种数据控件，这些控件具有丰富的功能，如分页、排序、编辑等。下面以GridView、DetailsView、FormView、ListView 和DataPager 控件为例进行讲解。

8.6.2 GridView 控件

GridView 控件为数据源的内容提供了一个表格式的类网格视图，每一列表示一个数据源字段，每一行表示一个记录，可以在不编写代码的情况下实现分页、排序等功能。下面列举 GridView 几项常用的功能。

- 绑定至数据源控件，如 SqlDataSource。
- 内置排序功能。
- 内置更新和删除功能。
- 内置分页功能。
- 内置行选择功能。
- 通过主题和样式自定义外观。

1. GridView 控件的常用属性、方法和事件

GridView 控件的常用属性及说明见表 8-9。

表 8-9　GridView 控件的常用属性及说明

属　性	说　明
AllowPaging	指示该控件是否支持分页
AllowSorting	指示该控件是否支持排序
AutoGenerateColumns	指示是否自动为数据源中的每个字段创建列，默认值为 True
AutoGenerateDeleteButton	指示该控件是否包含一个按钮列以允许用户删除被单击行的记录
AutoGenerateSelectButton	指示该控件是否包含一个按钮列以允许用户选择被单击行的记录
AutoGenerateEditButton	指示该控件是否包含一个按钮列以允许用户编辑被单击行的记录
DataSourceID	指示所绑定的数据源控件

GridView 控件的常用方法及说明见表 8-10。

表 8-10　GridView 控件的常用方法及说明

方　法	说　明
DeleteRow	从数据源中删除位于指定索引位置的记录
Focus	为控件设置输入焦点
DataBind	将数据源绑定到 GridView 控件
Sort	根据指定的排序表达式和方向对 GridView 控件进行排序
FindControl	在当前的命名容器中搜索指定的服务器控件

GridView 控件的常用事件及说明见表 8-11。

表 8-11　GridView 控件的常用事件及说明

事　件	说　明
RowCancelingEdit	在处于编辑模式的行的 Cancel 按钮被单击，但是在该行退出编辑模式之前发生
RowCommand	单击一个按钮时发生
RowCreated	创建一行时发生
RowDataBound	一个数据行绑定到数据时发生
RowDeleting	在一行的 Delete 按钮被单击时发生
RowUpdating	在一行的 Update 按钮被单击时发生

2. 使用 GridView 控件绑定数据源

【例8-9】使用GridView控件绑定数据源

扫一扫，看视频

本例演示如何使用GridView控件绑定数据源。执行程序，运行结果如图8-19所示。

程序实现的主要步骤如下：

（1）继续在例8-1网站下新建一个页面GridViewBind.aspx，添加一个GridView控件和一个SqlDataSource控件。

（2）配置SqlDataSource控件。首先单击SqlDataSource控件的任务框，在如图8-20所示的对话框中选择"配置数据源"选项，打开如图8-21所示的"配置数据源_SqlDataSource1"对话框。

id	姓名	学号
0	张三	abc
1	李小四	202002
2	小明	202001
	小王	

图 8-19　使用 GridView 绑定数据源　　图 8-20　SqlDataSource 控件任务框

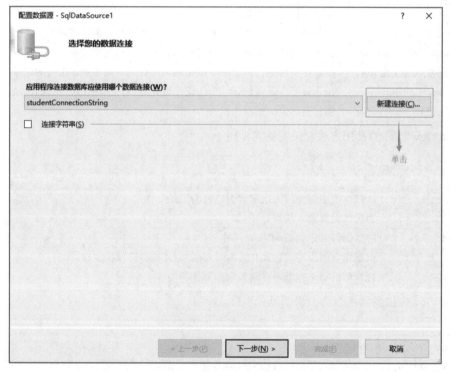

图 8-21　"配置数据源_SqlDataSource1"对话框

然后单击"新建连接"按钮，打开"选择数据源"对话框，这里由于使用的是SQL Server数据库，所以选择Microsoft SQL Server，然后单击"继续"按钮跳转到如图8-22所示的"添加连接"对话框。

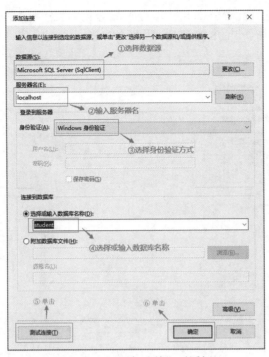

图 8-22　"添加连接"对话框

　　在其中选择数据源；填写服务器名，这里为localhost；选择Windows身份验证；输入要连接的数据库名称，本例使用的数据库为student。如果配置信息填写正确，单击"测试连接"按钮，将弹出测试连接成功提示框，如图8-23所示。

　　单击"添加连接"对话框中的"确定"按钮，返回到"配置数据源_SqlDataSource1"对话框中。

　　单击"下一步"按钮，保存连接字符串到应用程序配置文件中，如图8-24所示。

图 8-23　测试连接成功

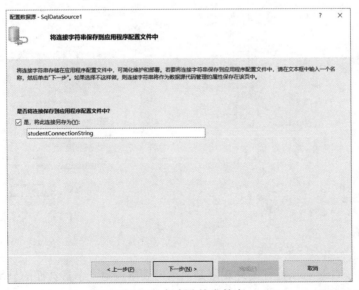

图 8-24　保存连接字符串

单击"下一步"按钮，配置Select语句，选择要查询的表和要查询的列，可以根据需要定义包含where、order by等子句的SQL语句，如图8-25所示。

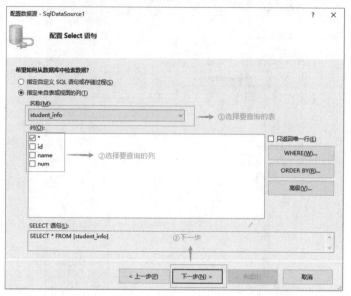

图 8-25　配置 Select 语句

最后，单击"下一步"按钮，测试查询结果。向导将执行窗口下方的SQL语句，将查询结果显示在窗口中间。单击"完成"按钮，完成数据源配置及连接数据库。

（3）将获取的数据源绑定到GridView控件上。

单击GridView控件的任务栏，在弹出的快捷菜单中选择"编辑列"命令，如图8-26所示。

在弹出的如图8-27所示的"字段"对话框中，将每个BoundField控件绑定字段的HeaderText属性设置为该列头标题名。

图 8-26　选择"编辑列"

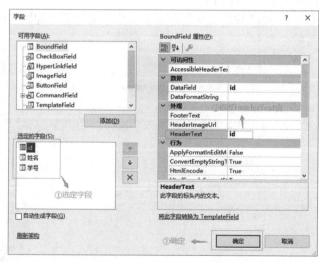

图 8-27　"字段"对话框

3. 设置GridView控件的外观

默认状态下，GridView控件的外观就是简单的表格。为了丰富页面的显示效果，可以设置GridView控件的外观。GridView控件的常用外观属性及说明见表8-12。

表 8–12   GridView 控件的常用外观属性及说明

属　　性	说　　明
BackImageUrl	指示要在控件背景中显示的图像的 URL
Caption	在该控件的标题中显示的文本
CaptionAlign	标题文本的对齐方式
CellPadding	指示一个单元的内容与边界之间的间隔（以像素为单位）
CellSpacing	指示单元之间的间隔（以像素为单位）
GridLines	指示该控件的网格线样式
HorizontalAlign	指示该页面上的控件水平对齐
ShowFooter	指示是否显示页脚行
ShowHeader	指示是否显示标题行

GridView控件的常用样式属性及说明见表8-13。

表 8–13   GridView 控件的常用样式属性及说明

属　　性	说　　明
AlternatingRowStyle	定义表中每隔一行的样式属性
EditRowStyle	定义正在编辑的行的样式属性
FooterStyle	定义网格的页脚的样式属性
HeaderStyle	定义网格的标题的样式属性
EmptyDataRowStyle	定义空行的样式属性，在 GridView 绑定到空数据源时生成
PagerStyle	定义网格的分页器的样式属性
RowStyle	定义表中的行的样式属性
SelectedRowStyle	定义当前所选行的样式属性

4. 查看 GridView 控件中数据的详细信息

【例8–10】查看GridView控件中数据的详细信息

本例演示如何使用GridView 控件中的选择按钮查看数据的详细信息，运行结果如图8-28所示。

	name
详细信息	张三
详细信息	李四
详细信息	小明

详细信息

id	name	num	
2	李四	00002	⟶ 李四的详细信息

图 8-28   查看 GridView 控件中数据的详细信息

程序实现的主要步骤如下：

（1）继续在例8-1网站下新建一个页面GridViewDetail.aspx，添加一个SqlDataSource 控件和两个GridView控件。

扫一扫, 看视频

（2）第一个GridView控件用来显示基本信息，ID属性为GridView1。单击GridView控件任务栏，可按照例8-9中的方法配置数据源。

（3）当用户单击"详细信息"按钮时，将触发OnSelectedIndexChanging事件，在该事件的处理程序中可以通过NewSelectedIndex属性获取当前行的索引值。本例中单击"详细信息"按钮后，执行第二个GridView控件的数据绑定操作，具体代码如下：

```
protected void selectDetail(object sender, GridViewSelectEventArgs e)
{
    //获取选择行的id
    string id = GridView1.DataKeys[e.NewSelectedIndex].Value.ToString();
    string sqlStr = "select * from student_info where id='" + id + "'";
    SqlConnection con = new SqlConnection();
    con.ConnectionString = "Data Source=localhost;Initial Catalog=student;Integrated Security=True";
    SqlDataAdapter dataAdapter = new SqlDataAdapter(sqlStr, con);
    System.Data.DataSet dataSet = new System.Data.DataSet();
    dataAdapter.Fill(dataSet);
    this.GridView2.DataSource = dataSet;
    GridView2.DataBind();
}
```

5. 使用 GridView 控件分页显示数据

GridView控件内置分页功能，可支持基本的数据分页展示。

【例8-11】使用GridView控件分页显示数据

本例演示如何使用GridView控件的内置分页功能进行分页显示数据，运行结果如图8-29所示。

id	name	num
0	张三	abc
1	李小四	202002
1 2		

图 8-29　使用 GridView 控件分页显示数据

程序实现的主要步骤如下：

继续在例8-1网站下新建一个页面GridViewPage.aspx，添加一个GridView控件。首先将GridView控件的AllowPaging属性设置为True，表示允许分页；然后将PageSize属性设置为每个页面中显示的记录数；最后在GridView控件的OnPageIndexChanging事件中设置GridView控件的PageIndex属性为当前页的索引值，并重新绑定GridView控件，具体代码如下：

```
protected void Page_Load(object sender, EventArgs e)
{
    if (!IsPostBack)
    {
        GridViewBind();
    }
}

public void GridViewBind()
{
    SqlConnection sqlCon = new SqlConnection();
    sqlCon.ConnectionString = "Data Source=localhost;Initial Catalog=student;Integrated Security=True";
    //定义SQL语句
    string SqlStr = "select * from student_info";
    SqlDataAdapter dataAdapter = new SqlDataAdapter(SqlStr, sqlCon);
    //实例化数据集DataSet
```

```
    System.Data.DataSet dataSet = new System.Data.DataSet();
    dataAdapter.Fill(dataSet, "student_info");
    //绑定DataList控件
    GridView1.DataSource = dataSet;
    GridView1.DataBind();
}

protected void PageIndexChanging(object sender, GridViewPageEventArgs e)
{
    GridView1.PageIndex = e.NewPageIndex;
    GridViewBind();
}
```

6. 在GridView控件中对数据进行编辑操作

在GridView控件的按钮列中包括编辑、更新和取消按钮，这3个按钮分别触发GridView控件的RowEditing、RowUpdating和RowCancelingEdit事件，从而完成对指定项的编辑、更新和取消操作。

【例8-12】在GridView控件中对数据进行编辑操作

本例演示如何使用GridView控件的RowCancelingEdit、RowEditing和RowUpdating事件，对指定项的信息进行编辑操作，运行结果如图8-30所示。

扫一扫，看视频

id	姓名	学号	
0	张三	abc	编辑
1	李小四	202002	编辑
2	小明	202001	编辑
3	小王		编辑

图 8-30 运行结果

程序实现的主要步骤如下：

（1）继续在例8-1网站下新建一个页面GridViewEdit.aspx，添加一个GridView控件，并为GridView控件添加编辑按钮列。代码如下：

```
<asp:GridView ID="GridView1" runat="server" AutoGenerateColumns="False" OnRowCancelingEdit="GridView1_
RowCancelingEdit"
    OnRowEditing="GridView1_RowEditing" OnRowUpdating="GridView1_RowUpdating">
    <Columns>
        <asp:BoundField DataField="id" HeaderText="id" ReadOnly="True" />
        <asp:BoundField DataField="name" HeaderText="姓名" />
        <asp:BoundField DataField="num" HeaderText="学号" />
        <asp:CommandField ShowEditButton="True" />
    </Columns>
</asp:GridView>
```

（2）当用户单击"编辑"按钮时，将触发GridView控件的RowEditing事件，该事件会将GridView控件编辑项索引设置为当前选择项的索引，并重新绑定数据，代码如下：

```
protected void GridView1_RowEditing(object sender, GridViewEditEventArgs e)
{
    GridView1.EditIndex = e.NewEditIndex;
    //数据绑定
    GridViewBind();
}
```

（3）当单击"更新"按钮时，将触发GridView控件的RowUpdating事件，在代码中首先获得编辑行的唯一标识并取得各文本框中的值，然后将数据更新至数据库，最后重新绑定数据，代码如下：

```
protected void GridView1_RowUpdating(object sender, GridViewUpdateEventArgs e)
{
    string id = GridView1.DataKeys[e.RowIndex].Value.ToString();
    //取得文本框中输入的内容
    string name = ((TextBox)(GridView1.Rows[e.RowIndex].Cells[1].Controls[0])).Text.ToString();
    string num = ((TextBox)(GridView1.Rows[e.RowIndex].Cells[2].Controls[0])).Text.ToString();
    string sqlStr = "update student_info set name='" + name + "',num='" + num + "' where id=" + id;
    SqlConnection conn = GetCon();
    conn.Open();
    SqlCommand command = new SqlCommand(sqlStr, conn);
    command.ExecuteNonQuery();
    command.Dispose();
    conn.Close();
    GridView1.EditIndex = -1;
    GridViewBind();
}
```

（4）当单击"取消"按钮时，将触发GridView控件的RowCancelingEdit事件，代码如下：

```
protected void GridView1_RowCancelingEdit(object sender, GridViewCancelEditEventArgs e)
{
    //设置GridView控件的编辑项的索引为-1，即取消编辑
    GridView1.EditIndex = -1;
    //数据绑定
    GridViewBind();
}
```

8.6.3 DetailsView 控件

DetailsView控件可以将数据源中单条记录的值显示在表中，使用DetailsView控件可以从数据源中一次显示、编辑、插入或删除一条记录。DetailsView控件派生自BaseDataBoundControl类，因此该控件和GridView控件有很多相同的属性，且用法相似。DetailsView控件一些常用的属性及说明见表8-14。

表 8-14　DetailsView 控件的常用属性及说明

属　　性	说　　明
AutoGenerateRows	获取或设置一个值，该值指示是否启用控件自动生成数据绑定行字段的功能
DataItem	获取绑定到 DetailsView 控件的数据项
DataItemCount	获取基础数据源中的项数
DataKey	获取一个 DataKey 对象，该对象表示所显示的记录的主键
Fields	获取 DataControlField 对象的集合，这些对象表示 DetailsView 控件中显式声明的行字段
TopPagerRow	获取一个 DetailsViewRow 对象，该对象表示 DetailsView 控件中的顶部页导航行
FooterTemplate	获取或设置 DetailsView 控件中的脚注行的用户定义内容

【例8-13】使用DetailsView控件展示和添加数据

本例演示如何使用DetailsView控件展示和添加数据，运行结果如图8-31所示。

```
id      1
name   李小四
num    202002
新建
1234
```

图 8-31　使用 DetailsView 控件展示数据

扫一扫，看视频

程序实现的主要步骤如下：

（1）继续在例 8-1 网站下新建一个页面 DetailsView.aspx，添加一个 DetailsView 控件，代码如下：

```
<asp:DetailsView ID="DetailsView1" runat="server" AutoGenerateInsertButton="True" BorderStyle="None"
CellPadding="3"  OnItemCommand="DetailsView1_ItemCommand" AllowPaging="True" DataKeyNames="id"
OnItemInserting="DetailsView1_ItemInserting" OnModeChanging="DetailsView1_ModeChanging"
GridLines="Horizontal" OnPageIndexChanging="DetailsView1_PageIndexChanging">
</asp:DetailsView>
```

（2）单击按钮时会触发 ItemCommand 事件，该事件会判断单击的按钮类型，从而执行对应的操作，代码如下：

```
protected void DetailsView1_ItemCommand(object sender, DetailsViewCommandEventArgs e)
{
  if (e.CommandName.ToLower() == "new")
  {
    DetailsView1.ChangeMode(DetailsViewMode.Insert);
    Bind();
  }
  else if (e.CommandName.ToLower() == "insert")
  {
    string id = ((TextBox)(DetailsView1.Rows[0].Cells[1].Controls[0])).Text;
    string name = ((TextBox)(DetailsView1.Rows[1].Cells[1].Controls[0])).Text;
    string num = ((TextBox)(DetailsView1.Rows[2].Cells[1].Controls[0])).Text;
    if (name != null && num != null && id != null)
    {
      command = new SqlCommand("insert into student_info(id,name,num) values('" + id + "','" + name + "','" +
num + "')", conn);
      try
      {
        conn.Open();
        command.ExecuteNonQuery();
        Response.Write("添加成功!");
        Bind();
      }
      catch (Exception ce)
      {
        Response.Write(ce.ToString());
      }
      finally
      {
        conn.Close();
      }
    }
    else
    {
      Response.Write( "输入不能为空!");
```

```
        }
      }
      else if (e.CommandName.ToLower() == "cancel")
      {
        DetailsView1.ChangeMode(DetailsViewMode.ReadOnly);
        Bind();
      }
    }
```

8.6.4　FormView 控件

FormView控件是ASP.NET 2.0工具箱引入的，它的工作方式类似于DetailsView控件，也是显示绑定数据源控件中的一个数据项，并且可以添加、编辑和删除数据。不同的是它在定制模板中显示数据，可以更多地控制数据的显示和编辑方式。FormView控件的常用属性及说明见表8-15。

表 8–15　FormView 控件的常用属性及说明

属 性	说 明
AllowPaging	是否对指定数据源中的记录分页
DataKeyNames	数据源的键字段
EmptyDataText	遇到空数据值时显示的文本
EditItemTemplate	决定用户编辑记录时的格式和数据元素的显示情况，在这个模板内，将使用其他控件，如 TextBox，允许用户编辑值
InsertItemTemplate	允许用户在后端数据源中添加一条新记录的字段的显示
FooterTemplate	决定 FormView 控件表格页脚部分显示的内容
HeaderTemplate	决定 FormView 控件表格标题部分显示的内容

【例8–14】FormView控件编辑数据

扫一扫，看视频

本例演示如何在FormView 控件中显示、添加和删除数据。继续在例8-1网站下新建一个页面FormViewEdit.aspx，添加formview控件到页面中，然后编辑好所需要的模板，代码如下：

```
<asp:FormView ID="FormView1" runat="server" AllowPaging="True" DataKeyNames="id"
DataSourceID="SqlDataSource1">
  <InsertItemTemplate>
    name:
    <asp:TextBox ID="NameTextBox" runat="server"
      Text='<%# Bind("name") %>' />
    <br />
    num:
    <asp:TextBox ID="NumTextBox" runat="server"
      Text='<%# Bind("num") %>' />
    <br />
    id:
    <asp:TextBox ID="IdTextBox" runat="server"
      Text='<%# Bind("id") %>' />
    <br />
    <asp:LinkButton ID="InsertButton" runat="server" CausesValidation="True"
      CommandName="Insert" Text="插入" />
     <asp:LinkButton ID="InsertCancelButton" runat="server"
```

```
                CausesValidation="False" CommandName="Cancel" Text="取消" />
            </InsertItemTemplate>
            <ItemTemplate>
               id:
               <asp:Label ID="IDLabel" runat="server" Text='<%# Eval("id") %>' />
               <br />
               name:
               <asp:Label ID="NameLabel" runat="server"
                  Text='<%# Bind("name") %>' />
               <br />
               num:
               <asp:Label ID="NumLabel" runat="server"
                  Text='<%# Bind("num") %>' />
               <br />
               <asp:LinkButton ID="DeleteButton" runat="server" CausesValidation="False"
                  CommandName="Delete" Text="删除" />
                <asp:LinkButton ID="NewButton" runat="server" CausesValidation="False"
                  CommandName="New" Text="新建" />
            </ItemTemplate>
         </asp:FormView>
         <asp:SqlDataSource ID="SqlDataSource1" runat="server"
            ConnectionString='<%$ ConnectionStrings:studentConnectionString %>'
            SelectCommand="SELECT * FROM [student_info]" DeleteCommand="DELETE FROM [student_info] WHERE
[id] = @id" InsertCommand="INSERT INTO [student_info] ([id], [name], [num]) VALUES (@id, @name, @num)"
UpdateCommand="UPDATE [student_info] SET [name] = @name, [num] = @num WHERE [id] = @id">
            <DeleteParameters>
               <asp:Parameter Name="id" Type="Int32" />
            </DeleteParameters>
            <InsertParameters>
               <asp:Parameter Name="id" Type="Int32" />
               <asp:Parameter Name="name" Type="String" />
               <asp:Parameter Name="num" Type="String" />
            </InsertParameters>
         </asp:SqlDataSource>
```

8.6.5 ListView 控件和 DataPager 控件

ListView控件用于显示数据，它提供了编辑、删除、插入、分页与排序等功能，其分页功能是通过DataPager控件来实现的。DataPager控件的PagedControlID属性指定ListView控件ID。它可以摆放在两个位置，一是内嵌在ListView控件的<LayoutTemplate>标签内；二是独立于ListView控件。

【例8-15】使用ListView控件与DataPager控件分页显示数据

本例演示如何在ListView控件中创建组模板，并结合DataPager控件分页显示数据。在页面中显示学生名单，设定每2个学生为一行，并设定分页按钮，运行结果如图8-32所示。

扫一扫，看视频

```
张三 李四
第一页 1 2 最后一页
```

图 8-32　使用 ListView 控件与 DataPager 控件分页显示数据

程序实现的主要步骤如下：

数据库访问技术——ADO.NET和LINQ

（1）继续在例8-1网站下新建一个页面DataPager1.aspx，在DataPager1.aspx 页面中添加一个ScriptManager控件用于管理脚本，添加一个UpdatePanel控件用于局部更新。在UpdatePanel控件中添加ListView控件和SqlDataSoure控件，并设置相关数据，代码如下：

```
<asp:ScriptManager ID="ScriptManager1" runat="server"></asp:ScriptManager>
<div>
  <asp:UpdatePanel ID="UpdatePanel1" runat="server">
    <ContentTemplate>
      <asp:ListView runat="server" ID="ListView1"
        DataSourceID="SqlDataSource1"
        GroupItemCount="2">
      <LayoutTemplate>
      <table runat="server" id="table1">
        <tr runat="server" id="groupPlaceholder">
        </tr>
      </table>
      </LayoutTemplate>
      <GroupTemplate>
      <tr runat="server" id="tableRow">
        <td runat="server" id="itemPlaceholder" />
      </tr>
      </GroupTemplate>
      <ItemTemplate>
      <td id="Td1" runat="server">
        <asp:Label ID="NameLabel" runat="server"
          Text='<%#Eval("name") %>' />
      </td>
      </ItemTemplate>
      </asp:ListView>
    </ContentTemplate>
  </asp:UpdatePanel>
</div>
```

上面代码<LayoutTemplate>标签中使用groupPlaceholder作为占位符，在<GroupTemplate>标签中使用itemPlaceholder作为占位符，DataSourceID属性定义为SqlDataSourcel，对应的SqlDataSource控件代码如下：

```
<asp:SqlDataSource ID="SqlDataSource1" runat="server"
  ConnectionString='<%$ ConnectionStrings:studentConnectionString %>'
  SelectCommand="SELECT [name] FROM [student_info]">
</asp:SqlDataSource>
```

（2）在UpdatePanel 控件中添加 DataPager控件，设置其相关属性，代码如下：

```
<asp:DataPager ID="DataPager1" runat="server" PagedControlID="ListView1" PageSize="2">
  <Fields>
    <asp:NextPreviousPagerField ShowFirstPageButton="True"
      ShowNextPageButton="False" ShowPreviousPageButton="False" />
    <asp:NumericPagerField ButtonType="Button" />
    <asp:NextPreviousPagerField ShowLastPageButton="True"
      ShowPreviousPageButton="False" ShowNextPageButton="False" />
  </Fields>
</asp:DataPager>
```

8.7 思考题

1．简述关系型数据库的基本概念和组成结构。
2．ADO.NET包含哪两个核心组件？这两个组件有哪些功能？
3．ADO.NET中数据提供程序的四个核心对象是什么？
4．简述ADO.NET数据模型的特点。
5．简述DataSet对象的特点和功能。
6．什么是LINQ？它主要由哪些技术组成？
7．简述LINQ的优点。
8．解释GridView控件、DetailsView控件和FormView控件的含义。
9．GridView控件包含哪些属性？分别有什么作用？
10．简述DetailsView控件和GridView控件的区别。

8.8 实战练习

1．开发一个简单的学生信息管理模块，用户能够对数据库中的学生信息进行添加、编辑和删除操作。
2．使用LINQ实现数据分页。
3．设置GridView控件的外观和数据的显示格式。

3

高级进阶

第 9 章

ASP.NET Web Service

学习引导

本章讲解 ASP.NET 中 Web Service 的相关知识，通过本章的学习，可以帮助读者快速熟悉并运用 ASP.NET 中的 Web Service。

内容浏览

9.1 Web Service简介

Web Service是一种可以接收从Internet或者Intranet上的其他系统中传递过来的请求，并进行响应的轻量级的独立通信技术。W3C组织对其定义为"它是一个软件系统，为了支持跨网络的机器间相互操作交互而设计"。Web Service服务通常被定义为一组模块化的API，它们可以通过网络进行调用，来执行远程系统的请求服务。

9.1.1 Web Service 基本概念

Web Service采用HTTP协议传输数据，采用XML格式封装数据，其本质上是一种跨平台和跨语言的远程调用技术。

- XML：全称为Extensible Markup Language，可扩展标记语言。
- 跨平台：不同平台之间都支持HTTP协议，所以Web Service采用HTTP协议传输数据，使得不同平台可以通过Web Service进行方便、安全的通信。
- 跨语言：常用的计算机高级语言，都支持XML文本解析，所以Web Service采用XML格式封装数据，能够方便地让不同的语言通过Web Service互相调用，如C#语言开发的Web Service，可以被C#、Java或VB等开发的客户端访问，反之亦然。

Web Service具体的架构流程如图9-1所示。

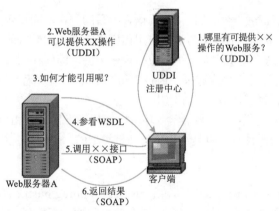

图 9-1　Web Service 架构流程图

从图9-1可以看出，Web Service是通过SOAP在Web上提供的软件服务，使用WSDL文件进行说明，并通过UDDI进行注册。

- SOAP（Simple Object Access Protocol，简单对象访问协议）。SOAP是Web Service 的通信协议。当用户通过UDDI找到指定的WSDL描述文档后，就可以通过SOAP调用Web服务中的一个或多个操作。SOAP是XML文档形式的调用方法的规范，它可以支持不同的底层接口，如HTTPS或SMTP。
- WSDL（Web Services Description Language，网络服务描述语言）。 WSDL 文件是一个 XML 文档，用于说明一组 SOAP 消息以及如何交换这些消息。大多数情况下由软件自动生成和使用。
- UDDI（Universal Description Discovery and Integration，统一描述发现与集成）。UDDI是一个基于XML的跨平台的描述规范，可以使任何企业在互联网上发布自己所提供的服务。从用户的角度来说，在用户能够调用Web服务之前，必须确定这个服务内包含哪些商务方法，通过UDDI找到被调用的接口定义，所以UDDI也是一种根据描述文档来引导系统查找相应服务的机制。UDDI利用SOAP消息机制（标准的XML/HTTP）来发布、编辑、浏览以及查找注册信息。它采用XML格式来封装各种不同类型的数据，并且发送到注册中心或者由注册中心来返回需要的数据。

◈ 9.1.2 Web Service 的特点

Web Service的主要目标是跨平台的可互操作性。为了实现这一目标，Web Service 完全基于XML（可扩展标记语言）、XSD（XML Schema）等独立于平台、独立于软件供应商的标准，是创建可互操作的、分布式应用程序的新平台。使用Web Service的主要优点如下：

1. 跨防火墙的通信

客户端和服务器之间通常会有防火墙或者代理服务器。为了保障服务器的安全，大多数防火墙或者代理服务器会配置为只开放80（443）端口、只允许HTTP连接，从而在进行内容过滤时，会将客户端发来的HTTP数据包之外的其他网络请求数据过滤掉。为了解决客户端与服务器的通信问题，一个完美的解决方法是使用HTTP协议来通信。因为Web Service使用HTTP协议传输数据，所以客户端通过Web Service与服务器进行通信能够避免被防火墙拦截，这就是Web Service跨防火墙通信的优点。

2. 应用程序集成

对于企业级的应用程序，经常要把用不同语言编写的、在不同平台上运行的各种程序集成起来，而这种集成将花费很大的开发力量。应用程序经常需要从运行的一台主机上的程序中获取数据；或者把数据发送到主机或其他平台应用程序中去。即使在同一个平台上，不同软件厂商生产的各种软件也常常需要集成起来。通过Web Service，应用程序可以用标准的方法把功能和数据"暴露"出来，供其他应用程序使用。

XML Web Services 提供了在"松耦合"环境中使用标准协议（如HTTP、XML、SOAP 和WSDL）交换消息的能力。消息可以是结构化的、带类型的，也可以是松散定义的。

3. B2B的集成

B2B 指的是Business to Business, as in businesses doing business with other businesses, 商家(泛指企业)对商家的电子商务，即企业与企业之间通过互联网进行产品、服务及信息的交换。通常是指进行电子商务交易的供需双方都是商家（或企业、公司），它们使用了Internet的技术或各种商务网络平台，完成商务交易的过程。

Web Service是B2B集成成功的关键。通过Web Service，公司只需把关键的商务应用"暴露"给指定的供应商和客户。由于Web Service具有跨平台、跨语言的特点，所以用Web Service来实现B2B集成的最大好处在于可以轻易实现互操作性，而不需要考虑用户的系统在什么平台上运行，使用什么开发语言。这样就大大减少了花在B2B集成上的时间和成本。

4. 软件和数据重用

Web Service在允许重用代码的同时，还可以重用代码背后的数据。使用Web Service，再也不必像以前那样，要先从第三方购买、安装软件组件，再从应用程序中调用这些组件，只需要直接调用远端的Web Service就可以了。另一种软件重用的情况是把多个应用程序的功能集成起来，通过Web Service "暴露"出来，就可以非常容易地把所有这些功能都集成到自己的门户站点中，为用户提供一个统一的、友好的界面。既可以在应用程序中使用第三方的Web Service 提供的功能，也可以把自己的应用程序功能通过Web Service 提供给别人。这两种情况下，都可以重用代码和代码背后的数据。

从以上论述可以看出，Web Service 在通过Web进行互操作或远程调用的时候是最有用的。

9.2 创建Web Service

.NET平台内建了对Web Service的支持，包括Web Service的构建和使用。与其他开发平台不同，使用. NET平台，不需要其他的工具或SDK就可以完成Web Service的开发。.NET Framework本身就全面支持Web Service，包括服务器端的请求处理器和对客户端发送和接受SOAP消息的支持。

9.2.1 创建一个最简单的 Web Service

本节将一步步介绍使用VS2019创建一个简单的Web Service的详细过程。

【例9-1】创建WebServiceDemo

在VS2019中，创建 "ASP.NET Web应用程序（.NET Framework）" 新项目，并取名为WebServiceDemo。在 "创建新的ASP.NET Web应用程序界面" 选择 "空（用于创建ASP.NET应用程序的空项目模板。此模板中没有任何内容）"。在该项目上右击，在弹出的快捷菜单中选择 "添加" | "新建项"，选择 "Web服务（ASMX）"，将其名称命名为WebService9-1.asmx，如图9-2所示。

扫一扫，看视频

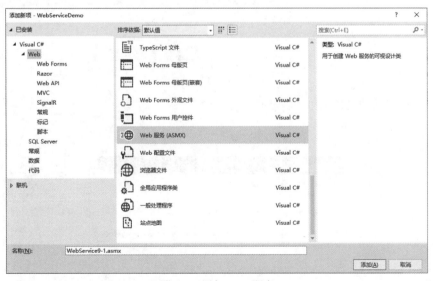

图 9-2 添加 Web 服务

添加后，会发现VS2019已经为Web Service文件建立了默认的框架，其原始代码如下：

```
using System.Web.Services;
```

```
namespace WebServiceDemo
{
  /// <summary>
  /// WebService9_1 的摘要说明
  /// </summary>
  [WebService(Namespace = "http://tempuri.org/")]
  [WebServiceBinding(ConformsTo = WsiProfiles.BasicProfile1_1)]
  [System.ComponentModel.ToolboxItem(false)]
  // 若要允许使用 ASP.NET Ajax 从脚本中调用此 Web 服务，请取消注释以下行
  // [System.Web.Script.Services.ScriptService]
  public class WebService9_1 : System.Web.Services.WebService
  {
    [WebMethod]
    public string HelloWorld()
    {
      return "Hello World";
    }
  }
}
```

默认已经有一个HelloWorld的方法，直接运行查看效果。

第一次运行，会弹出如图9-3所示的"安全警告"对话框，直接单击"是"按钮即可。

图 9-3　"安全警告"对话框

在浏览器中可以看到如图9-4所示的页面。

图 9-4　WebService9-1 页面

单击显示页面上的HelloWorld超链接，跳转到下一页面，如图9-5所示。

图 9-5　HelloWorld 页面

单击"调用"按钮，就可以看到用XML格式返回的Web Service结果，如图9-6所示。

图 9-6　Web Service 结果

说明Web Service环境没有问题，还初步接触了一下最简单的Web Service。

9.2.2　向 Web Service 中添加运算功能

接着9.2.1小节的程序，在Web Service中添加自己的方法。

【例9-2】Web Service四则运算

先把默认的HelloWorld方法删掉，然后添加加、减、乘、除运算的四个方法，代码如下：

```csharp
using System.Web.Services;

namespace WebServiceDemo
{
    /// <summary>
    /// WebService9_1 的摘要说明
    /// </summary>
    [WebService(Namespace = "http://tempuri.org/")]
    [WebServiceBinding(ConformsTo = WsiProfiles.BasicProfile1_1)]
    [System.ComponentModel.ToolboxItem(false)]
    // 若要允许使用 ASP.NET Ajax 从脚本中调用此 Web 服务，请取消注释以下行
    // [System.Web.Script.Services.ScriptService]
    public class WebService9_1 : System.Web.Services.WebService
    {
        [WebMethod(Description = "求两数的和")]
        public double add(double num1, double num2)
        {
            return num1 + num2;
        }

        [WebMethod(Description = "求两数的差")]
        public double subtract(double num1, double num2)
```

```
    {
        return num1 – num2;
    }


    [WebMethod(Description = "求两数的积")]
    public double multiply(double num1, double num2)
    {
        return num1 * num2;
    }


    [WebMethod(Description = "求两数的商")]
    public double divide(double num1, double num2)
    {
        if (num2 != 0)
            return num1 / num2;
        else
            return 0;
    }
    }
}
```

运行结果如图9-7所示。

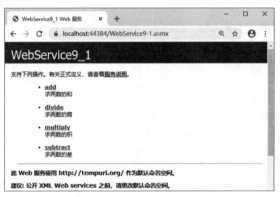

图 9-7　新的 WebService9-1 页面

单击add超链接，进入add方法的调用页，如图9-8所示。

图 9-8　add 页面

输入参数num1为85，num2为17，单击"调用"按钮，就可以看到用XML格式返回的

Web Service结果（num1与num2相加的结果），如图9-9所示。

图 9-9　add 方法返回结果

到这里，就完成了能执行加、减、乘、除四则运算的 Web Service。

9.3　调用 Web Service

本节将分别创建一个ASP.NET程序和一个WinForm程序，来调用9.2节创建的Web Service。

9.3.1　用 ASP.NET 调用 Web Service

在VS2019中，创建"ASP.NET Web应用程序（.NET Framework）"新项目，并取名为ASPNETClient。接着，添加Web引用，把Web Service引用到当前的工程中。在解决方案资源管理器中的ASPNETClient项目上右击，依次选择"添加"|"服务引用"，选择添加Web引用，弹出"添加服务引用"对话框，如图9-10所示。

扫一扫，看视频

图 9-10　"添加服务引用"对话框

单击"发现"按钮，会自动查找可用的服务，将"命名空间"修改为ComputeService，然后单击"确定"按钮，便将Web Service引用到当前项目中，如图9-11所示。

图 9-11　添加服务引用结果

在项目中添加名为Web9-2.aspx的"Web窗体"，然后在Web9-2.aspx中添加几个控件，代码如下：

```
<%--前面代码省略--%>
<body>
  <form id="form1" runat="server">
    <div>
      <%-- Num1输入框--%>
      <asp:TextBox ID="Num1" runat="server"></asp:TextBox>
      <%-- 加减乘除运算下拉选择框--%>
      <select id="selectOper" runat="server">
        <option>+</option>
        <option>-</option>
        <option>*</option>
        <option>/</option>
      </select>
      <%-- Num2输入框--%>
      <asp:TextBox ID="Num2" runat="server"></asp:TextBox>
      <asp:Button ID="Button1" runat="server" Text="=" OnClick="Button1_Click" />
      <asp:TextBox ID="Result" runat="server"></asp:TextBox>
    </div>
  </form>
</body>
</html>
```

完成Web9-2.aspx页面后，需要在后台编写调用Web Service的代码，调用之前必须先实例化，实例化的方法是ComputeService.WebService9_1SoapClient web = ComputeService.WebService9_1SoapClient()，然后就可以通过web来访问WebService中提供的方法了。在文件Web9-2.aspx.cs中添加如下代码：

```
protected void Button1_Click(object sender, EventArgs e)
{
    string selectFlag = selectOper.Value;
    //实例化Web Service
    ComputeService.WebService9_1SoapClient web = new ComputeService.WebService9_1SoapClient();
    if (selectFlag.Equals("+"))
    {
        Result.Text = (web.add (double.Parse(Num1.Text), double.Parse(Num2.Text))).ToString();
    }
    else if (selectFlag.Equals("-"))
    {
        Result.Text = (web.subtract(double.Parse(Num1.Text), double.Parse(Num2.Text))).ToString();
    }
    else if (selectFlag.Equals("*"))
    {
        Result.Text = (web.multiply(double.Parse(Num1.Text), double.Parse(Num2.Text))).ToString();
    }
    else if (selectFlag.Equals("/"))
    {
        Result.Text = (web.divide(double.Parse(Num1.Text), double.Parse(Num2.Text))).ToString();
    }
}
```

运行后的结果如图9-12所示，在前面两个TextBox里输入两个操作数，在中间的下拉列表中选择操作符，然后单击"="按钮，将计算结果输出到第三个TextBox中。

图 9-12 加、减、乘、除运行结果

9.3.2 用 Windows 窗体应用调用 Web Service

在VS2019中，创建"Windows窗体应用程序（.NET Framework）"新项目，并取名为WinFormClient。接着添加Web引用，过程与9.3.1小节一样，不再赘述。

在项目中添加名为FrmMain.cs的"窗体(Windows窗体)"，然后在该窗体中添加几个控件，如图9-13所示。

扫一扫，看视频

图 9-13 FrmMain 窗体界面

窗体上的控件信息见表9-1。

表 9-1 FrmMain 窗体控件信息

控件类型	数　量	描　　述
Label	4	分别用来显示窗体左侧的"值1："　"值2："　"操作："　"结果："
TextBox	2	分别用于值1和值2的输入，其 Name 分别设置为 txtNum1 和 txtNum2
Button	4	分别用于执行加减乘除操作，其 Name 分别设置为 btnAdd、btnSubtract、btnMultiply 和 btnDivide
RichTextBox	1	用于结果的显示，其 Name 设置为 =txtResult

设置好窗体控件及其属性后，双击窗体上的"+"按钮，会自动为该按钮添加事件代码，接下来对"-"按钮、"*"按钮和"/"按钮执行相同的操作。然后修改FrmMain.cs后台代码，其代码如下：

```csharp
//前面代码省略
namespace WinFormClient
{
  public partial class FrmMain : Form
  {
    ComputeService.WebService9_1SoapClient web;
    public FrmMain()
    {
      InitializeComponent();
      web = new ComputeService.WebService9_1SoapClient();
    }

    /// <summary>
    /// 单击"+"按钮时，调用Web Service的add方法
    /// </summary>
    private void btnAdd_Click(object sender, EventArgs e)
    {
      double num1 = double.Parse(this.txtNum1.Text);
      double num2 = double.Parse(this.txtNum2.Text);
      double result = web.add(num1, num2);
      this.txtResult.Text = String.Format("{0}\r{1} + {2} = {3}",
        this.txtNum1.Text, this.txtNum2.Text, result,
        this.txtResult.Text);
    }

    /// <summary>
    /// 单击"-"按钮时，调用Web Service的subtract方法
    /// </summary>
    private void btnSubtract_Click(object sender, EventArgs e)
    {
      double num1 = double.Parse(this.txtNum1.Text);
      double num2 = double.Parse(this.txtNum2.Text);
      double result = web.subtract(num1, num2);
      this.txtResult.Text = String.Format("{0}\r{1} – {2} = {3}",
        this.txtNum1.Text, this.txtNum2.Text, result,
        this.txtResult.Text);
    }

    /// <summary>
    /// 单击"*"按钮时，调用Web Service的multiply方法
    /// </summary>
    private void btnMultiply_Click(object sender, EventArgs e)
    {
      double num1 = double.Parse(this.txtNum1.Text);
      double num2 = double.Parse(this.txtNum2.Text);
      double result = web.multiply(num1, num2);
      this.txtResult.Text = String.Format("{0}\r{1} * {2} = {3}",
        this.txtNum1.Text, this.txtNum2.Text, result,
        this.txtResult.Text);
    }

    /// <summary>
```

```
/// 单击 "/" 按钮时，调用Web Service的divide方法
/// </summary>
private void btnDivide_Click(object sender, EventArgs e)
{
    double num1 = double.Parse(this.txtNum1.Text);
    double num2 = double.Parse(this.txtNum2.Text);
    double result = web.divide(num1, num2);
    this.txtResult.Text = String.Format("{0}\r{1} / {2} = {3}",
        this.txtNum1.Text, this.txtNum2.Text, result,
        this.txtResult.Text);
}
```

代码编写完成后，要先运行WebServiceDemo，然后运行WinFormClient。默认情况下，WebServiceDemo是解决方案中的启动项目，可以直接按快捷键F5运行。此时，如果再运行WinFormClient，需要在解决方案中的WinFormClient项目上右击，如图9-14所示。

图 9-14　在解决方案中的 WinFormClient 项目上右击

然后在弹出的快捷菜单中选择"调试"|"启动新实例"，如果代码没有错误，会弹出WinFormClient的窗体，执行加减乘除操作，运行结果如图9-15所示。

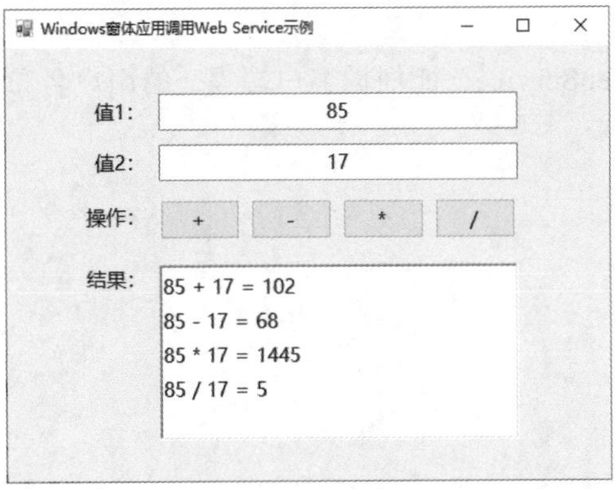

图 9-15　Windows 窗体应用调用 WebService 运行结果

如果在执行过程中抛出如图9-16所示的异常，很有可能是没有启动WebServiceDemo。先启动WebServiceDemo，然后执行WinFormClient就可以解决这个异常问题。

图 9-16　未经处理的异常

9.4　思考题

1. 什么是Web Service？
2. WSDL是什么？有什么作用？
3. SOAP是什么？
4. 怎么理解UDDI？
5. 为什么说Web Service是跨平台的？
6. 用户是如何确定服务包含哪些方法的？
7. 简述Web Service跨防火墙通信的特点。
8. 简述Web Service的主要优点。
9. 你觉得Web Service有严格的客户端和服务器端吗？
10. Web Service位于Web应用三层架构中的哪一层？

9.5　实战练习

　　实现一个登录认证WebService，能根据客户端提交的用户名和密码数据，验证用户身份是否合法，并返回认证结果。

第 10 章

ASP.NET MVC 编程

学习引导

本章介绍 ASP.NET MVC 框架入门知识，包括 MVC 框架的基本概念及运行机制；视图、模型、控制器的基本概念；创建 ASP.NET MVC 应用程序的方法；ASP.NET MVC 中的路由处理；视图引擎 Razor 的使用；前端和后端数据通信方法。通过本章的学习，读者能快速熟悉 ASP.NET MVC 应用程序开发的基本方法，为后期的学习和开发奠定良好的基础。

内容浏览

MVC（Model View Controller），是一种软件设计典范，用一种业务逻辑、数据、界面显示分离的方法组织代码。将业务逻辑放到一个部件里，在改变图形界面或用户交互的同时不再需要重新编写业务逻辑。这种设计模式已经广泛应用于开发各种类型软件，在Web应用程序、Windows应用程序、移动App等领域均已成为主流的基础框架。

10.1.1 MVC 基础

扫一扫，看视频

MVC模式是软件工程中的一种软件架构模式，这个框架将软件系统分为以下三个基本部件。

模型（Model）：模型用于封装与应用程序的业务逻辑相关的数据以及对数据的处理方法。模型有对数据直接访问的权利，如对数据库的访问。模型不依赖视图和控制器，也就是说，模型不关心它会被如何显示或如何被操作。

视图（View）：视图是用户可以看到并与之交互的界面，视图能够实现数据有目的的显示。在视图中一般不涉及业务逻辑，其只负责模型数据的展示。

控制器（Controller）：控制器起到不同层面间的组织作用，用于控制应用程序的流程。它处理事件并作出响应。事件包括用户的行为和数据模型上的改变。

MVC中三大部件之间的关系如图10-1所示。使用MVC架构可以使复杂的数据对象显示、控制分离以提高软件的灵活性和复用性，MVC架构可以使程序具有对象化的特征，更容易维护。

图 10-1　MVC 框架中三大部件之间的关系

1. 基于MVC框架的应用程序的优缺点

相对于传统软件开发方法，基于MVC框架的应用程序具有以下优点。

（1）降低耦合性：MVC将视图层和控制层分离，这样就可以直接修改视图层代码后而不用修改或重新编译模型和控制层代码。同时，如果一个应用的业务流程或业务规则发生改变，只需要修改控制层代码即可，对于视图层没有影响。在实际软件开发中更容易进行分工，前端工程师负责视图层开发，后端工程师负责控制层开发。

（2）可重用性：MVC模式允许使用各种不同样式的视图来访问同一个服务器的服务接口，

多个视图可以共享一个模型，可以包含任何PC端Web浏览器或手机端应用。例如，用户可以使用PC和手机来在线购买产品，虽然订购的方式不同，但是订购的产品是一样的，即数据结构一致，后台业务逻辑相同，所以同样的购买控制部分的代码可以供不同的视图使用。

（3）部署快、生命周期成本低：MVC使开发和维护用户接口的技术含量大大降低，后端程序员主要集中精力开发业务逻辑，前端开发人员集中在界面设计，两者可以并行工作，提高了生产效率。

（4）可维护性高：分离视图层和数据模型、控制层使得各个部分可以单独开发、维护，在程序需要升级、维护时操作更加简便。

MVC模型也存在一些不足，主要体现在以下几方面。

（1）MVC模型理解复杂：初学者从Windows程序开发转向Web开发，需要重新理解Web应用程序的运行机制和MVC模型的机制，往往入门较为困难。

（2）调试困难：由于模型和视图严格分离，这就给调试应用带来困难，需要关联的代码较多，数据的流向复杂，视图层的调试需要在浏览器中进行，有时还需要借助额外的工具，这些都给程序的调试带来了不便。

（3）不适合小型应用：在一个小型的应用程序中，强制使用MVC模式进行开发，往往会花费大量的时间，并且不能体现MVC的优势，还会使开发过程变得烦琐。

（4）增加系统的复杂性：对于简单的界面，如果严格按照MVC标准，使模型、视图与控制器完全分离，会增加结构的复杂性，并可能产生过多的额外操作，降低程序的运行效率。

2. ASP.NET MVC框架的特点

微软公司采用ASP.NET技术实现了符合MVC设计模式的框架，该框架具有以下显著特点。

（1）应用程序开发任务可以分解，可以分为输入逻辑、业务逻辑、界面逻辑，该框架是基于测试驱动的开发技术，可以方便地实现软件测试。

（2）可扩展性、即插即用。ASP.NET MVC框架中各个组件很容易被替换或者个性化。用户可以将其嵌入视图引擎、路由映射、可序列化参数等组件。该框架也支持依赖注入（Dependency Injection）和控制反转（Inversion of Control）。

（3）ASP.NET MVC具有强大的、可扩展的路由映射组件。使用简单，让开发者只关注业务逻辑代码。

（4）ASP.NET MVC还集成了认证系统，包括传统的表单认证（Form authentication）、Windows认证、URL认证、身份认证和角色认证等。除此之外，还包括开发人员常用的缓存、会话、状态管理、健康管理、配置管理等诸多功能。

10.1.2 ASP.NET MVC 框架

ASP.NET MVC框架的三个核心元素：模型、视图和控制器，三者构成了框架的基本结构。模型部分主要负责应用程序的数据逻辑；视图部分定义数据的前端展示效果，表示用户的数据流向；控制器定义对用户请求的响应方式，进而把用户的请求变成对Model数据的获取，然后更新View中的数据。

扫一扫，看视频

1. 模型（Model）

模型作为MVC架构的重要组成部分，包括系统程序的逻辑关系和计算功能，并且抽象数据结构。模型不仅能对系统程序中数据和业务规则部分进行显示，还提供了处理数据的操作流程、数据的持久化（数据库存储和访问）等。除此之外，模型和视图之间存在一对多的关系，即一个模型可以为多个视图提供数据。在ASP.NET中模型通常以类的形式进行封装，在类中定义数据的基本结构及操作方法，这些操作方法中通常包括数据库的增、删、改、查等操作。

2. 视图（View）

视图作为用户和程序之间的交互界面，主要负责接收模型层的数据流，即用户的请求经过控制器进行处理，控制器根据请求内容到Model层来获取实际数据，并将这些数据传递给视图层进行显示。视图中不存在任何业务处理代码，视图可以看作一个可以输出数据、用户能够进行操作的界面。在实际开发中，通常使用HTML、JavaScript、CSS等前端技术结合ASP.NET MVC提供的视图引擎Razor进行开发。

3. 控制器（Controller）

控制器作为连接Model和View的桥梁，是MVC模式中的中间部分，它负责接收用户的输入，按照用户的数据进行响应。控制器对模型、视图部分进行交互协调，使模块和相应的视图相互匹配，进行相应的操作，最后向视图输出数据并呈现处理结果，完成用户的请求。在ASP.NET MVC中，用户的请求都会被路由映射到相应的控制器，该控制器负责解释请求、处理模型，然后选择相应的视图进行数据传递。在ASP.NET MVC的运行目录组织结构中默认有三个顶层，分别为模型内容目录、视图内容目录和控制器目录。控制器在ASP.NET MVC中是通过继承自Controller类来实现的，在里面添加Action函数实现业务逻辑的处理，每个控制器类文件名必须以Controller结尾，同时每个控制器类都要求在Views目录中有一个对应的子目录，命名要遵循子目录和控制器类相一致的原则。

ASP.NET中MVC工程目录中Model、View、Controller的组织方式如图10-2所示。

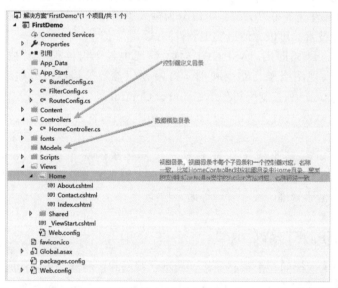

图10-2　ASP.NET MVC 工程目录中 Model、View、Controller 的组织方式

ASP.NET MVC应用程序运行后，可以通过URL路径访问相应的控制器。

4. ASP.NET MVC运行流程

为了了解如何实现页面显示，就需要了解ASP.NET MVC应用程序的运行流程。在ASP.NET MVC程序中，应用程序通过Global.ascx和Controllers实现URL映射。当用户发出请求时，该请求首先会发送到对应的Controller控制器中，开发人员能够在Controller中获取用户请求的内容。例如，用户想要获取用户的个人信息，控制器就调用相应的方法获取用户信息，这些用户信息以模型的方式发送给View，View收到模型数据后将其渲染在网页中。对于Model而言，它能够将传统的关系型数据库映射成面向对象的类对象，方便数据组织和传输。

⊘ 10.1.3 路由映射

路由的约定在实际开发工作中占比非常小，却是极其重要的部分，因为所有的请求都离不开路由。使用路由的优点如下：

（1）能够根据系统需求灵活划分请求的规则，不同模块请求的URL不同。

（2）屏蔽物理路径，提高系统的安全性，用户无法通过URL分析视图文件所在站点目录中的位置，一定程度上提高了系统的安全性。

（3）有利于搜索引擎优化，可以将URL请求统一规划，在以后的升级或维护中，即使页面发生变化，URL也可以保持不变。

通常，一个典型的路由形式（如http://localohost:2442/Home/Index ）是一个典型的URL地址，因为其主要任务就是分析URL地址并将其映射到Controller中的Action方法中。上述URL地址的映射过程如图10-3所示。

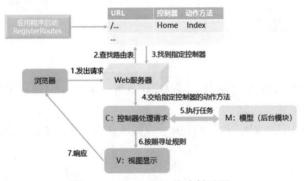

图 10-3　URL 地址的映射过程

首先，应用程序启动后会自动运行RouteConfig类中的RegisterRoutes方法，该方法对URL模式进行定义。RouteConfig.cs文件在工程根目录的App_Start目录中，具体代码如下：

```
public class RouteConfig
{
    public static void RegisterRoutes(RouteCollection routes)
    {
        routes.IgnoreRoute("{resource}.axd/{*pathInfo}");

        routes.MapRoute(
            name: "Default",
            url: "{controller}/{action}/{id}", //URL模式定义
            defaults: new { controller = "Home", action = "Index", id = UrlParameter.Optional } // 默认值设置
        );
    }
}
```

🔔 说明：

上述URL的参数值是{controller}/{action}/{id}，称为URL模式。该模式是一种字符串，包括一些固定的字面量和占位符，占位符用大括号"{}"表示。Controller代表控制名称，这里控制器名称是去除了控制器类后面的Controller字符之后的名称，action是Controller中的方法，id是请求传递的参数。

URL模式的定义语法如下：

{占位符1}字面量{占位符2}字面量…{占位符n}字面量

占位符可以是一个字符串或字符，如x、id、year等。

字面量可以是一个固定的字符，比较常用的是斜杠"/"，也可以是字符串。

典型的URL模式匹配的原理如图10-4所示。

在图10-4的URL模式中字面量为"/"，这也是最为常用的一种方式。复杂的URL模式匹配原理如图10-5所示。

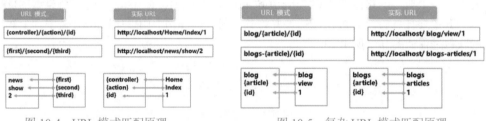

图 10-4　URL 模式匹配原理　　　　　　　图 10-5　复杂 URL 模式匹配原理

在图10-5中定义的URL规则使用了字符串字面量，相对于只使用斜杠来说不太直观，但是解析匹配过程是一致的。

在一个应用程序中还可以定义多个路由，只需要在定义中增加多个路由规则对象即可，代码如下：

```
public class RouteConfig
{
  // 1个引用
  public static void RegisterRoutes(RouteCollection routes)
  {
    routes.IgnoreRoute("{resource}.axd/{*pathInfo}"):

    routes.MapRoute(
      name:"Default",
      url:"{controller}/{action}/{id}",
      defaults:new{controller="Home",action="Index",id=UrlParameter.Optional}
    );
    routes.MapRoute(
      name:"Test",                    // 增加第二个路由定义
      url:"{first}/{second}/{id}",
      defaults:new{controller="Home",action="Index",id=UrlParameter.Optional}
    );
  }
}
```

🎬 10.1.4　ASP.NET MVC 请求过程

用户在浏览器中输入URL地址时就发出了一个请求，这个请求首先发送给服务器的IIS

Web服务程序。IIS通过分析请求，判断是否为ASP.NET类型的请求，如果为ASP.NET的请求，接下来就进入路由系统，将请求分配给响应的控制器，控制分配具体的Action进行响应，响应结果以HTML代码形式返回给客户端。这就是整个请求的完整过程，具体流程如图10-6所示。

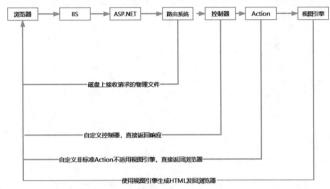

图 10-6　ASP.NET MVC 请求的完成过程

整个请求过程进行分解之后有五个步骤，分别如下：

（1）用户打开浏览器，在地址栏输入某个网址的URL并按Enter回车键，浏览器便开始向该URL指定的服务器发起HTTP请求。除了使用直接输入地址的方式发出请求外，还可以通过JavaScript中的异步提交的方式发出请求。这种方式和通过地址发出请求的方式的原理和过程都一致，但异步提交方式返回的结果一般是Json形式，而不是传统的HTML代码形式。

（2）服务器的网站服务系统（IIS）接收到该请求，先检查自己是否认识该请求，如果认识就直接处理并发回响应；否则就将该请求发给对应的HTTP处理程序。

（3）MVC的路由系统接收到该请求，根据HTTP请求的URL，把请求定向到指定的控制器中。

（4）如果控制器是MVC内置的标准的Controller，则启动Action机制；否则根据自定义的控制器逻辑，直接向浏览器发回响应。

（5）MVC路由把HTTP请求定向到具体的Controller/Action中，如果Action没有使用视图引擎，则根据自定义逻辑发回响应；否则返回ActionResult给视图引擎，由视图引擎渲染呈现HTML，并发回浏览器。除了以HTML代码形式返回给浏览器外，返回的形式还可以是Json字符串、文件、图像等多种形式。

扫一扫，看视频

10.2　创建ASP.NET MVC程序

创建ASP.NET MVC应用程序和创建Web Form类型的应用程序类似，借助Visual Studio 2019开发工具可以非常方便地创建、管理、编辑和发布应用程序。

10.2.1　创建 ASP.NET MVC 应用程序工程

1. 创建工程

使用Visual Studio 2019开发工具中的模板向导可以快速创建ASP.NET MVC应用程序。首先，打开Visual Studio 2019，在打开页面中选择"创建新项目"，如图10-7所示。

扫一扫，看视频

图 10-7　Visual Studio 2019 首页

　　如果要打开已经存在的项目，可以选择"打开项目或解决方案"，或从左侧最近使用的项目中进行选择。接下来进入项目模板选择窗口，如图10-8所示。

图 10-8　模板选择窗口

　　图中左侧显示了Visual Studio的所有项目模板，可以通过选择上方的筛选条件，如开发语言、适用平台、项目类型进行筛选。在列表区域显示了模板信息，从中选择"ASP.NET Web应用程序（.NET Framework）"选项后，单击"下一步"按钮。接下来填写项目名称及存放位置，如图10-9所示。

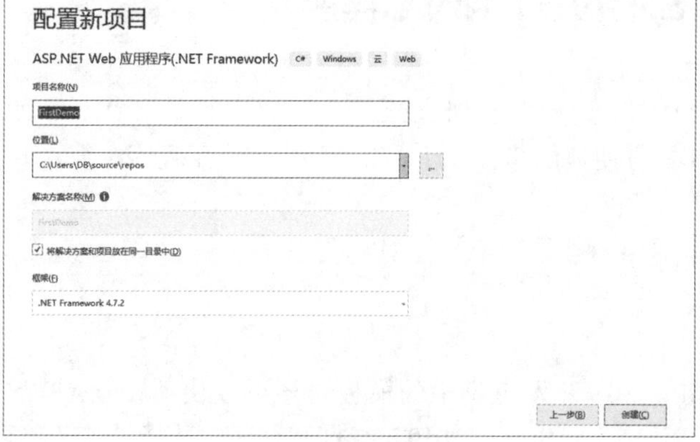

图 10-9　项目信息填写

首先要填写项目的名称，然后选择项目存储的位置。解决方案名称默认和项目名称一致，并且存储在同一目录下。这里需要注意解决方案和项目的区别，解决方案是多个项目的集合，一个解决方案可以包含多个项目，各个项目之间可以相互调用，更适合一些较大的工程管理。最后，还需要选择.NET Framework的版本，这里选择默认的.NET Framework 4.7.2。单击"创建"按钮后，将会进入选择项目类型界面。

对于ASP.NET MVC应用程序，包含四种类型，分别为Web Forms、MVC、Web API、单页应用程序。其中，Web Forms类型和MVC类型已讲解过，Web API适合开发接口程序，单页应用程序适合开发移动端应用程序。这里选择MVC选项，然后单击"创建"按钮就可以开始创建应用程序，如图10-10所示。

图 10-10　ASP.NET MVC Web 应用程序类型选择

2. 项目目录结构

通过以上操作，创建了一个完整的MVC应用程序，中间的步骤根据向导提示操作即可，开发者无须编写任何配置文件。创建好的项目目录结构如图10-11所示。

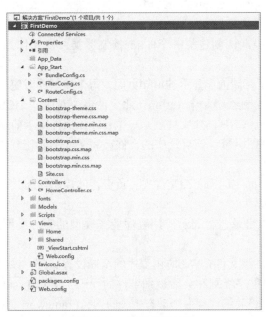

图 10-11　项目目录结构

　　默认情况下，ASP.NET MVC应用程序采用"约定大于配置"的策略，由于系统默认一些配置，直接分析程序可能找不到某些配置信息，所以开发人员有必要了解这些默认的"约定"。MVC目录结构也是"约定"的一部分。整个项目包含一些子文件夹及配置文件，下面将分别介绍。

　　（1）App_Data目录：该目录用于存储一些本地的数据库文件，通常采用文件形式，如Microsoft SQL Server数据库文件、XML文件等。但是实际项目中数据库一般放在专门的服务器上，开发者可以利用本地数据库进行程序开发。

　　（2）App_Start目录：该文件夹包含应用程序的配置逻辑文件，其中包括BundleConfig.cs、FilterConfig.cs、RouteConfig.cs、Startup.Auth.cs等。BundleConfig.cs用于注册所使用的绑定的CSS和JavaScript文件，这样使用时更加方便；FilterConfig.cs用于注册外部或全局过滤器，这些过滤器将被应用到每个Controller和Action中；RouteConfig.cs配置MVC应用程序的路由规则，这是ASP.NET MVC的核心配置。不过对于普通的应用程序而言，开发者无须修改此文件，因为系统已经添加了常用的路由规则；Startup.Auth.cs配置应用程序的安全相关的信息，包括身份认证、授权系统等。

　　（3）Content目录：该目录主要存放一些静态文件，如样式表（css文件）、图像等。默认情况下项目中自动引入了bootstrap前端框架，所以这里默认包含了bootstrap库的CSS文件。当进行开发时，需要将引用的CSS文件放到此处。

　　（4）fonts目录：该目录用于存放一些网页中需要使用的字体文件。

　　（5）Scripts目录：该目录存储程序中使用的所有脚本JavaScript文件，在项目中默认存放了jQuery类库文件及一些常用第三方前端组件等。后续需要将用到的JavaScript文件统一放到此处。当然，在一些脚本库的CSS和JavaScript文件不方便分开的情况下，可以在Content目录中建立子目录存储。

　　（6）Controllers目录：该目录包含了处理URL请求、用户输入和响应的控制器类。对于控制器ASP.NET MVC有着严格的约定，主要约定如下：

- 所有的控制器类必须放到此文件夹。
- 控制器类文件名必须以Controller结尾。
- 该目录下不能扩展子目录。

　　在创建工程时，已经默认创建了一个Home控制器类，以此作为参考来创建自己的控制器类。

　　（7）Views目录：用于存储前端显示的html页面，每个控制器对应一个子文件夹，文件夹名称和控制器名称一致，控制器中每个Action在此文件夹中对应一个CSHTML文件，文件名和Action名称一致。实际上，CSHTML文件就是一个HTML文件用于前端显示，只不过这类文件支持ASP.NET MVC的视图引擎。该目录中的文件夹和文件不能随意创建，必须和Controller、Action相对应。

　　在该目录下还有一个固定的Shared文件夹，负责存储控制器间共享视图，如模板页和布局页面等，这些文件可以复用。

　　（8）Models目录：该目录包含表示应用程序业务模型的类。模型控制并操作应用程序的数据。

　　（9）Global.asax文件：该文件是Web应用程序的全局设置文件，该文件包含响应ASP.NET或HTTP模块所引发的应用程序级别和会话级别事件的代码。Global.asax文件存放在项目根目录中，运行时分析此文件并将其编译到一个动态生成的.Net Framework类，该类从HttpApplication基类派生而来。当需要捕捉一些全局事件时，需要在此修改对应的事件响应函数。

以上对ASP.NET MVC工程目录进行了详细介绍，ASP.NET MVC开发者必须非常熟悉这个目录结构。这个目录结构本身就包含一些约定，这些约定需要开发者严格遵守并深入理解。ASP.NET MVC正式使用这种通俗的、简单的约定替代繁杂的配置工作，使开发者更容易上手，将精力聚焦于实际业务的实现，这也是ASP.NET MVC的一大优势。

3. 主要代码分析

初学者主要应该关注Controller和View，它们是应用程序的核心。下面对主要代码进行分析。

（1）Controller。在创建工程时，VS2019自动创建了HomeController.cs文件，该文件存放在Controller目录下，主要代码如下：

```
public class HomeController : Controller
{
  public ActionResult Index()
  {
    return View();
  }
  public ActionResult About()
  {
    ViewBag.Message = "Your application description page.";
    return View();
  }
  public ActionResult Contact()
  {
    ViewBag.Message = "Your contact page.";
     return View();
  }
}
```

HomeController类继承自Controller类，Controller是ASP.NET MVC控制器的基类，所有创建的Controller类都应该继承自该类。

在HomeController类中有三个方法，分别为Index、About、Contract，这三个方法的返回类型均为ActionResult类型，ActionResult是控制器方法执行后返回的结果类型。控制器方法可以返回一个直接或间接从ActionResult抽象类继承的类型，如果返回的是非ActionResult类型，控制器会将结果转换为ContentResult类型。ActionResult的类层次如图10-12所示。

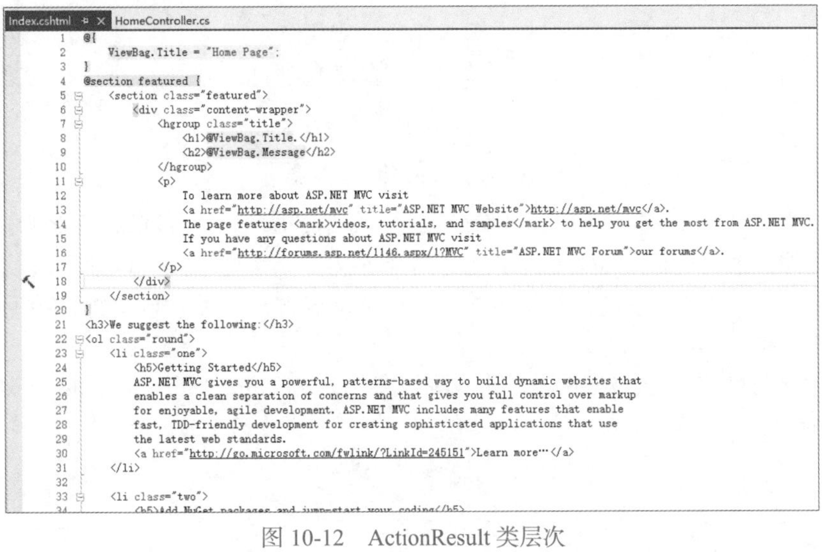

图 10-12　ActionResult 类层次

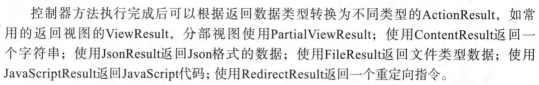

控制器方法执行完成后可以根据返回数据类型转换为不同类型的ActionResult，如常用的返回视图的ViewResult，分部视图使用PartialViewResult；使用ContentResult返回一个字符串；使用JsonResult返回Json格式的数据；使用FileResult返回文件类型数据；使用JavaScriptResult返回JavaScript代码；使用RedirectResult返回一个重定向指令。

在HomeController的三个方法中，都返回了View类型的实例，View方法是封装方法，不用New就可以实例化ViewResult。与此类似，Json方法封装JsonResult对象；File方法封装FileResult对象；Content方法封装ContentResult对象，Redirect方法封装RedirectResult对象。

（2）View。在HomeController控制器的三个方法中分别返回了View类型的对象，这个View对象的职责是为用户提供界面，即根据提供的模型数据，生成展示给用户的指定格式的界面。在ASP.NET MVC中主要使用两种视图引擎：Razor和aspx，在实际开发中Razor形式最为常用。在控制器中的三个方法都返回了View，那么这个界面在哪里，以何种形式展示呢？可以在该方法名字上右击，在弹出的快捷菜单中选择"转到视图"，即可打开视图文件，以Index方法为例，打开的文件如图10-13所示。

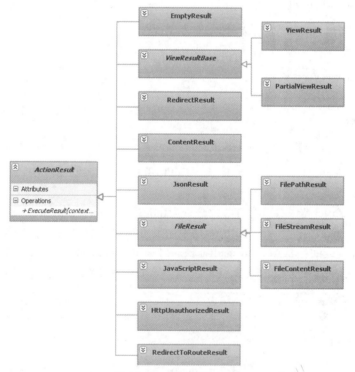

图 10-13　视图文件内容

从图10-12中的代码可以发现，该文件以HTML语言为主，文件的扩展名为.cshtml，这种形式的文件是采用的Razor视图引擎编写的视图文件。文件中@{}这种写法就是Razor语法，在10.2.3小节中将详细讲述其使用方法。在请求该方法之后，该视图将会返回给用户，在浏览器中显示。

另外，可以直接在解决方案的目录中找到该文件，以HomeController下的Index方法为例，如图10-14所示。

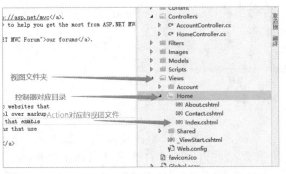

图 10-14　视图文件路径和控制器的对应关系

10.2.2　在应用程序中添加控制器、Action 和视图

第10.2.1小节分析了创建ASP.NET MVC应用程序时自动创建的控制器和视图，本小节将动手创建控制器和视图文件。

首先创建控制器，根据ASP.NET MVC中"约定大于配置"的原则，所有的Controller类都必须放到Controllers文件夹中，在Controllers文件处右击，在弹出的快捷菜单中选择"添加"|"控制器"，打开"添加控制器"对话框，如图10-15所示。

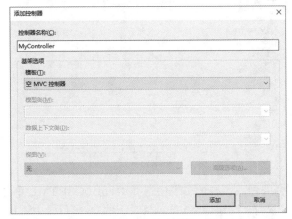

图 10-15　"添加控制器"对话框

在界面中输入控制器名称为MyController，在ASP.NET MVC中控制器类文件名必须以Controller结尾。在模板中选择"空MVC控制器"，单击"添加"按钮后生成控制器类文件。创建成功后生成如下代码：

```
public class MyController : Controller
{
    //
    // GET: /My/
    public ActionResult Index()
    {
        return View();
    }
}
```

通过代码可以看到，创建的MyController类继承自Controller类，在类内部默认添加了一个Index方法，该方法返回值为ActionResult类型，将这种方法称为Action方法，此方法能够接收用户发出的请求，并做出响应返回ActionResult类型数据。删除Index方法，添加自己的Action方法，具体代码如下：

```
[HttpGet]
    public ActionResult FirstActionMethod()
    {
        return View();
    }
```

在这段代码中，在方法之前加了注解[HttpGet]，表示该Action方法可以接收Get方式的请求，同理，如果需要接收Post方式的请求可以加上[HttpPost]注解。方法返回类型为ActionResult，在方法中返回了View的实例，View()方法封装了ViewResult对象，而ViewResult类又是ActionResult的子类。该方法返回一个视图，所以接下来需要创建Action对应的视图文件，在该方法名称上右击，选择"添加视图"，打开"添加视图"对话框，如图10-16所示。

图 10-16   "添加视图"对话框

其中，视图名称不需要修改，视图引擎中选择Razor（CSHTML），取消勾选"使用布局或母版页"复选框。单击"添加"按钮后在Views目录下的My子目录中添加了FirstActionMethod.cshtml文件，具体代码如下：

```
@{
    Layout = null; //使用母版页路径
}
<!DOCTYPE html>
<html>
<head>
    <meta name="viewport" content="width=device-width" />
    <title>FirstActionMethod</title>
</head>
<body>
    <div>
        hello world
    </div>
</body>
</html>
```

这段代码除去前3行外，是一个标准的HTML代码。在body中加入了hello world这段文字。

接下来运行程序，单击工具栏上的运行▶按钮，如图10-17所示。

图 10-17　运行按钮

可以在浏览器选择框中选择启动的浏览器，这里选择chrome浏览器，读者可以根据自己的计算机环境进行选择。运行后浏览器显示结果如图10-18所示。

图 10-18　运行后显示结果

从图10-18中的地址栏可以看到请求的地址为http://localhost:23486/，http为网络协议名称，localhost为主机地址，23486为端口号。启动程序后，VS2019将启动内置IIS服务器运行，实际上请求的地址为http://localhost:23486/Home/Index，这是默认的请求地址。在AppStart目录中的RoutConfig.cs文件中定义了默认的请求地址，具体配置代码如下：

```
routes.MapRoute(
        name: "Default",
        url: "{controller}/{action}/{id}",
        defaults: new { controller = "Home", action = "Index", id = UrlParameter.Optional }
    );
```

从代码中可以看到，通过default属性为新添加的路由地址设置了默认值。可以根据需要修改默认运行地址。

为了能够显示添加的视图，修改浏览器地址为http://localhost:23486/my/firstactionmethod，其中my为Controller的名称，firstactionmethod为Action名称。这样就通过浏览器向添加的my控制器中的FirstActionMethod方法发出了请求，这种通过浏览器地址发出的请求为Get请求，所以FirstActionMethod方法能够接收到请求，请求返回了一个视图在浏览器中显示，如图10-19所示。

图 10-19　请求结果

至此，已经介绍了如何添加控制器、Action方法、视图以及如何运行ASP.NET MVC应用程序。这是建立复杂应用的基础，读者要理解控制、Action、View之间的关系及如何在代码中体现。

10.2.3 使用视图引擎

扫一扫，看视频

10.2.2小节中创建了最简单的视图，视图中只包含一段hello world文字，本小节将着重介绍View视图及Razor视图引擎。

1. Razor视图引擎

Razor不是编程语言，它是一种服务器端标记语言，可以使用Razor向网页中嵌入基于服务器的代码（如C#语言）。在网页加载时，服务器端在向浏览器返回页面之前，会执行页面内基于服务器的代码。由于是在服务器端运行，这种代码可以执行复杂的任务，如访问数据库等。Razor基于ASP.NET，拥有传统的ASP.NET标记能力，但更容易使用。Razor的语法和PHP类似，Razor的主要语法规则如下（基于C#语言）：

- Razor代码置于@{...}中。
- 行内表达式（包括变量和表达式）以@开头。
- 代码语句以分号结尾。
- 字符串由引号包围。
- 对大小写敏感。

以下代码包含了基本的Razor语法规则。

```
<!-- 单行代码块，对应第二条规则 -->
@{ var myMessage =   "Hello World"; }

<!-- 行内表达式或变量，对应第二条规则 -->
<p>The value of myMessage is: @myMessage</p>

<!-- 多行语句代码块，对应第一条规则 -->
@{
var greeting = "Welcome to our site!";
var weekDay = DateTime.Now.DayOfWeek;
var greetingMessage = greeting + " Here in Huston it is: " + weekDay;
}
<p>The greeting is: @greetingMessage</p>
```

Razor是服务器端代码，ASP.NET中的内置对象都可以直接使用，以下代码演示了在Razor中使用ASP.NET中的Date对象。

```
<table border="1">
<tr>
<th width="100px">Name</th>
<td width="100px">Value</td>
</tr>
<tr>
<td>Day</td><td>@DateTime.Now.Day</td>
</tr>
<tr>
<td>Hour</td><td>@DateTime.Now.Hour</td>
</tr>
<tr>
```

```
<td>Minute</td><td>@DateTime.Now.Minute</td>
</tr>
<tr>
<td>Second</td><td>@DateTime.Now.Second</td>
</tr>
</td>
</table>
```

在Razor中可以定义变量来存储数据，变量的命名规则与C#一致，数据类型可以是int、float、decimal、bool、string等。以下代码演示了变量的使用。

```
// 使用 var 关键词:
var greeting = "Welcome to W3School";
var counter = 103;
var today = DateTime.Today;

// 使用 data 类型:
string greeting = "Welcome to W3School";
int counter = 103;
DateTime today = DateTime.Today;
```

在Razor中对程序的执行和C#类似，也有顺序、条件判断、循环三种基本结构。以下代码演示了条件判断结构的使用。

```
@{
var txt = "";
if(DateTime.Now.Hour > 12)
  {txt = "Good Evening";}
else
  {txt = "Good Morning";}
}
<html>
<body>
<p>The message is @txt</p>
</body>
</html>
```

循环结构可以使用for语句、while语句和foreach语句实现。
以下代码演示了使用for语句和while语句实现循环的方法。

```
<html>
<body>
//以下代码使用了for循环
@for(var i = 10; i < 21; i++)
  {<p>Line @i</p>}
</body>
</html>
//以下代码使用了while循环
<html>
<body>
@{
var i = 0;
while (i < 5)
  {
  i += 1;
  <p>Line #@i</p>
  }
}
```

```
</body>
</html>
```

以下代码演示了使用foreach语句实现循环的方法。

```
<html>
<body>
<ul>
@foreach (var x in Request.ServerVariables)
    {<li>@x</li>}
</ul>
</body>
</html>
```

2. 视图类型

在ASP.NET MVC中按照用途可以将视图分为普通视图、模板视图、分部视图。普通视图前文已经介绍过，模板视图类似于WebForm中的.master文件，起到在页面整体框架中复用的作用。在模板视图中设计好页面的结构，在需要填充的地方留好占位符，这样其他页面就可以使用该模板视图。以下代码演示了一个最简单的模板视图。

```
!DOCTYPE html>
<html>
<head>
    <title>@ViewBag.Title</title>
    <link href="@Url.Content("~/Content/Site.css")" rel="stylesheet" type="text/css" />
    <script src="@Url.Content("~/Scripts/jquery–1.5.1.min.js")" type="text/javascript"></script>
</head>

<body>
    @RenderBody()
</body>
</html>
```

在该视图中使用@RenderBody()标识出需要使用该视图页面进行填充的位置。@ViewBag.Title是一个标题的占位符，数据从ViewBag中获取。模板视图一般为共享内容，供多个文件使用，存放路径为Views\Shared，该文件夹一般存放一些公用的内容，文件名一般以"_"开始，将该文件命名为_Layout.cshtml。

当需要使用该模板视图去搭建一个网页时，只需要在页面首部加上引用的标记，后面加上网页的内容即可，代码如下：

```
@{
    Layout = "~/Views/Shared/_Layout.cshtml";
}
<div>
    填充RenderBody位置的内容
</div>
```

ASP.NET MVC中的分部视图相当于WebForm里的用户控件，目的是通过封装实现重用。使用分部视图可以简化代码，使逻辑更加清晰。首先，需要创建一个分部视图对应的Action，在上面的MyController控制器中添加新的Action方法，代码如下：

```
public ActionResult PartialAction()
{
    return PartialView();
}
```

接下来需要返回分部视图，所以需要使用PartialView来实例化ActionResult对象。然后为该Action添加分部视图，在方法名上右击，在弹出的快捷菜单中选择"添加视图"，打开"添加视图"对话框，如图 10-20 所示。

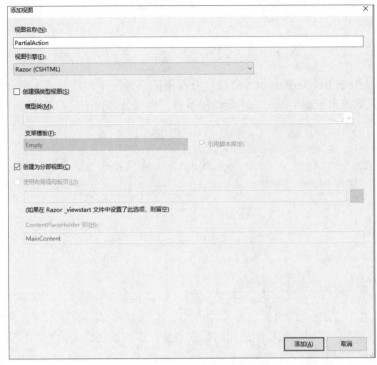

图 10-20　添加分部视图

在图 10-20 中勾选"创建为分部视图"复选框，单击"添加"按钮后自动创建了视图文件，在文件中添加以下代码：

```
<div>
    学号：2020001
    姓名：张三
</div>
```

由于是分部视图，所以代码中不包含html和body等标签，这些标签在使用分部视图的页面中已经定义。

接下来使用分部视图，在FirstActionMethod视图中可以直接使用，打开FirstActionMethod.cshtml文件，添加以下代码：

```
@{
    Layout = null; //使用母版页路径
}

<!DOCTYPE html>

<html>
<head>
    <meta name="viewport" content="width=device-width" />
    <title>FirstActionMethod</title>
</head>
<body>
<div>
```

```
    hello world
</div>
<div>
  @{
    Html.RenderPartial("PartialAction");              //输出分部视图
  }
</div>
</body>
</html>
```

代码中通过Html.RenderPartial方法输出分部视图，方法中需要传入Action的名称作为参数。分部视图只能依附于宿主视图，不能单独运行，使用分部视图后的结果如图10-21所示。

图 10-21　使用分部视图后的结果

10.2.4　前端和后端数据交互

扫一扫，看视频

在10.2.2小节和10.2.3小节中介绍了控制器和视图的基本用法，在实际工程中还需要实现控制器和视图之间的数据交互，即前端和后端的数据传递。本小节将详细介绍几种数据传递的方法。

1. 从后端到前端传递数据（控制器到视图）

扫一扫，看视频

（1）ViewData和ViewBag传值。视图中可以使用ViewData和ViewBag两种方式获取Controller传递过来的数据，ViewData和ViewBag都是控制器类的属性。ViewBag是动态类型，直到执行的时候才知道具体的数据；ViewData是一个字典类型。ViewData比ViewBag速度更快，ViewBag查询数据时不需要进行类型转换，而ViewData必须进行类型转换。

以下代码实现了使用ViewData进行数据传递，首先在Controller中为ViewData赋值。

```
public ActionResult UsingViewData()
    {
        Dictionary<string,int> scores = new Dictionary<string, int>();
        scores.Add("语文",90);
        scores.Add("数学", 88);
        scores.Add("英语",99);
        scores.Add("物理",87);
        ViewData["scores"] = scores;
        ViewData["name"] = "张三";
        ViewData["class"] = "七年级";
        ViewData["phone"] = "2221391";

        return View();
    }
```

在以上代码可以看出，ViewData是属于字典类型，所有引用方式都采用ViewData["key"]的方式。ViewData中可以存放各种类型的数据，但是对于复杂数据类型，在使用时需要进行类型转换。在代码中ViewData["scores"]中存放的是一个字典，用于存储各个科目的成绩。

UsingViewData对应的视图文件的代码如下：

```
@{
  Layout = null;
}
<!DOCTYPE html>
<html>
<head>
  <meta name="viewport" content="width=device-width" />
  <title>UsingViewData</title>
</head>
<body>
  <div>
    <h5>姓名：@ViewData["name"]</h5>
    <h5>班级：@ViewData["class"]</h5>
    <h5>电话：@ViewData["phone"]</h5>
    <table border="1" width="100%" align="center">
      <tr>
        <td>科目</td>
        <td>成绩</td>
      </tr>
      @foreach (var item in ViewData["scores"] as Dictionary<string, int>)
      {
        <tr>
          <td>@item.Key</td>
          <td>@item.Value</td>
        </tr>
      }
    </table>
  </div>
</body>
</html>
```

从代码中可以看到，对于简单的字符串数据类型直接使用即可，如代码中的ViewData["name"]，但是因为ViewData["scores"]中存放的是字典类型，所以在使用时需要进行类型转换。运行结果如图10-22所示。

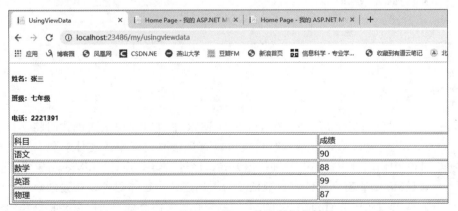

图 10-22　使用 ViewData 传递数据的结果

ViewBag的使用和ViewData类似，以下代码演示了使用ViewBag实现上面功能。
Controller中的代码如下：

```
public ActionResult UsingViewBag()
    {
        Dictionary<string, int> scores = new Dictionary<string, int>();
        scores.Add("语文", 90);
        scores.Add("数学", 88);
        scores.Add("英语", 99);
        scores.Add("物理", 87);
        ViewBag.Scores = scores;
        ViewBag.Name = "张三";
        ViewBag.Class = "七年级";
        ViewBag.Phone = "2221391";
        return View();
    }
```

视图中的代码如下：

```
@{
    Layout = null;
}
<!DOCTYPE html>
<html>
<head>
    <meta name="viewport" content="width=device-width" />
    <title>UsingViewData</title>
</head>
<body>
<div>
    <h5>姓名：@ViewBag.Name</h5>
    <h5>班级：@ViewBag.Class</h5>
    <h5>电话：@ViewBag.Phone</h5>
    <table border="1" width="100%" align="center">
        <tr>
            <td>科目</td>
            <td>成绩</td>
        </tr>
        @foreach (var item in ViewBag.Scores as Dictionary<string, int>)
        {
            <tr>
                <td>@item.Key</td>
                <td>@item.Value</td>
            </tr>
        }
    </table>
</div>
</body>
</html>
```

扫一扫，看视频

　　（2）通过Model传递。在ASP.NET MVC中可以在视图实例化时将实体对象传入，然后返回给客户端。客户端可以直接获取视图中的实体对象。这种方式是MVC中使用最为普遍的一种传值方式，通过强类型绑定，在View中可以很方便地通过Model的响应属性来获取值。为了构建一个实体对象，首先创建一个Student类。ASP.NET工程目录中的Models文件夹专门用来存放实体类型，所以需要将创建的Student类放入其中。Student类代码如下：

```
public class Student
    {
```

```
        public string Name { get; set; }
        public int Age { get; set; }
        public string Sex { get; set; }
        public string StuID { get; set; }
    }
```

然后在Controller中添加名为UsingModel的Action方法，代码如下：

```
public ActionResult UsingModel()
    {
        Student student = new Student();
        student.Name = "张三";
        student.Age = 22;
        student.Sex = "男";
        student.StuID = "2020001";
        return View(student);
    }
```

以上代码中，首先构建了一个student对象，然后使用View(student)将其传入View。对应的视图代码如下：

```
@{
  Layout = null;
}
@model FirstDemo.Models.Student

<!DOCTYPE html>

<html>
<head>
    <meta name="viewport" content="width=device-width" />
    <title>UsingModel</title>
</head>
<body>
    <div>
        <h5>姓名：@Model.Name</h5>
        <h5>性别：@Model.Sex</h5>
        <h5>年龄：@Model.Age</h5>
        <h5>学号：@Model.StuID</h5>
    </div>
</body>
</html>
```

以上代码中@model FirstDemo.Models.Student的作用是说明传入视图的实体对象的类型，可以直接使用Model来访问实体对象。运行结果如图10-23所示。

图 10-23 使用 Model 传递数据的结果

扫一扫，看视频

2. 前端View向后端Controller传值

大部分应用程序需要和用户进行交互，交互需要将用户的输入传送给服务器端，对于ASP.NET MVC来说，就是将视图中的数据传送给控制器的Action。在ASP.NET MVC中有以下几种方式可以实现交互。

（1）通过Url地址QueryString传值。这种传值方式简单，传递的数据会在浏览器的地址栏中显示，但其安全性差，传递的数据只能是简单数据类型，同时传递的数据量不能太大。Controller中的代码如下：

```
public ActionResult QueryString(string name, int age)
    {
        Student stu = new Student();
        stu.Name = name;
        stu.Age = age;
        return View(stu);
    }
```

在Action方法的参数中加上要传入的参数，这里接收姓名和年龄两个参数，在Action方法中利用这两个值构造一个Student对象，通过model传回视图。相应的视图代码如下：

```
@{
  Layout = null;
}
@model FirstDemo.Models.Student
<!DOCTYPE html>

<html>
<head>
  <meta name="viewport" content="width=device-width" />
  <title>QueryString</title>
</head>
<body>
  <div>
    姓名：@Model.Name
    年龄：@Model.Age
  </div>
</body>
</html>
```

程序运行后在浏览器地址栏中输入http://localhost:23486/my/querystring?name=abc&age=12。地址中"?"后面为要传入的参数，采用key=value的形式，当有多个参数时，参数间用"&"隔开。程序运行的结果如图10-24所示。

图 10-24　使用 QueryString 方式传值

扫一扫，看视频

（2）Url路由方式。在ASP.NET MVC中，请求一个控制器下的Action，这个Action可以添加参数，也就是路由参数。参数的定义在注册路由时，在RouteConfig.cs中定义，代码如下：

```
public static void RegisterRoutes(RouteCollection routes)
  {
    routes.IgnoreRoute("{resource}.axd/{*pathInfo}");
    routes.MapRoute(
      name: "Default",
      url: "{controller}/{action}/{id}",
      defaults: new { controller = "Home", action = "Index", id = UrlParameter.Optional } //id为action的参数
    );
  }
```

通过上面的定义，action可以接收一个名称为id的参数。Controller的代码如下：

```
public ActionResult UrlRoute(int id)
  {
    string txt = "接收到的id为" + id;
    return Content(txt);
  }
```

在这段代码中，action方法接收一个名为id的参数，接收到id的后拼接一个字符串，然后使用Content(txt)将其发送到客户端。因为使用的是ContentResult方式返回，所以无须创建视图文件。程序运行后在浏览器地址栏中输入http://localhost:23486/my/urlroute/12。其中，urlroute后面的12就是传递的id参数。运行结果如图10-25所示。

图 10-25　使用 Url 路由方式传值

（3）使用异步提交方式。在很多项目开发中，经常需要异步提交数据，可以在不刷新网页的情况下从服务器获取数据，这样既不浪费网络资源，也不会造成服务器的负载。异步方式实现有多种方式，如ajax、post、get方式，这三种方式的实现方法类似，下面以ajax方式为例进行说明。

扫一扫，看视频

首先，在Controller中添加Action，代码如下：

```
public ActionResult UsingAjax(string name, int age)
  {
    Student stu = new Student();
    stu.Name = name;
    stu.Age = age;
    return Json(stu);
  }
```

在这个方法中，接收到name和age参数后构建了一个Student对象，然后以Json形式返回给客户端，使用Json方法返回JsonResult对象。在视图中发出请求，代码如下：

```
@{
  Layout = null;
}
<!DOCTYPE html>
<html>
<head>
  <meta name="viewport" content="width=device-width" />
  <title>AjaxView</title>
```

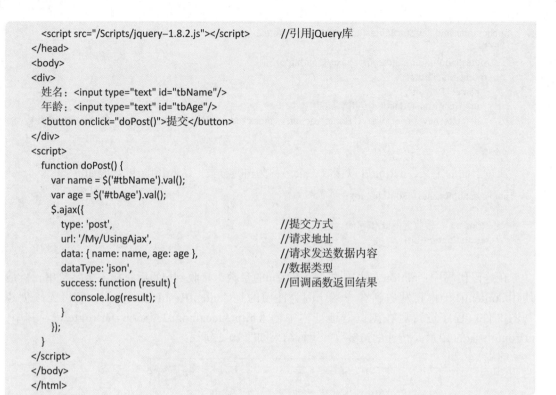

```
            <script src="/Scripts/jquery-1.8.2.js"></script>      //引用jQuery库
        </head>
        <body>
        <div>
            姓名： <input type="text" id="tbName"/>
            年龄： <input type="text" id="tbAge"/>
            <button onclick="doPost()">提交</button>
        </div>
        <script>
            function doPost() {
                var name = $('#tbName').val();
                var age = $('#tbAge').val();
                $.ajax({
                    type: 'post',                          //提交方式
                    url: '/My/UsingAjax',                  //请求地址
                    data: { name: name, age: age },        //请求发送数据内容
                    dataType: 'json',                      //数据类型
                    success: function (result) {           //回调函数返回结果
                        console.log(result);
                    }
                });
            }
        </script>
        </body>
        </html>
```

　　为了能够使用Ajax方法，首先要在网页中引入jQuery库，获取网页中输入控件的内容，然后将内容封装成一个Json数据发送到请求地址，服务器端返回后在回调函数中获取返回数据，通过console.log()方法输出到控制台，具体运行结果如图10-26所示。

图 10-26　通过 Ajax 方式传值

扫一扫，看视频

　　（4）表单方式提交。当要传输的数据较多时，可以使用表单一次性地将表单内的数据提交到服务器。首先，在Controller中新建Action，代码如下：

```
public ActionResult UsingForm(string name, int age, string stuid)
  {
    Student stu = new Student();
    stu.Name = name;
    stu.Age = age;
    return Redirect("/My/FirstActionMethod");
  }
```

这段代码和上面的Action类似，只不过在最后返回RedirectResult类型数据，实现了页面的跳转。提交表单的视图文件代码如下：

```
@{
  Layout = null;
}

<!DOCTYPE html>

<html>
<head>
  <meta name="viewport" content="width=device-width" />
  <title>FormView</title>
</head>
<body>
  <div>
    <form action="/my/usingform" method="post">
      姓名：<input type="text" name="Name"/>
      年龄：<input type="text" name="Age"/>
      学号：<input type="text" name="StuID"/>
      <input type="submit" value="提交"/>
    </form>
  </div>
</body>
</html>
```

在代码中添加form表单，表单的属性action为请求的地址，method为请求方式，表单内部包含若干个input类型控件，每个控件设置name属性，name的值和服务器端Action方法的参数名称一致。这样可以将表单数据一次性地提交到服务器。当表单中的控件较多时，在Action方法中就有很多参数，可以将代码改进一下，将表单内的数据封装为一个类，在Action中使用该类，这个类使用上面用到的Student类。改进后的代码如下：

```
public ActionResult UsingForm(Student stu)
  {
    string name = stu.Name;
    return Redirect("/My/FirstActionMethod");
  }
```

这里需要注意，每个input类型控件的name属性必须和实体类中的属性名称一致。

10.3 思考题

1. ASP.NET MVC中"约定大于配置"原则在工程项目中如何体现？
2. ASP.NET MVC中如何处理路由？
3. 如何将前端表单收集到的数据发送给后端？有几种实现方法？并说明各实现方法的适

用场景。

4．ASP.NET MVC中对客户端请求进行响应，返回的数据类型有哪几种？并说明各类型的适用场景。

10.4 实战练习

创建一个企业网站，网站中主要的数据由各种类型的文章组成，每个文章由标题、内容、分类、发表日期组成。主要的页面分为两类，一类是使用列表展示多条数据记录，另一类是展示文章详情（对应一条记录）。整个网站包含前端展示部分和后台管理部分。前端展示部分主要用于展示文章内容，后台管理部分负责对文章进行管理（增、删、改、查等操作）。

📢 说明：

设计前端页面时，读者可以参考现有的网站，下载网站的HTML代码后进行相应修改。在开发时可以按照以下流程：先根据需求设计控制器，如文章的展示部分可以放到一个控制器中，文章的管理部分可以放到另一个控制器中；然后细化每个控制器的方法，如展示文章内容可以设计成一个Action，规划好Url；接下来对每个控制器中的方法确定需要的数据模型结构，如展示文章的方法，输入参数为文章的ID，返回值为文章数据模型对象；最后，给每个控制器方法添加视图，这里会使用到jQuery的异步提交方法。

第 11 章

ASP.NET Core 编程

学习引导

本章讲解 ASP.NET Core 的入门知识，内容包括 .NET Core 的架构；.NET Core 的特性和应用场景 ；.NET Core 的安装 ；ASP.NET Core 应用程序的创建方法和 ASP.NET 网站的发布。通过本章的学习，读者能快速熟悉用 ASP.NET Core 进行网站开发的基本方法，为后期的学习和开发奠定良好的基础。

内容浏览

11.1 .NET Core介绍

2014年，Microsoft开始编写.NET Framework的跨平台开源后续产品。.NET的新实现被命名为.NET Core，直到.NET Core 3.1。.NET Core 3.1之后的版本是.NET 5，2020年11月11日已正式发布。.NET 4被跳过，以避免.NET的此实现和.NET Framework 4.8混淆。.NET 5的架构如图11-1所示。

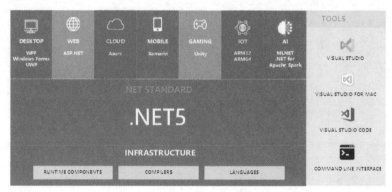

图 11-1　.NET 5 架构

.NET 5 是.NET Framework和.NET Core核心的结合，旨在统一.NET平台，微软将其描述为".NET的未来"。

11.1.1 .NET Core 的特性和应用场景

.NET Core是一个开源通用的开发框架，支持跨平台，即支持在Windows、macOS和Linux等系统上的开发和部署。可以在硬件设备、云服务和嵌入式/物联网方案中使用。.NET Core的源码放在GitHub上，由微软官方和社区共同支持。

.NET Core具有以下特性：

- 跨平台：可以在Windows、macOS和Linux操作系统中运行。
- 跨体系结构保持一致：在多个体系结构（包括x64、x86和ARM）上以相同的行为运行代码。
- 命令行工具：包括用于本地开发和持续集成方案中易于使用的命令行工具。
- 部署灵活：可以包含在应用或已安装的并行用户或计算机范围中，可搭配Docker容器使用。
- 兼容性：.NET Core通过.NET Standard与.NET Framework、Xamarin和Mono兼容。
- 开放源：.NET Core是一个开放源平台，使用MIT和Apache 2许可证，.NET Core是一个.NET Foundation项目。
- 由 Microsoft 支持：.NET Core背后依托强大的Microsoft团队进行维护。

.NET Core的应用场景如下：

- 跨平台。如果开发的应用程序（Web /服务）需要在多个平台（Windows、Linux和macOS）上运行，请使用.NET Core。除了使用集成开发环境（IDE）Visual Studio开发.NET Core应用程序外，还可以使用Visual Studio Code，该工具可在macOS、Linux和Windows操作系统中运行。 Visual Studio Code支持.NET Core，包括IntelliSense和调试。大多数第三方编辑器（如Sublime、Emacs和VI）都可以使用.NET Core。这些第三方编辑器使用Omnisharp获得编辑器IntelliSense。当然，也可以避免使用任何代码编辑器，而直接使用适用于所有受支持平台的.NET Core CLI。

- 微服务。微服务架构允许跨服务边界混合使用多种技术。这种技术组合使.NET Core可以与其他微服务或服务兼容。例如，可以混合使用.NET Framework、Java、Ruby或其他单片技术开发的微服务或服务。

- 使用Docker容器。容器通常与微服务架构结合使用。容器还可以用于容器化遵循任何体系结构模式的Web应用程序或服务。.NET Framework可以在Windows容器上使用，但是.NET Core的模块化和轻量级的特性使其成为容器的更好选择。创建和部署容器时，.NET Core的映像大小比.NET Framework小得多。因为它是跨平台的，可以将服务器应用程序部署到Linux Docker容器。

- 需要高性能和可扩展的系统。当应用程序需要最佳的性能和可伸缩性时，.NET Core和ASP.NET Core是最佳选择。Windows Server和Linux的高性能服务器运行时使.NET成为TechEmpower基准测试中性能最高的Web框架。使用ASP.NET Core，系统运行的服务器/虚拟机（VM）数量少很多。减少的服务器/虚拟机节省了基础架构和托管成本。

- 每个应用程序需要并行的.NET版本。要安装依赖于不同版本.NET的应用程序，建议使用.NET Core。.NET Core可在同一台计算机上并行安装不同版本的.NET Core。这种并行安装允许在同一服务器上提供多个服务，每个服务都在其自己的.NET Core版本上。它还降低了风险，并节省了应用程序升级和IT运营的费用。

11.1.2 .NET Core 的安装

在安装VS2019时，如果勾选了.NET Core，就不需要再单独安装了。如果不确定是否已经安装了.NET Core，可以打开"命令提示符"工具，执行dotnet --info命令，如果出现如图11-2所示的信息，说明系统中已经安装了相应的.NET Core。否则需要单独安装.NET Core。打开"控制面板"，依次选择"程序"｜"程序和功能"，在Visual Studio 2019上右击，在弹出的快捷菜单中选择"更改"，正常会弹出Visual Studio Installer窗口，有可能会提示更新，按照要求更新后，在弹出的"工作负载"窗口中勾选".NET Core跨平台开发"，按照提示下载安装即可，如图11-3所示。

图 11-2　使用 dotnet--info 命令查看是否安装 .NET Core

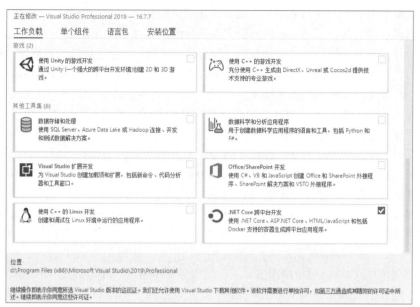

图 11-3　安装 .NET Core

　　另外，可以直接去微软官网（https://dotnet.microsoft.com/download/dotnet-core/3.1）自行下载并安装.NET Core。安装好后，就可以创建ASP.NET Core应用程序。

11.2　ASP.NET Core

扫一扫，看视频

　　ASP.NET Core用于构建Web应用、API和微服务的Web框架。它使用常见的模式，如MVC、依赖注入或由中间件构成的请求处理管道等。它基于Apache 2.0许可证开放源码，也就是说，源代码可以自由获取，并且欢迎社区成员以缺陷修复和新功能提交的方式进行贡献。

　　ASP.NET Core运行在.NET上，就像Java的虚拟机（JVM）或者Ruby的解释器。C#、Visual Basic和F#都可以被用来编写ASP.NET Core程序，最常用的是C#。

11.2.1　使用命令行创建 ASP.NET Core 应用程序

扫一扫，看视频

　　打开命令提示符工具，输入以下命令：

```
mkdir ASPNetCoreDemo1
```

　　创建一个名为ASPNetCoreDemo1的目录，用来存放ASP.NET Core应用程序，如图11-4所示。

扫一扫，看视频

图 11-4　创建 ASP.NET Core 应用程序目录

接着输入以下命令：

cd ASPNetCoreDemo1

切换到刚刚创建的目录，如图11-5所示。

图 11-5 切换到 ASP.NET Core 应用程序目录

然后输入以下命令：

dotnet new web

创建一个ASP.NET Core空应用程序，如图11-6所示。

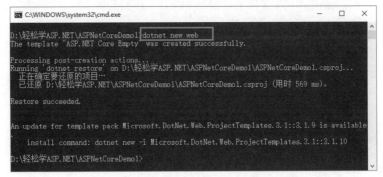

图 11-6 创建 ASP.NET Core 空应用程序

最后输入以下命令：

dotnet run

运行刚刚创建的ASP.NET Core空应用程序，如图11-7所示。

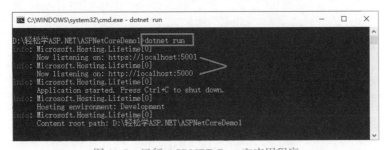

图 11-7 运行 ASP.NET Core 空应用程序

打开浏览器，在地址栏中输入http://localhost:5000，如果一切正常，可以看到页面输出"Hello World!"，如图11-8所示。

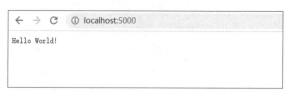

图 11-8　ASP.NET Core 空应用程序运行结果

在11.2.2小节会详细分析ASP.NET Core应用程序中的内容。

11.2.2　在 VS2019 中创建 ASP.NET Core 应用程序

扫一扫，看视频

打开VS2019，依次选择"创建新项目"|"创建ASP.NET Core Web应用程序"，然后输入项目的名称，设置项目的存放位置，单击"创建"按钮，弹出"创建新的ASP.NET Core Web应用程序"窗口，如图11-9所示。

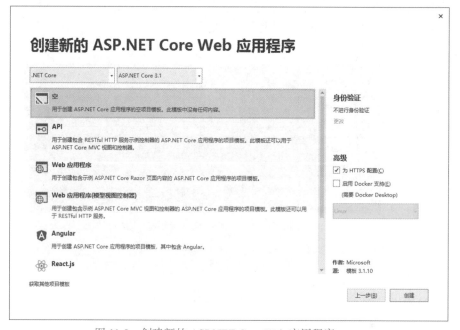

图 11-9　创建新的 ASP.NET Core Web 应用程序

在图11-9的窗口中选择"空"项目模板，单击"创建"，可以看到VS2019解决方案资源管理器中已经创建好了该项目，如图11-10所示。

图 11-10　ASP.NET Core 空项目结构

其运行结果与11.2.1小节中图11-8的运行结果一样。从图11-10中可以看出，该项目结构比较简单，只有launchSettings.json、appsettings.json、Program.cs和Startup.cs四个文件。下面对这四个文件进行详细分析。

（1）launchSettings.json文件主要配置各种类型的端口号及站点信息，其代码如下：

```
{
  "iisSettings": {
    "windowsAuthentication": false,
    "anonymousAuthentication": true,
    "iisExpress": {
      "applicationUrl": "http://localhost:50125",
      "sslPort": 44376
    }
  },
  "profiles": {
    "IIS Express": {
      "commandName": "IISExpress",
      "launchBrowser": true,
      "environmentVariables": {
        "ASPNETCORE_ENVIRONMENT": "Development"
      }
    },
    "ASPNetCore2": {
      "commandName": "Project",
      "launchBrowser": true,
      "applicationUrl": "https://localhost:5001;http://localhost:5000",
      "environmentVariables": {
        "ASPNETCORE_ENVIRONMENT": "Development"
      }
    }
  }
}
```

（2）appsettings.json文件主要配置一些日志信息和Token验证等json数据，其代码如下：

```
{
  "Logging": {
    "LogLevel": {
      "Default": "Information",
      "Microsoft": "Warning",
      "Microsoft.Hosting.Lifetime": "Information"
    }
  },
  "AllowedHosts": "*"
}
```

（3）Program.cs是程序的主入口。ASP.NET Core应用程序需要由Host（宿主）进行管理，宿主为其提供运行环境并负责启动。所以Main函数主要用来初始化宿主环境，而宿主环境的初始化需要借助WebHostBuilder。初始化完毕，调用Run()方法来启动应用程序。

（4）Startup.cs是ASP.Net Core 启动类，它是在程序入口Main()函数中为了构造IWebHost通过UseStartup<Startup>()指定的，但通常使用系统默认的Startup，可以通过Startup的构造函数进行依赖注入，Startup类中必须包含Configure方法，同时可以根据实际情况添加ConfigureServices方法，这两个方法均在应用程序运行时被调用。Startup 类的执行顺序为构造→ ConfigureServices →Configure。ConfigureServices方法与Configure方法介绍如下：

- ConfigureServices方法：主要用于服务配置，如依赖注入（DI）的配置，使用时该方法必须在Configure方法之前。
- Configure方法：主要用于应用程序响应HTTP请求，通过向IApplicationBuilder实例添加中间件组件来配置请求管道。

11.2.3　ASP.NET Core Web 应用程序模板

VS2019提供了多种ASP.NET Core Web应用程序模板，常用的有空项目、API、Web应用程序和Web应用程序（模型视图控制器）等。

1. ASP.NET Core空项目

在11.2.2小节中创建的ASP.NetCore2项目使用的就是这种模板。使用该模板创建项目时，默认不能创建controllers、views和razorpages，但是仍然可以处理简单的网络请求。也可以将其扩展为API、Web应用程序、Web应用程序（模型-视图-控制器）。扩展的方法是在ConfigureServices()方法中注入相关的服务，然后在app.UseEndpoints()方法中进行路由的映射。

2. ASP.NET Core API项目

在VS2019中创建一个ASP.NET Core Web API项目，其生成的项目结构如图11-11所示。

图 11-11　ASP.NET Core API 项目结构

直接运行该项目，其运行结果如图11-12所示。

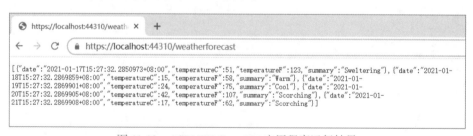

图 11-12　ASP.NET Core API 应用程序运行结果

ASP.NET Core Web API项目相比空模板的项目，多出来如下内容。

（1）注册了controllers服务，代码如下：

```
public void ConfigureServices(IServiceCollection services)
{
    services.AddControllers();
}
```

（2）终结点映射设置中直接将所有的请求映射到controller上，路由规则由具体的Controller上的特性规定，代码如下：

```
app.UseEndpoints(endpoints =>
{
   endpoints.MapControllers();
});
```

API项目Controllers中WeatherForecastController的默认代码如下：

```
namespace ASPNetCoreAPI.Controllers
{
[ApiController]
[Route("[controller]")]
public class WeatherForecastController : ControllerBase
{
   private static readonly string[] Summaries = new[]
   {
      "Freezing", "Bracing", "Chilly", "Cool", "Mild", "Warm", "Balmy", "Hot", "Sweltering", "Scorching"
   };

   private readonly ILogger<WeatherForecastController> _logger;

   public WeatherForecastController(ILogger<WeatherForecastController> logger)
   {
      _logger = logger;
   }

   [HttpGet]
   public IEnumerable<WeatherForecast> Get()
   {
      var rng = new Random();
      return Enumerable.Range(1, 5).Select(index => new WeatherForecast
      {
         Date = DateTime.Now.AddDays(index),
         TemperatureC = rng.Next(-20, 55),
         Summary = Summaries[rng.Next(Summaries.Length)]
      })
      .ToArray();
   }
}
}
```

从上述代码可以看出，API项目中已经默认包含了HTTP的Get请求操作，也可以很容易地添加Post操作。

API项目包含对 HTTP 内容协商的支持，内置支持以 Json 或 XML 格式化的数据。编写自定义格式化程序已添加对自有格式的支持。使用链接生成对超媒体的支持，启用对跨资源共享（CORS）的支持，以便 Web API 可以在多个 Web应用程序之间共享。

3. ASP.NET Core Web应用程序

在VS2019中创建一个ASP.NET Core Web 应用程序项目，其生成的项目结构如图11-13所示。

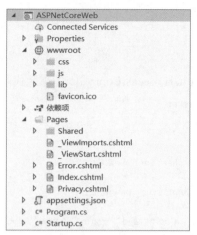

图 11-13　ASP.NET Core Web 项目结构

直接运行该项目，其运行结果如图11-14所示。

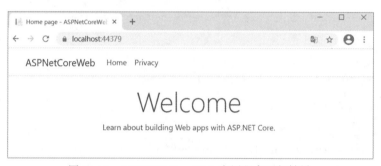

图 11-14　ASP.NET Core Web 应用程序运行结果

这个项目相比空模板项目多出如下内容。

（1）注册了RazorPages服务，代码如下：

```
public void ConfigureServices(IServiceCollection services)
{
    services.AddRazorPages();
}
```

（2）终结点映射设置中直接将所有的请求映射到RazorPages上，代码如下：

```
app.UseEndpoints(endpoints =>
{
    endpoints.MapRazorPages();
});
```

Razor 是一种将基于服务器的代码添加到网页中的标记语法，它具有传统 ASP.NET 标记的功能，更容易使用且更容易学习。ASP.NET Core Web应用程序使用RazorPage来开发，代码以页面为中心，开发起来更简单、更高效。

4. ASP.NET Core Web应用程序（MVC）

在VS2019中创建一个ASP.NET Core Web 应用程序（MVC）项目，其生成的项目结构如图11-15所示。

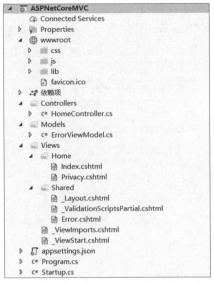

图 11-15　ASP.NET Core Web（MVC）项目结构

可以看到ASP.NET Core Web 应用程序（MVC）模板创建了Models、Views以及Controller文件夹，此外还创建了特别的文件，如JavaScript、CSS、Layout文件等。这些都是创建Web应用程序所必需的文件。

直接运行该项目，其运行结果如图11-16所示。

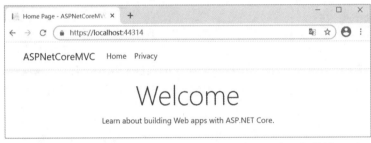

图 11-16　ASP.NET Core Web（MVC）应用程序运行结果

这个项目相比空模板项目多出如下内容。

（1）注册了Controller和Views服务，代码如下：

```
public void ConfigureServices(IServiceCollection services)
{
    services.AddControllersWithViews();
}
```

（2）终结点映射设置中直接将所有的请求映射到指定了规则的路由上，代码如下：

```
app.UseEndpoints(endpoints =>
{
    endpoints.MapControllerRoute(
        name: "default",
        pattern: "{controller=Home}/{action=Index}/{id?}");
});
```

除了上面介绍的四种常用应用程序模板，VS2019中还提供了Angular、React.js和React.js and Redux三种模板，里面集成了前端框架，方便开发相应的Web应用程序。因篇幅有限，不对其进行详细介绍，感兴趣的读者可自行搜索了解。

下面对四种常用ASP.NET Core Web应用程序模板的应用场景进行总结，见表11-1。

图 11-1　常用 ASP.NET Core Web 应用程序模板的应用场景

应用程序模板	应用场景
空项目	适用于特别简单的项目（如几个 API 的应用）
API 项目	一般是基于此项目引入其他（mvc、api 等）的服务后再使用
Web 应用程序	前后端分离项目
Web 应用程序（MVC）	用来开发 ASP.NET Core Restful HTTP 服务

11.3 思考题

1. 什么是ASP .NET Core ？
2. ASP .NET Core有哪些好的功能？
3. 什么是ASP .NET Core的startup类？
4. 什么是Razor页面？
5. 简述用命令行创建ASP.NET Core应用程序的过程。
6. 简述ASP.NET Core Web应用程序模板的应用场景。

11.4 实战练习

利用ASP.NET Core和SQLite，开发一个简单的新闻展示小程序，能够将新闻的标题和发布时间以列表的方式展示出来，单击具体的新闻时，能够显示该新闻的详细信息。

4

项目实战

第 12 章

ASP.NET 案例开发——在线考试系统

学习引导

从本章开始使用前 11 章学到的 ASP.NET 技术进行实际案例开发。本章介绍在线考试系统开发的整个过程、关键技术点、各个模块的实现过程。通过本章的实例，演示如何活学活用所介绍的知识点，提高读者的实际案例开发能力。

扫一扫，看视频

内容浏览

12.1 系统分析与设计

12.1.1 开发背景

本章介绍的在线考试系统案例是一个典型的Web应用程序。本案例以大学计算机基础考试作为实际应用场景，开发一个支持学生在线考试并能够自动评分；试卷根据试题库和抽题规则进行随机自动组卷；教师可以设置题库、抽题规则、导入学生名单、导出学生成绩单等功能的应用程序。这是一个具有实际应用价值的案例，读者可以实际需求，以该案例为基础开发自己的在线考试系统。

12.1.2 需求分析

传统的学校在组织大规模考试时，一般采用纸质试卷的方式。这种方式需要经过一系列烦琐的操作，前期需要教师出试卷、印刷厂制作试卷；中期需要组织考试、安排考场、调配监考人员；后期需要手工判卷、录入成绩等，工作效率较低。随着计算机技术的发展，在线考试能够大大简化考试流程，试卷内容可以从题库中自动抽取，计算机随机组卷使各个学生的试卷题目不同，可以有效地防止作弊；考试时间结束系统自动收卷，计算机自动评分，成绩单可以导出到Excel表格，极大地简化了考试的流程。

12.1.3 设计目标

在线考试系统一般可以组织以客观题为主的各类考试。通过本系统可以达到以下目标：
（1）界面友好、操作方便、不用培训即可使用。
（2）管理员可以维护教师信息和班级信息。
（3）教师可以维护题库、班级人员，支持导入和导出相关信息。
（4）教师可以设置试卷生成规则、题目分值等。
（5）系统支持随机生成试卷，不同学生试卷不同。
（6）全方位的查询功能，提高工作效率。
（7）学生考试时间结束自动交卷。
（8）考试过程答题结果实时保存，防止由于计算机故障造成答题记录丢失。
（9）系统安装简单、易维护。

12.1.4 系统主要功能模块

在线考试系统主要包含三大部分：系统管理员模块、教师管理模块和学生考试模块。系统管理员主要负责对教师的管理；教师主要负责导入学生名单、维护自己课程的题库、设置试卷抽题规则、导出成绩单等；学生使用学号和身份证号登录系统进行考试或练习，考试完成后能够自动评分，现场出成绩。试卷中的试题可以包括各种类型的客观题，如单选题、多选题、判断题。

系统管理员模板主要功能如下：
（1）教师信息管理：实现对教师信息的添加、修改、删除、查询等操作。

（2）班级信息管理：实现对班级信息的添加、修改、删除、查询等操作。

教师管理模块主要功能如下：

（1）学生管理：实现对学生信息的添加、修改、删除、导入、导出、查询等操作。

（2）题库管理：实现对试题库的管理，包括设置章节、试题维护、导入试题等。

（3）抽题规则设置：设置随机试卷的组卷规则，包括题目类型、题目数量、分值、章节试题比例等。

（4）考试时间设置：设置规定的考试时间，超过该时间后学生不能参加考试，已经进入考试的同学将自动交卷。

（5）练习考试模式设置：教师可以切换练习模式和考试模式，考试模式下将自动关闭练习模式防止学生作弊。

学生管理主要功能如下：

（1）系统登录：学生通过学号和身份证号登录系统。

（2）在线考试：学生登录系统后进行在线答题，试卷随机生成，学生每做一道题，系统自动将答题结果上传到服务器防止由于故障导致答题记录丢失；学生答题完成后自动显示考试成绩。

（3）在线练习：考试之前教师可以设置成练习模式，学生可以浏览题库中的试题进行练习，每道题答完都会显示正确答案，方便学生了解自己的知识掌握水平。

12.1.5 业务流程

扫一扫，看视频

为了让读者更好地理解本项目，下面给出在线考试系统的主要业务流程。本系统的使用者包括三类用户，分别为系统管理员、教师、学生。下面分别对不同角色用户的操作流程进行说明。

系统管理员主要负责系统的运行和维护，主要业务流程如图12-1所示。

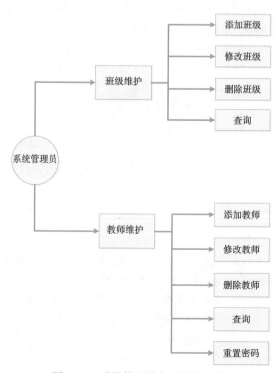

图 12-1　系统管理员主要业务流程

教师主要负责学生信息、题库和试卷的管理等，可以独立组织考试，具体流程如图12-2所示。

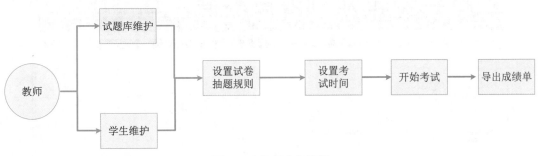

图 12-2　教师业务流程

学生通过浏览器登录考试系统进行答题，考试完毕自动交卷，然后返回查看考试成绩，具体流程如图12-3所示。

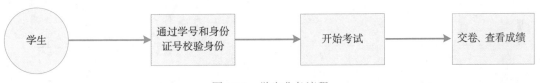

图 12-3　学生业务流程

12.1.6　系统预览

在线考试系统由多个页面组成，下面列举几个典型的页面，其他页面可以参考随书附带的源程序。

整个系统包括两个大模板，一个是后台管理模块，用于管理和组织考试，主要使用者是系统管理员和教师，另一个是给学生使用的在线考试模块。

扫一扫，看视频

后台管理模块主页面如图12-4所示。

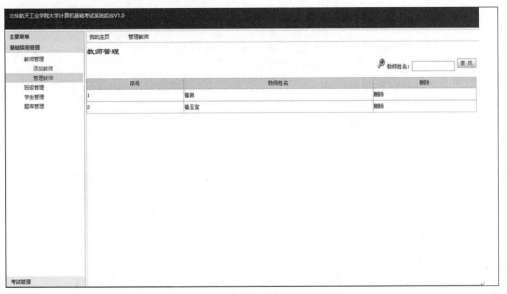

图 12-4　考试系统后台管理主页面

学生考试页面如图 12-5 所示。

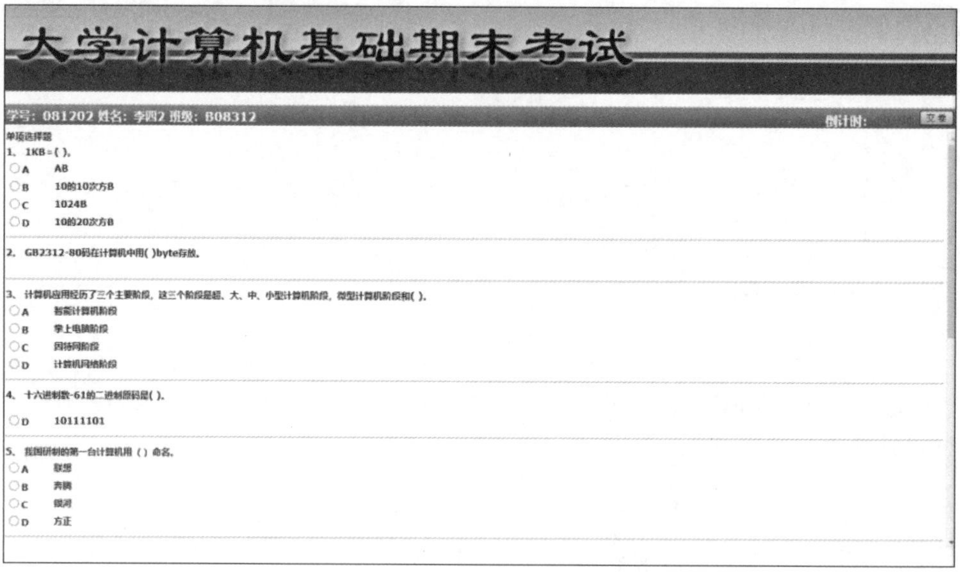

图 12-5　学生考试页面

12.1.7　开发环境

扫一扫，看视频

1. 系统开发环境

- IDE：Microsoft Visual Studio 2019 集成开发环境。
- 开发语言：ASP.NET 和 C#。
- 数据库：SQL Server 2019（书中代码支持各个版本的SQL Server数据库，读者可以根据实际环境进行开发）。

开发环境运行环境：Windows 10 或 Windows 7。

2. 服务器端环境

操作系统：Windows Server 2008 或 Windows Server 2012。

Web服务器：Internet信息服务（IIS）管理器。

数据库服务器：SQL Server 2019（书中代码支持各个版本的SQL Server数据库，读者可以根据实际环境进行部署）。

框架支持：Microsoft .NET Framework 4.5。

3. 客户端

浏览器：Windows、Linux、macOS操作系统，Chrome、Firefox或IE 浏览器。

最佳分辨率：1024 像素 × 768 像素。

12.1.8　数据库设计

扫一扫，看视频

1. 数据库概要说明

为了让读者对本系统数据库中的数据库表有一个更清晰的认识，以下对数据表进行相关描述。本系统中的数据库采用SQL Server 2019（或其他版本）实现，名称为ComputerTestDB，共包含7张数据表，下面给出各个表的概要说明。

- AppSetting：系统配置信息表。
- Chapter：题库章节信息。
- Question：试题库信息表。
- Classes：班级信息表。
- Student：学生信息表。
- Teacher：教师信息表。
- PaperConfig：试卷配置信息表。

2. 数据库逻辑结构设计

（1）AppSetting：系统配置信息表，结构见表12-1。该表用于存储应用程序运行时需要的一些全局的配置信息，主要包括模式状态（考试和练习模式）、考试时间（分钟）、试卷总分等。

表 12-1　AppSetting 表结构

字段名	数据类型	默认值	必填字段	说　明
ID	Bigint	无	是	主键、自增
TestOrTrain	Varchar(50)	考试	是	考试模式和练习模式设置
TestTime	Bigint	60	是	考试时间（分钟）
Score	Int	0	是	试卷总分

（2）Chapter：题库章节信息表，结构见表12-2。系统需要按照题库中的章节比例进行组卷，所以需要为试题加上题库章节信息，Chapter表用于存储题库中涉及的章节信息。

表 12-2　Chapter 表结构

字段名	数据类型	默认值	必填字段	说　明
ID	Bigint	无	是	主键、自增
ChapterName	Varchar(50)	无	是	章节名称

（3）Question：试题库信息表，结构见表12-3。该表主要用于存储题库试题信息，主要包括题目信息、正确答案、章节、分值等。

表 12-3　Question 表结构

字段名	数据类型	默认值	必填字段	说　明
ID	Bigint	无	是	主键、自增
ChapterName	Varchar(50)	无	是	章节名称
Title	Varchar(1000)	无	是	题干内容
A	Varchar(1000)	无	是	选项1
B	Varchar(1000)	无	是	选项2
C	Varchar(1000)	无	否	选项3
D	Varchar(1000)	无	否	选项4
RightAnswer	Varchar(50)	无	是	正确答案
Code	Varchar(50)	无	是	题目编码

（4）Classes：班级信息表，结构见表12-4。该表主要用于存储学生的班级信息，方便以班级为单位组织考试。

表 12-4 Classes 表结构

字段名	数据类型	默认值	必填字段	说 明
ID	Bigint	无	是	主键、自增
ClassName	Varchar(50)	无	是	班级名称

（5）Student：学生信息表，结构见表12-5。该表用于存储学生的基本信息，包括学生资料、考试状态、考试成绩等信息。

表 12-5 Student 表结构

字段名	数据类型	默认值	必填字段	说 明
ID	Bigint	无	是	主键、自增
StuID	Varchar(50)	无	是	学号
StuName	Varchar(40)	无	是	学生姓名
ClassName	Varchar(50)	无	是	班级名称
State	Int	0	是	考试状态
Score	Int	0	是	考试成绩
Idcardno	Varchar(50)	无	是	身份证号

（6）Teacher：教师信息表，结构见表12-6。该表用于存储教师的基本信息，方便对教师进行管理。

表 12-6 Teacher 表结构

字段名	数据类型	默认值	必填字段	说 明
ID	Bigint	无	是	主键、自增
TeacherName	Varchar(50)	无	是	教师姓名
TeacherPsw	Varchar(50)	无	是	教师登录密码

（7）PaperConfig：组卷规则表，结构见表12-7。该表用于存储试卷生成的组卷规则，需要指定每个章节抽取试题的数量和每个题目的分值，在生成试卷时随机抽取。

表 12-7 PaperConfig 表结构

字段名	数据类型	默认值	必填字段	说 明
ID	Bigint	无	是	主键、自增
ChapterName	Varchar(50)	无	是	章节名称
SelNum	Int	0	是	抽题数量
Score	Int	0	是	每题的分值

3. 学生试卷的保存

学生的试卷采用XML格式的文件进行存储，文件名为学生学号，学生登录考试系统时自动生成。学生在答题过程中实时存储答题结果，学生交卷时修改考试状态。以独立的文件形式存储的好处是避免了频繁地执行SQL语句，同时当服务器出现问题时可以方便地迁移数据。该XML文件的结构如下：

```
<?xml version="1.0" encoding="utf-8"?>
<Root>
 <Student ID="201322003">
  <Name>姜毅鹏</Name>
  <ClassName>B131A1</ClassName>
  <BeginTime>2013/12/23 AM 10:30:43</BeginTime>
```

```
    <TimeSpan>60</TimeSpan>
    <State>未考</State>
  </Student>
  <Questions>
   <Question id="1">
    <ID>1</ID>
    <title>第3代计算机采用（）作为主存储器。</title>
    <A>磁芯</A>
    <B>微芯片</B>
    <C>半导体存储器</C>
    <D>晶体管</D>
    <RightAnswer>C</RightAnswer>
    <Answer></Answer>
    <Score>1</Score>
   </Question>
   <Question id="2">
    <ID>2</ID>
    <title>我国的计算机的研究始于（）。</title>
    <A>20世纪50年代</A>
    <B>21世纪50年代</B>
    <C>18世纪50年代</C>
    <D>19世纪50年代</D>
    <RightAnswer>A</RightAnswer>
    <Answer></Answer>
    <Score>1</Score>
   </Question>
    ....

  </Questions>
 </Root>
```

其中，Root节点为根节点，包含Student节点和Questions节点。Student节点内部存储学生的信息，Questions节点由若干个Question子节点构成，每个Question节点对应一道题目。Question节点中属性id为试题的编号，title为题干部分，A、B、C、D分别对应4个选项，RightAnswer对应正确答案，Answer对应学生答案，Score对应该题的分值。该XML文件结构简单，容易理解且容易实现。

12.1.9 项目工程目录组织结构

为了便于读者学习本系统，在此将工程文件的组织结构展示出来，如下所示：

```
ComputerTest              // 项目根目录
  --Admin                 // 后台管理部分
  --css                   // 后台管理部分前端使用CSS文件存放目录
  --images                // 后台管理部分使用图片存放目录
  --lib                   // 使用的前端第三方库文件
  --upload                // 导入文件上传存放路径
  --ChapterAdd.aspx       // 添加章节
  --ChaterList.aspx       // 章节列表
  --ClassAdd.aspx         // 添加班级
  --ClassList.aspx        // 班级列表
  --index.aspx            // 后台管理部分首页面
  --Login.aspx            // 后台登录页面
  --QuestionAdd.aspx      // 添加试题
  --QuestionEdit.aspx     // 编辑试题
```

```
--QuestionImport.aspx      // 试题导入
--QuestionList.aspx        // 试题列表
--SetPaper.aspx            // 组卷规则设置页面
--SetTime.aspx             // 考试时间设置
--StuAdd.aspx              // 添加学生
--StuImport.aspx           // 导入学生
--StuList.aspx             // 学生列表
--StuScore.aspx            // 考试成绩
--TeacherAdd.aspx          // 添加教师
--TeacherList.aspx         // 教师列表
--App_Code                 // 公共类存放目录
--DbHelper.cs              // 通用数据库访问方法类
--Question.cs              // 试题处理类
--css                      // 考试页面引用CSS文件存放目录
--Images                   // 考试页面引用图片文件存放目录
--Papers                   // 考试试卷存放目录
--Scripts                  // JavaScript文件存放路径
--TrainPapers              // 练习模式下生成试卷存放路径
--Default.aspx             // 首页导航
--favicon.ico              // 网站图标文件
--Login.aspx               // 考试登录页面
--over.apsx                // 考试完成后显示成绩页面
--Test.aspx                // 考试答题页面
--TestLogin.aspx           // 考试登录
--TrainLogin.aspx          // 练习模式下登录
--TrainTest.aspx           // 题库练习模式操作页面
--Viewanswer.aspx          // 查看成绩
--Web.config               // 工程配置文件
```

12.2 公共类设计

扫一扫，看视频

通常，一些大型的软件项目中会以类的形式来组织、封装一些常用的方法和时间，可以大大提高代码的复用率和系统的可维护性。本项目中设计了两个公共类，即DbHelper类和Question类。

12.2.1 数据库访问类

扫一扫，看视频

项目中涉及大量的数据库操作，如果每次操作都按照建立连接、执行语句、返回结果、关闭连接这样的流程编写，重复工作量较大。这些流程中有很多相似的地方，所以建立DbHelper类封装了一些常用的数据操作，使用时可以大大降低代码量。该部分代码路径为App_Code/DbHelper.cs，读者可以自行查看，关键代码如下：

```csharp
using System.Data.OleDb;
using System.Data;
using System.Collections;
using System.Collections.Generic;
using System;
using System.Data.SqlClient;           // 引用访问SQL Server数据的组件
using System.Configuration;            // 引用读取配置文件的组件

/// <summary>
```

```
/// Summary description for DbHelper
/// </summary>
public abstract class DbHelper
{
    //数据库连接字符串（web.config来配置）
    protected static string connectionString = ConfigurationManager.AppSettings["connStr"];
    /// <summary>
    /// 执行SQL语句，返回影响的记录数
    /// </summary>
    /// <param name="SQLString">SQL语句</param>
    /// <returns>影响的记录数</returns>
    public static int ExecuteSql(string SQLString)
    {
        using (SqlConnection connection = new SqlConnection(connectionString))
        {
            using (SqlCommand cmd = new SqlCommand(SQLString, connection))
            {
                try
                {
                    connection.Open();
                    int rows = cmd.ExecuteNonQuery();
                    connection.Close();
                    return rows;
                }
                catch (System.Data.SqlClient.SqlException E)
                {
                    connection.Close();
                    throw new Exception(E.Message);
                }
            }
        }
    }
    /// <summary>
    /// 执行查询语句，返回SqlDataReader
    /// </summary>
    /// <param name="strSQL">查询语句</param>
    /// <returns>SqlDataReader</returns>
    public static SqlDataReader ExecuteReader(string strSQL)
    {
        SqlConnection connection = new SqlConnection(connectionString);
        SqlCommand cmd = new SqlCommand(strSQL, connection);
        try
        {
            connection.Open();
            SqlDataReader myReader = cmd.ExecuteReader();
            return myReader;
        }
        catch (System.Data.SqlClient.SqlException e)
        {
            throw new Exception(e.Message);
        }
        //        finally
        //        {
        //            cmd.Dispose();
        //            connection.Close();
        //        }
```

```
    }
    /// <summary>
    /// 执行查询语句，返回DataSet
    /// </summary>
    /// <param name="SQLString">查询语句</param>
    /// <returns>DataSet</returns>
    public static DataSet Query(string SQLString)
    {
        using (SqlConnection connection = new SqlConnection(connectionString))
        {
            DataSet ds = new DataSet();
            try
            {
                connection.Open();
                SqlDataAdapter command = new SqlDataAdapter(SQLString, connection);
                command.Fill(ds, "ds");
            }
            catch (System.Data.SqlClient.SqlException ex)
            {
                throw new Exception(ex.Message);
            }
            return ds;
        }
    }
}
```

12.2.2　试题类

扫一扫，看视频

　　Question公共类实际上是对应试题库数据表的实体类，由于项目中会包含大量处理试题的操作，所以将其封装成类的形式。该部分代码路径为/App_Code/Question.cs，关键代码如下：

```
public class Question
{
    private string id;
    private string title;
    private string a;
    private string b;
    private string c;
    private string d;
    private string answer;
    private string myanswer;
    private int score;
    public string ID            // 试题编号
    {
        get { return id; }
        set { id = value; }
    }
    public string Title         // 题干内容
    {
        get { return title; }
        set { title = value; }
    }
```

```csharp
    public string A              // 选项1
    {
      get { return a; }
      set { a = value; }
    }
    public string B              // 选项2
    {
      get { return b; }
      set { b = value; }
    }
    public string C              // 选项3
    {
      get { return c; }
      set { c = value; }
    }
    public string D              // 选项4
    {
      get { return d; }
      set { d = value; }
    }
    public string Answer         // 正确答案
    {
      get { return answer; }
      set { answer = value; }
    }
    public string MyAnswer       // 学生答案
    {
      get { return myanswer; }
      set { answer = value; }
    }
    public int Score             // 题目分值
    {
      get { return score; }
      set{score=value;}
    }
}
// 构造函数，便于实例化
    public Question(string _id, string _title, string _a, string _b, string _c, string _d, string _answer,
string _myanswer,string _score)
    {
      id = _id;
      title = _title;
      a = _a;
      b = _b;
      c = _c;
      d = _d;
      answer = _answer;
      myanswer = _myanswer;
      score = int.Parse(_score);
    }
}
```

12.3　工程配置文件

在ASP.NET工程中，一般工程根目录下存在一个名为web.config的配置文件，该文件用于配置程序运行时的一些信息。一般会将数据库连接字符串放到该配置文件中，程序运行中需要连接数据库时从该配置文件中读取连接字符串，相比在代码中写入固定的连接字符串的形式，具有更多优点。在部署应用程序时，只需要修改相应的数据库连接字符串即可，而不用重新编译、生成代码。本项目的配置文件内容如下：

```xml
<?xml version="1.0"?>
<!--
For more information on how to configure your ASP.NET application, please visit
http://go.microsoft.com/fwlink/?LinkId=169433
-->
<configuration>
 <appSettings>
  <add key="connStr" value="server=118.190.134.103;database=ComputerTestDB;uid=sa;
pwd=qwertyuiop123,./"/>
 </appSettings>
 <system.web>
  <compilation debug="true" targetFramework="4.0"/>
 </system.web>
</configuration>
```

这里将数据库的连接字符串放到appSettings节点中，在该节点下也可以存放其他配置信息，如上传文件路径、应用程序名称等，读者可以自行增加节点。

在需要读取该配置信息的地方使用如下代码：

```
ConfigurationManager.appSettings["connStr"]
```

其中，connStr为节点的名称，对应配置文件中定义的key值。

12.4　在线考试系统后台管理

12.4.1　后台管理概述

在线考试系统由学生考试和后台管理两大模板组成，其中后台管理是系统运行的基础。在后台管理中实现对教师、学生、试题库、试卷、考试过程、成绩的管理。后

台管理只有教师和管理员使用，所以在工程目录中将其单独存放。本项目中的后台管理代码及所使用资源文件都放在Admin目录下，读者可以找到相应源代码进行学习。

12.4.2　后台管理前端设计

由于后台管理需要对多种数据进行管理，如学生、教师、题库、试卷、成绩等，而这些数据一般以数据表单和表格的形式呈现，操作页面繁多。因此，采用第三方的开源组件ligerui.js来搭建前端页面。LigerUI是基于jQuery的UI框架，使用

简单、功能强大、轻量级、易扩展，可以应用于.NET、JSP、PHP等Web服务器环境。本项目中主要使用到了ligerui中的多文档窗口管理、表单、数据表格等。读者可以阅读本项目源代码结合官方文档进行学习，LigeRui组件的官方文档地址为http://www.ligerui.com/。

除了使用第三方的前端UI框架之外，为了美化页面，本项目中还自定义了一些CSS样式，这些CSS文件都存放在Admin\css路径下，主要实现了对表单和GridView控件的美化工作。

后台管理主页面是用户最常用的页面，该页面包含三部分内容：顶部标题横幅、左侧菜单导航、右侧操作区，具体页面如图12-6所示。

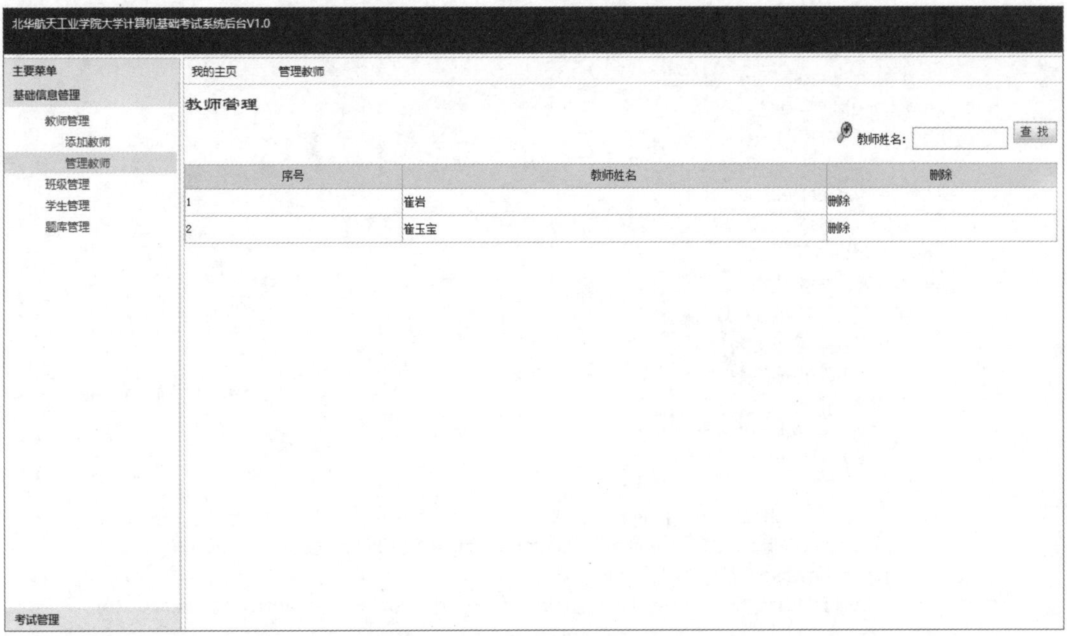

图 12-6　后台管理操作主页面

后台主页面对应的源代码位置为Admin\index.aspx，关键代码如下：

```
<%@ Page Language="C#" AutoEventWireup="true" CodeFile="index.aspx.cs" Inherits="Admin_index" %>
<!DOCTYPE html>
<html xmlns="http://www.w3.org/1999/xhtml">
<head runat="server">
<title></title>
<! 引用LigerUI组件所需的CSS文件和JavaScript文件 >
    <link href="lib/ligerUI/skins/Aqua/css/ligerui-all.css" rel="stylesheet" type="text/css" />
    <script src="lib/jquery/jquery-1.3.2.min.js" type="text/javascript"></script>
    <script src="lib/ligerUI/js/plugins/ligerDrag.js" type="text/javascript"></script>
    <script src="lib/ligerUI/js/plugins/ligerResizable.js" type="text/javascript"></script>
    <script src="lib/ligerUI/js/plugins/ligerMenu.js" type="text/javascript"></script>
    <script src="lib/ligerUI/js/plugins/ligerLayout.js" type="text/javascript"></script>
    <script src="lib/ligerUI/js/plugins/ligerTab.js" type="text/javascript"></script>
    <script src="lib/ligerUI/js/plugins/ligerAccordion.js" type="text/javascript"></script>
    <script src="lib/ligerUI/js/plugins/ligerTree.js" type="text/javascript"></script>
    <script src="lib/ligerUI/js/plugins/ligerWindow.js" type="text/javascript"></script>
    <script src="lib/ligerUI/js/plugins/ligerDialog.js" type="text/javascript"></script>
    <script type="text/javascript">
        var tab = null;
        var accordion = null;
        var tree = null;
```

```
        var mytree = null;
        var mytree1 = null;
<! 实现页面布局，多Tab页控制，树形菜单导航等 ->
        $(function () {
            //布局
            $("#layout1").ligerLayout({ leftWidth: 190, height: '100%', onHeightChanged: f_heightChanged });
            var height = $(".l-layout-center").height();
            //Tab
            $("#framecenter").ligerTab({ height: height });
            //面板
            $("#accordion1").ligerAccordion({ height: height - 24, speed: null });
            $(".l-link").hover(function () {
                $(this).addClass("l-link-over");
            }, function () {
                $(this).removeClass("l-link-over");
            });
            $("#tree2").ligerTree({
                checkbox: false,
                nodeWidth: 120,
                attribute: ['nodename', 'url'],
                onSelect: function (node) {
                    if (!node.data.url) return;
                    var tabid = $(node.target).attr("tabid");
                    if (!tabid) {
                        tabid = new Date().getTime();
                        $(node.target).attr("tabid", tabid)
                    }
                    if ($(">ul >li", tab.tab.links).length > 10) {
                        var currentTabid = $("li.l-selected", tab.tab.links).attr("tabid"); //当前选择的tabid
                        if (currentTabid == "home") return;
                        tab.overrideTabItem(currentTabid, { tabid: tabid, url: node.data.url, text: node.data.text });
                        return;
                    }
                    f_addTab(tabid, node.data.text, node.data.url);
                }
            });
            $("#tree3").ligerTree({
                checkbox: false,
                nodeWidth: 120,
                attribute: ['nodename', 'url'],
                onSelect: function (node) {
                    if (!node.data.url) return;
                    var tabid = $(node.target).attr("tabid");
                    if (!tabid) {
                        tabid = new Date().getTime();
                        $(node.target).attr("tabid", tabid)
                    }
                    if ($(">ul >li", tab.tab.links).length > 10) {
                        var currentTabid = $("li.l-selected", tab.tab.links).attr("tabid"); //当前选择的tabid
                        if (currentTabid == "home") return;
                        tab.overrideTabItem(currentTabid, { tabid: tabid, url: node.data.url, text: node.data.text });
                        return;
                    }
                    f_addTab(tabid, node.data.text, node.data.url);
                }
            });
```

```
            tab = $("#framecenter").ligerGetTabManager();
            accordion = $("#accordion1").ligerGetAccordionManager();

            mytree = $("#tree2").ligerGetTreeManager();
            mytree1 = $("#tree3").ligerGetTreeManager();
            $("#pageloading").hide();
        });

        function f_heightChanged(options) {
            if (tab)
                tab.addHeight(options.diff);
            if (accordion && options.middleHeight – 24 > 0)
                accordion.setHeight(options.middleHeight – 24);
        }
        function f_addTab(tabid, text, url) {
            tab.addTabItem({ tabid: tabid, text: text, url: url });
        }
    </script>
<style type="text/css">
<–! css样式设置，此处省略，读者可以参考源代码 –>
    </style>
</head>
<body>
    <form id="form1" runat="server">
        <div class="l–loading" style="display: block" id="pageloading">
        </div>
        <div id="layout1" style="width: 100%">
            <div position="top" style="background: #102A49; color: White;">
                <div style="margin–top: 10px; margin–left: 10px">
                    北华航天工业学院大学计算机基础考试系统后台V1.0
                </div>
            </div>
<–! 导航菜单设置，菜单采用树形结构，使用ul和li进行组织，li中url属性为菜单对应操作页面的地址 –>
            <div position="left" title="主要菜单" id="accordion1">
                <div title="基础信息管理" class="l–scroll">
                    <ul id="tree2" style="margin–top: 3px;">
                        <li isexpand="false"><span>教师管理</span><ul
                            <li url="TeacherAdd.aspx"><span>添加教师</span></li>
                            <li url="TeacherList.aspx"><span>管理教师</span></li>
                        </ul>
                        </li>
                        <li isexpand="false"><span>班级管理</span><ul
                            <li url="ClassAdd.aspx"><span>添加班级</span></li>
                            <li url="ClassList.aspx"><span>班级管理</span></li>
                        </ul>
                        </li>
                        <li isexpand="false"><span>学生管理</span><ul
                            <li url="StuAdd.aspx"><span>添加学生</span></li>
                            <li url="StuImport.aspx"><span>导入学生</span></li>
                            <li url="StuList.aspx"><span>管理学生</span></li>
                        </ul>
                        </li>
                        <li isexpand="false"><span>题库管理</span><ul
                            <li url="ChapterAdd.aspx"><span>添加章节</span></li>
                            <li url="ChapterList.aspx"><span>管理章节</span></li>
                            <li url="QuestionAdd.aspx"><span>添加试题</span></li>
```

```
                    <li url="QuestionImport.aspx"><span>导入试题</span></li>
                    <li url="QuestionList.aspx"><span>试题管理</span></li>
                  </ul>
                  </li>
                </ul>
              </div>
              <div title="考试管理" class="l-scroll">
                <ul id="tree3" style="margin-top: 3px;">
                  <li isexpand="false"><span>考试设置</span><ul>
                    <li url="SetTrainOrTest.aspx"><span>练习考试模式设置</span></li>
                    <li url="SetTime.aspx"><span>考试时间设置</span></li>
                    <li url="SetPaper.aspx"><span>抽题规则</span></li>
                  </ul>
                  </li>
                  <li isexpand="false"><span>成绩管理</span><ul>
                    <li url="StuScore.aspx"><span>查看成绩</span></li>
                  </ul>
                  </li>
                  </li>
                <li isexpand="false"><span>查询统计</span><ul>
                  <li url="peixun/stuListp1.aspx"><span>报名查询</span></li>
                </ul>
                </li>
                </ul>
              </div>
            </div>
            <div position="center" id="framecenter">
              <div tabid="home" title="我的主页" style="height: 300px">
    <--! 使用iframe 实现右侧操作区域的控制 -->
                <iframe frameborder="0" name="home" src="welcome.htm"></iframe>
              </div>
            </div>
          </div>
          <div style="display: none">
            <!-- 流量统计代码 -->
          </div>
        </form>
      </body>
    </html>
```

读者在使用该段代码创建自己的页面时，只要修改以下几处即可。

（1）修改LigerUI组件的CSS和JavaScript文件的路径。

（2）修改网页头部标题文字。

（3）修改树形结构导航菜单，对应修改ul和li节点内容，li中url属性为菜单对应操作页面的地址。

由于后台管理主页面需要用户登录后才能进行操作，如果用户没有登录系统，则跳转到登录页面引导用于登录。用户是否登录通过Session中是否有值进行判断，所以在后端代码为Admin\index.aspx.cs文件中加入以下代码：

```
protected void Page_Load(object sender, EventArgs e)  //在页面加载时进行判断
{
    if (Session["username"] == null)           //判断Session中是否有username项，如果没有则认为没有登录
    {
        Response.Redirect("Login.aspx");       //跳转到登录页面
    }
```

```
        }
```

对用户登录状态的判断应该在页面加载时完成，对应Asp.net中页面的生命周期的Page_Load事件。

12.4.3 后台管理登录页面实现

后台管理登录页面用于验证用户身份，通过用户名和密码的方式进行验证，登录成功后进入后台主页面。验证的逻辑主要是使用SQL语句到Teacher表中去查询用户输入的用户名和密码是否有对应的记录，如果有，说明用户身份合法，则存储用户名到Session中并跳转到首页面；否则，返回给用户错误信息，具体代码如下：

扫一扫，看视频

```
// 登录按钮对应的事件处理
protected void lgClick(object sender, ImageClickEventArgs e)
  {
    string sql = "select * from Teacher where TeacherName='" + username.Text + "' and TeacherPsw='" +
      this.psw.Text + "'";
    DataSet ds = new DataSet();
    ds = DbHelper.Query(sql);              // 使用DbHelper公共类简化SQL语句执行
    if (ds.Tables[0].Rows.Count > 0)
    {
    Session["username"] = ds.Tables[0].Rows[0]["TeacherName"].ToString();
    Response.Redirect("index.aspx");
    }
    else
    {
// 直接输出script语句在客户端浏览器中执行
    Response.Write("<script>alert('用户名或密码错误！');</script>");
    }
  }
```

12.4.4 典型数据管理模块

后台管理主要实现对系统中各种数据的管理，如教师管理、学生管理、试题库管理等，这些子模块都有一些公用的特点。对这些数据的管理包括添加、修改、删除、查询这些基本的操作。其中，添加和修改数据都需要一个表单来收集用户输入的信息，查询操作一般会以数据表格的形式展示查询结果。

扫一扫，看视频

典型的数据管理子模块包括数据添加页面***Add.aspx、数据修改页面***Edit.aspx、数据查询页面***List.aspx。下面以典型的学生管理子模块为例逐个进行介绍。

1. 数据添加页面

数据添加的前端页面主要包含一个收集用户输入信息的表单，相对比较简单，读者可以参考Admin\stuAdd.aspx文件进行学习。

数据添加的后端页面主要包括两部分处理。首先，页面加载时需要对一些控件进行初始化操作，如页面中包含一个选择班级的DropDownList控件，需要为其填充数据；其次，就是保存功能，将表单中的数据保存到数据库中，具体代码如下：

```
//页面加载完成后，为班级下拉列表控件绑定数据
 protected void Page_Load(object sender, EventArgs e)
  {
```

```
    if (!IsPostBack)
    {
// 从数据库班级信息表中获取班级列表，绑定到DropDownList控件
    string sql = "select * from classes";
    DataSet ds = new DataSet();
    ds = DbHelper.Query(sql);
    this.ddClass.DataSource = ds.Tables[0].DefaultView;
    this.ddClass.DataTextField = "classname";
    this.ddClass.DataValueField = "classname";
    this.ddClass.DataBind();

    }
}
//保存数据
  protected void btnSave_Click(object sender, ImageClickEventArgs e)
{
// 添加学生的SQL语句
    string sql = "insert into Student(StuId,StuName,ClassName,State) values('" +
    this.tbStuid.Text + "','" +
    this.tbStuName.Text + "','" +
    this.ddClass.SelectedItem.Text + "','" +
    "未考" + "')";
    int rows = DbHelper.ExecuteSql(sql);              // 调用DbHelper类执行SQL语句
    if (rows > 0)                                      //根据受影响的行数判断SQL语句是否执行成功
    {
      //添加成功后，客户端弹出提示，并清空输入表单内容
      Response.Write("<script>alert('添加成功');</script>");
      this.tbStuid.Text = "";
      this.tbStuName.Text = "";
      this.ddClass.SelectedIndex = -1;
    }
    else
    {
  //添加失败，客户端提示信息
      Response.Write("<script>alert('添加失败');</script>");
    }
}
```

典型的数据添加页面都是按照这个思路进行编写，不再赘述。

2. 数据列表

数据列表主要用于展示要管理的数据，一般以表格形式展示，具体来说是使用ASP.NET提供的GridView控件。为了方便用户使用还会加上查询功能以及数据添加、编辑、删除按钮等。下面以学生数据列表为例进行详细讲解。

学生数据列表页面如图12-7所示。

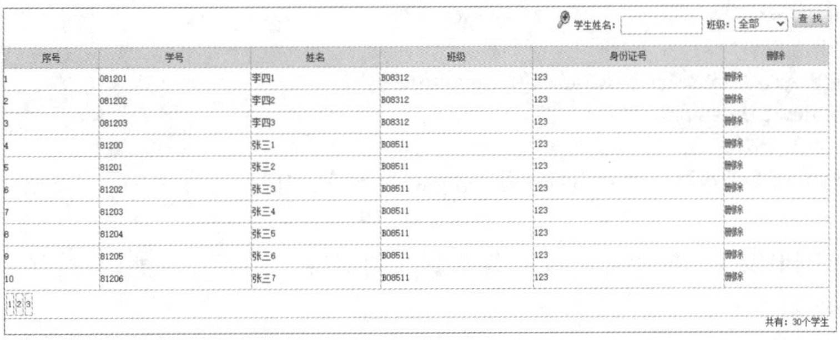

序号	学号	姓名	班级	身份证号	删除
1	081201	李四1	B08312	123	删除
2	081202	李四2	B08312	123	删除
3	081203	李四3	B08312	123	删除
4	81200	张三1	B08511	123	删除
5	81201	张三3	B08511	123	删除
6	81202	张三2	B08511	123	删除
7	81203	张三4	B08511	123	删除
8	81204	张三5	B08511	123	删除
9	81205	张三6	B08511	123	删除
10	81206	张三7	B08511	123	删除

共有：30个学生

图 12-7　学生数据列表页面

页面右上角包含1个添加按钮，用于导航到数据添加页面，使用超链接控件实现，链接目的地址指向数据添加页面。右侧是2个查询条件数据控件和1个按钮，学生姓名输入使用TextBox控件，班级可以从班级信息表中取出数据，所以使用DropDownList控件（需要在页面加载时填充数据），查找使用Button控件。在其下方为一个数据表格，表格包含标题行和数据行（使用GridView控件实现），每行右侧有一个删除按钮（使用LinkButton实现）。表格下方左侧为分页导航，用户可以切换分页（GridView自带功能），右侧显示所有数据的数量使用Label控件。具体前端代码请参考Admin\StuList.aspx文件。

后端代码需要实现按照条件查询、表格分页处理、表格中序号生成、表格中行命令事件处理（编辑、删除）等功能。

页面加载完成时进行控件数据填充，查询班级数据并绑定到DropDownList控件中，具体代码如下：

```
protected void Page_Load(object sender, EventArgs e)
  {
    if (!IsPostBack)              // 判断是否为回发请求，防止重复填充数据
    {
    // 查询班级信息表数据填充到班级下拉列表控件
      string sql = "select * from classes";
      DataSet ds = new DataSet();
      ds = DbHelper.Query(sql);
      this.ddClass.DataSource = ds.Tables[0].DefaultView;
      this.ddClass.DataTextField = "classname";
      this.ddClass.DataValueField = "classname";
      this.ddClass.DataBind();
      // 调用GridView绑定数据函数，该函数在下面定义
      bind();
    }
}
```

绑定GridView控件数据，由于有多处需要重新绑定GridView数据，所以将其写成函数的形式，增加复用性，具体代码如下：

```
private void bind()
  {
   //根据查询条件构建SQL语句
    string sql = "select * from Student where 2>1";
    if (this.tbDwName.Text != "")
      sql += " and StuName='" + this.tbDwName.Text + "'";
    if (this.ddClass.SelectedItem.Text != "全部")
      sql += " and classname='" + this.ddClass.SelectedItem.Text + "'";
    sql += " order by Stuid";
    DataSet ds = new DataSet();
```

```
    ds = DbHelper.Query(sql);              //执行SQL语句
    // 绑定GridView
    this.GridView1.DataSource = ds.Tables[0].DefaultView;
    this.GridView1.DataBind();
    // 显示总记录数
    this.lbNum.Text = "共有：" + ds.Tables[0].Rows.Count + "个学生";
}
```

为了实现GridView分页功能、行内命令事件功能等，还需要在前端设置GridView属性和事件，具体代码如下：

```
<asp:GridView ID="GridView1" runat="server" DataKeyNames="id" CssClass="gridview"
        CellPadding="4" AllowPaging="True"                      //开启分页
        OnPageIndexChanging="GridView1_PageIndexChanging"        //分页切换事件
        AutoGenerateColumns="False"
        OnRowDataBound="GridView1_RowDataBound"                 // 行绑定事件
        OnRowCommand="GridView1_RowCommand">                    // 行内命令事件
    <HeaderStyle CssClass="GridViewHeaderStyle" />
    <RowStyle CssClass="GridViewRowStyle" />
    <AlternatingRowStyle CssClass="GridViewAlternatingRowStyle" />
    <FooterStyle CssClass="GridViewFooterStyle" />
    <SelectedRowStyle CssClass="GridViewSelectedRowStyle" />
    <PagerStyle CssClass="GridViewPagerStyle" />
    <Columns>
      <asp:TemplateField HeaderText="序号"></asp:TemplateField>        //模板列
      <asp:BoundField DataField="Stuid" HeaderText="学号" />
      <asp:BoundField DataField="StuName" HeaderText="姓名" />
      <asp:BoundField DataField="ClassName" HeaderText="班级" />
      <asp:BoundField DataField="idcardno" HeaderText="身份证号" />
      <asp:TemplateField HeaderText="删除">                    //模板列
        <ItemTemplate>
          <asp:LinkButton ID="LinkButton2" runat="server" CausesValidation="false"
CommandArgument='<%#Eval("ID") %>'
            CommandName="del" Text="删除">
          </asp:LinkButton>
        </ItemTemplate>
      </asp:TemplateField>
    </Columns>
  </asp:GridView>
```

后端需要编写相应的事件处理函数，具体代码如下：

```
//分页切换事件处理
 protected void GridView1_PageIndexChanging(object sender, GridViewPageEventArgs e)
  {
    this.GridView1.PageIndex = e.NewPageIndex;          //切换到新页
    bind();                                             //重新绑定
}
// 行内命令事件，使用参数GridViewCommandEventArgs 从前端传递数据行的ID值
protected void GridView1_RowCommand(object sender, GridViewCommandEventArgs e)
  {
    if (e.CommandName == "edit")                        //编辑命令，跳转到编辑页面
    {
      Response.Redirect("StuEdit.aspx?id=" + e.CommandArgument.ToString());
    }
    else if (e.CommandName == "del")                   //删除命令，执行删除操作
    {
      string sql = "delete from Student where id='" + e.CommandArgument.ToString() + "'";
```

```
            int rows = DbHelper.ExecuteSql(sql);
            if (rows > 0)
            {
              Response.Write("<script>alert('删除成功');</script>");
              bind();
            }
            else
            {
              Response.Write("<script>alert('删除失败');</script>");
            }
        }
}
//按顺序填充序号列
protected void GridView1_RowDataBound(object sender, GridViewRowEventArgs e)
    {
        if (e.Row.RowType == DataControlRowType.DataRow)
        {
          //列表序号=分页序号×每页数量+当前行序号+1
          int indexID = this.GridView1.PageIndex * this.GridView1.PageSize + e.Row.RowIndex + 1;
          e.Row.Cells[0].Text = indexID.ToString();
        }
    }
```

读者可以参考学生列表代码自行实现教师、试题的页面，具体可以参考源代码。

12.4.5 导入、导出功能的实现

在本项目中，学生数据量和试题库数据量较大，这些数据一般可以从其他系统中获取，如果逐条录入数据，其工作量非常大，所以添加从Excel文件导入的功能非常有必要，也非常实用。在本项目中导入的数据包括学生数据、试题库数据，基本思路和实现方法一致，本小节以导入学生数据为例进行讲解。

扫一扫，看视频

1. 从Excel文件导入

首先，要确定导入Excel文件的结构，这里可以将Excel文件理解为一个关系型数据库，每个工作表作为数据库表，每一列作为数据库表的一个字段。本项目中的学生数据从教务系统导出，选取部分需要的数据，Excel文件结构如图12-8所示。

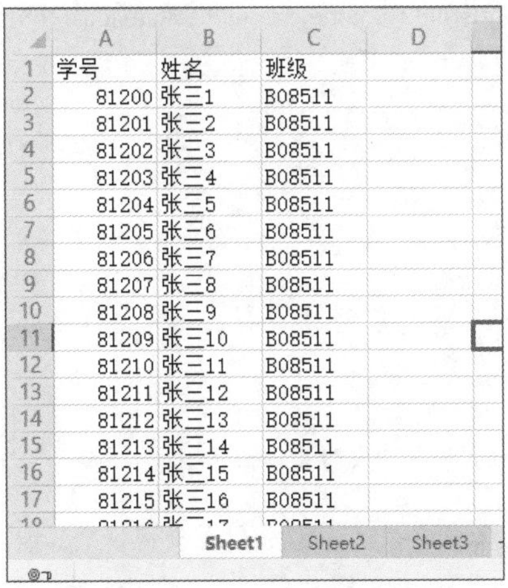

	A	B	C	D
1	学号	姓名	班级	
2	81200	张三1	B08511	
3	81201	张三2	B08511	
4	81202	张三3	B08511	
5	81203	张三4	B08511	
6	81204	张三5	B08511	
7	81205	张三6	B08511	
8	81206	张三7	B08511	
9	81207	张三8	B08511	
10	81208	张三9	B08511	
11	81209	张三10	B08511	
12	81210	张三11	B08511	
13	81211	张三12	B08511	
14	81212	张三13	B08511	
15	81213	张三14	B08511	
16	81214	张三15	B08511	
17	81215	张三16	B08511	
18	81216	张三17	B08511	

Sheet1 Sheet2 Sheet3

图 12-8 Excel 文件结构

　　然后，编写代码实现将选取的导入文件上传到服务器，可以使用FileUpload控件实现，服务器保存导入文件的路径为Admin\upload。

　　最后，将Excel文件作为OleDB类型数据库，对其进行逐行读取数据，每次读入一行后将其添加到学生数据表中，具体代码如下：

```
using System.Data.OleDb;                    // 这里将Excel文件作为OleDB数据库，所以需要加此引用
protected void btnSave_Click(object sender, EventArgs e)
  {
    if (!this.FileUpload1.HasFile)
    {
      Response.Write("<script>alert('请选择要导入的Excel文件');</script>");
      return;
    }
    try
    {
      //上传Excel文件
      string ext = Path.GetExtension(this.FileUpload1.FileName);
      string filename = DateTime.Now.ToString("yyyyMMddhhmmss") + ext;
      this.FileUpload1.SaveAs(Server.MapPath(@"~\Admin\upload\") + filename);

      //依次读取Excel文件的记录，导入数据库中
      string conn = "provider=microsoft.jet.oledb.4.0;data source=" + Server.MapPath(@"~\Admin\upload") + "/" + filename + ;
extended properties='excel 8.0;imex=1';
      OleDbConnection thisconnection = new OleDbConnection(conn);
      thisconnection.Open();
      string Sql = "select * from [Sheet1$]";
      OleDbDataAdapter mycommand = new OleDbDataAdapter(Sql, thisconnection);
      DataSet ds = new DataSet();
      mycommand.Fill(ds, "[Sheet1$]");

      string sql = "";
      int count = ds.Tables["[Sheet1$]"].Rows.Count;
      for (int i = 0; i < count; i++)
      {
        string stuid = ds.Tables["[Sheet1$]"].Rows[i]["学号"].ToString();
        string stuname = ds.Tables["[Sheet1$]"].Rows[i]["姓名"].ToString();
        string classname = ds.Tables["[Sheet1$]"].Rows[i]["班级"].ToString();
        string idcardno = ds.Tables["[Sheet1$]"].Rows[i]["身份证号"].ToString();
        string state = "未考";
        sql = "insert into student(stuid,stuname,classname,state,idcardno) values('" +
          stuid + "','" +
          stuname + "','" +
          classname + "','" +
          state + "','" +
          idcardno +
          "')";

        DbHelper.ExecuteSql(sql);
      }
      thisconnection.Close();

      Response.Write("<script>alert('添加成功');</script>");
    }
    catch (Exception ex)
    {
      Response.Write("<script>alert('" + ex.Message + "');</script>");
```

```
        }

    }
```

2. 导出Excel

导出功能也是常用的功能之一，本项目中的学生成绩增加了导出功能。导出功能实际上是将GridView控件以文件形式输出，注意导出前需要将GridView控件的分页设置为不分页，否则只能导出一部分数据，关键代码如下：

```
this.GridView1.AllowPaging = false;              //取消分页
    bind();
    this.GridView1.AllowPaging = false;
    StringWriter sw = new StringWriter();
    HtmlTextWriter htw = new HtmlTextWriter(sw);
    this.GridView1.DataBind();
    this.GridView1.RenderControl(htw);

    string strHtml = sw.ToString().Trim();
    Response.Clear();
    Response.Charset = "gb2312";
    string filename = DateTime.Now.ToString("yyyyMMdd") + @".xls";
     Response.AppendHeader("Content-Disposition", "attachment;filename=" + HttpUtility.UrlEncode(filename,
System.Text.Encoding.UTF8));
    Response.ContentType = "application/vnd.ms-excel";
    //Response.Write("<meta http-equiv=Content-Type content=text/html;charset=gb2312>");
    Response.Write(strHtml);
    Response.Flush();
  Response.Close();
```

以上为在线考试系统的后台管理部分的核心代码，限于篇幅只对典型的模块进行了讲解，读者可以自行下载源代码进行学习。

12.5 在线考试模块实现

在线考试模块主要包含学生登录、试卷生成、试题加载、答题过程实时保存、手动交卷、自动交卷和考后评分等一系列功能，下面依次进行讲解。

扫一扫，看视频

12.5.1 学生登录

本项目是以大学计算机基础课程考试为目标，所以使用学号和身份证号码进行身份校验，具体代码如下：

扫一扫，看视频

```
//从学生信息表中查询符合条件的记录
 string sql = "select * from Student where stuid='" + tbStuID.Text + "' and StuPsw='" +this.psw.Text + "'";
    DataSet ds = new DataSet();
    ds = DbHelper.Query(sql);
    if (ds.Tables[0].Rows.Count > 0)
    {
        //验证通过，将学号存入Session中，作为当前登录用户的身份信息
        Session["stuid"] = ds.Tables[0].Rows[0]["stuid"].ToString();
        //为了防止重复考试，对考试状态进行验证，如果已考则给用户提示信息并返回
```

```
            if (ds.Tables[0].Rows[0]["state"].ToString() == "已考")
            {
                Response.Write("<script>alert('您已经完成了考试，不能重复考试');</script>");
                return;
            }
            //如果处于正在考试状态，跳转到考试页面
            else if (ds.Tables[0].Rows[0]["state"].ToString() == "开考")
            {
                Response.Redirect("Test.aspx");
            }
            else
            {
                //开始考试，设置学生状态为"开考"
                string classname = ds.Tables[0].Rows[0]["classname"].ToString();
                //调用生成试卷函数生成试卷
                CreateStuPaper(classname, ds.Tables[0].Rows[0]["stuid"].ToString());
                sql = "update student set state='开考' where stuid='" + ds.Tables[0].Rows[0]["stuid"].ToString() + "'";
                int rows = DbHelper.ExecuteSql(sql);
                //跳转到考试页面
                Response.Redirect("Test.aspx");
            }
        }
        //else
        //{
            //Response.Write("<script>alert('不存在该学生');</script>");
            //return;
        // }
        else
        {
            Response.Write("<script>alert('用户名或密码错误！');</script>");
        }
```

12.5.2　生成试卷

扫一扫，看视频

　　学生身份验证成功后，在进入答题页面之前要为每位学生生成一套试卷，试卷生成规则是按照后台管理中的抽题规则进行组卷，具体按照每个章节试题抽取的数量从题库中随机抽取。为了便于对大量试卷进行管理，本项目中统一将试卷存放到工程目录中的Papers文件夹中，一个班级一个文件夹并且以班级名称命名，每个学生的试卷以学生学号命名，文件以.xml格式存储。

　　为了便于重复使用，将试卷生成部分以函数形式编写。函数有两个参数，分别代表班级名称和学号，函数执行后自动生成试卷文件到指定的路径下，具体代码如下：

```
    /// <summary>
    /// 根据班级名称和学号生成试卷
    /// </summary>
    /// <param name="picic">testid</param>
    /// <param name="idcardno">code</param>
    public void CreateStuPaper(string picic, string idcardno)
    {
        string path = Server.MapPath(@"~\Papers") + @"\" + picic;        //试卷存储路径
        //如果尚未创建目录，则先创建
if (!Directory.Exists(path))
    {
        Directory.CreateDirectory(path);
```

```
        }
    //抽题部分
    DataSet ds = GetQues();                               //调用抽题函数获得试题集合
//再次对学生进行验证
    string sql = "select * from student where stuid='" + idcardno + "'";
    DataSet dsStu = new DataSet();
    dsStu = DbHelper.Query(sql);
    if (dsStu.Tables[0].Rows.Count == 0)
        return;
//读取系统配置表，判断当前是否为考试模式，并读取考试时间和分数
    sql = "select * from Appsetting where id=1";
    DataSet dsApp = new DataSet();
    dsApp = DbHelper.Query(sql);
    if (dsApp.Tables[0].Rows.Count == 0)
    {
        return;
    }
    string testtime = dsApp.Tables[0].Rows[0]["testtime"].ToString();
    string score = dsApp.Tables[0].Rows[0]["score"].ToString();
    //创建试卷xml根节点和学生信息节点
    XElement root = new XElement("Root",
        new XElement("Student", new XAttribute("ID", idcardno)),
        new XElement("Name", dsStu.Tables[0].Rows[0]["stuname"].ToString()),
        new XElement("ClassName", dsStu.Tables[0].Rows[0]["classname"].ToString()),
        new XElement("BeginTime", DateTime.Now.ToString()),
        new XElement("TimeSpan", testtime),
        new XElement("State", "未考")
        )
    );
    //创建试卷试题节点，遍历试题集合依次将试题写入试题节点中
    XElement ques = new XElement("Questions");
    for (int i = 0; i < ds.Tables[0].Rows.Count; i++)
    {
        XElement qus = new XElement("Question", new XAttribute("id", (i + 1).ToString()),
            new XElement("ID", (i + 1).ToString()),
            new XElement("title", ds.Tables[0].Rows[i]["title"].ToString()),
            new XElement("A", ds.Tables[0].Rows[i]["a"].ToString()),
            new XElement("B", ds.Tables[0].Rows[i]["b"].ToString()),
            new XElement("C", ds.Tables[0].Rows[i]["c"].ToString()),
            new XElement("D", ds.Tables[0].Rows[i]["d"].ToString()),
            new XElement("RightAnswer", ds.Tables[0].Rows[i]["rightanswer"].ToString()),
            new XElement("Answer", ""),
            new XElement("Score", score)
            );
        ques.Add(qus);
    }
    root.Add(ques);
    //保存试卷
    root.Save(path + @"\" + idcardno + @".xml");
}
```

在上面的代码中调用了GetQues方法，该方法实现了按照抽题规则随机抽取试题并将其结果以DataSet形式返回，具体代码如下：

```
private DataSet GetQues()
{
    DataSet ds = new DataSet();
```

```
//读取抽题规则
    string sql = "select * from paperconfig";
    DataSet dss = new DataSet();
    dss = DbHelper.Query(sql);
    if (dss.Tables[0].Rows.Count > 0)
    {
//遍历各个章节规则
        for (int i = 0; i < dss.Tables[0].Rows.Count; i++)
        {
            int selnum = Convert.ToInt32(dss.Tables[0].Rows[i]["selnum"].ToString());      //读取题目数量
            int score = Convert.ToInt32(dss.Tables[0].Rows[i]["score"].ToString());        //读取分值
            string chaptername = dss.Tables[0].Rows[i]["chaptername"].ToString();          //章节名称
            DataSet ds1 = new DataSet();
            ds1 = getds(chaptername, selnum);                          //调用方法从指定章节随机抽取指定数量试题
            ds.Merge(ds1);                                             //将抽题结果合并
            ds1.Clear();
        }
    }
    return ds;
}
//根据章节名称随机抽取指定数量的试题
  public DataSet getds(string kemu, int num)
  {
    DataSet ds1 = new DataSet();
    DataSet ds2 = new DataSet();

    string sql = "select * from Question where ChapterName='" + kemu + "'";
    ds1 = DbHelper.Query(sql);
    int count = ds1.Tables[0].Rows.Count;                         //该章节下所有试题的数量
    int[] rs = new int[num];                                      //抽取结果存放到数组中
    int i = 0;
    DataRow[] drow = new DataRow[num];
    while (i < num)
    {
        Random rd = new Random(unchecked((int)DateTime.Now.Ticks));      //生成随机数
        int k = rd.Next() % count;
//判断该题是否已经抽取过
        bool flag = true;
        for (int j = 0; j < i; j++)
        {
            if (rs[j] == k)
                flag = false;
        }
        if (flag)
        {
            rs[i] = k;
            drow[i] = ds1.Tables[0].Rows[k];                      //存入结果中
            i++;
        }
    }
    ds2.Merge(drow);
    return ds2;
}
```

⟐ 12.5.3　答题页面

扫一扫，看视频

扫一扫，看视频

答题页面涉及内容较多，例如，进入页面时将试卷内容加载到控件中（这里使用Repeater控件）；答题过程中学生每个选择动作都要实时保存到考卷中；带有计时功能，考试时间结束系统自动交卷；考试完成能够自动判断分数等。

1. 考试前端页面组织结构

考试前端页面包括头部标题、考试信息工具条（包含学生信息、倒计时剩余时间、交卷按钮）和试题答题区域，如图12-9所示。

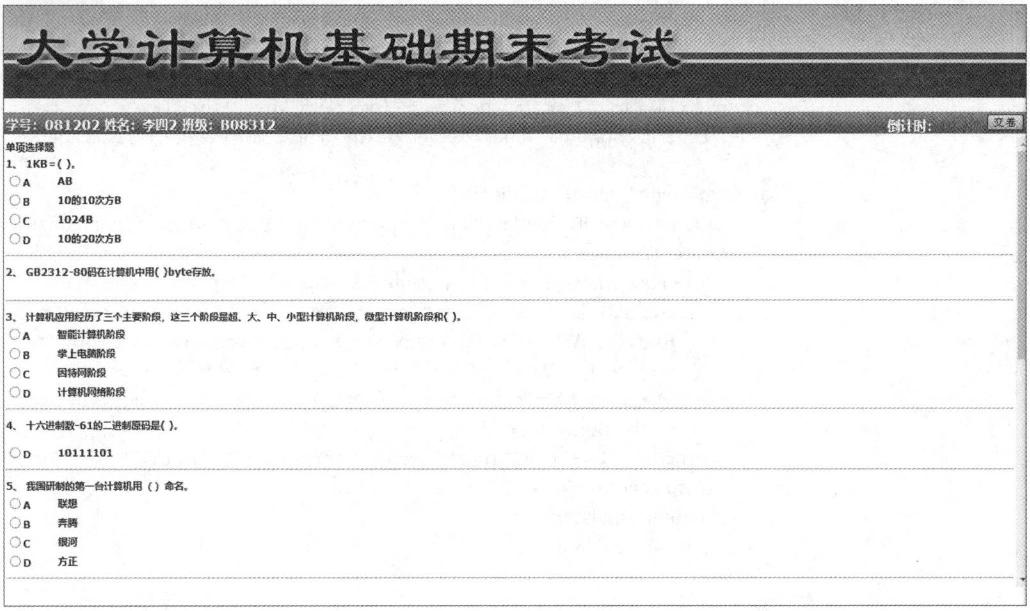

大学计算机基础期末考试

学号：081202 姓名：李四2 班级：B08312　　　　　　　　　　　　倒计时：　　　交卷

单项选择题
1.　1KB=（ ）。
○ A　　AB
○ B　　10的10次方B
○ C　　1024B
○ D　　10的20次方B

2.　GB2312-80码在计算机中用（ ）byte存放。

3.　计算机应用经历了三个主要阶段，这三个阶段是超、大、中、小型计算机阶段，微型计算机阶段和（ ）。
○ A　　智能计算机阶段
○ B　　掌上电脑阶段
○ C　　因特网阶段
○ D　　计算机网络阶段

4.　十六进制数-61的二进制原码是（ ）。
○ D　　10111101

5.　我国研制的第一台计算机用（ ）命名。
○ A　　联想
○ B　　奔腾
○ C　　银河
○ D　　方正

图 12-9　学生考试操作页面

考试过程中倒计时会自动进行刷新，时间的计算必须以服务器时间为准，所以需要局部更新页面。本项目中使用了ScriptManager结合UpdatePanel实现网页内容局部刷新。在本页面中使用到的局部刷新有两部分，一部分是倒计时时间提示，另外，学生在答题过程中每个答题操作都会产生服务器的请求和刷新，也需要局部刷新技术。试卷中的试题的加载使用了Repeater数据控件实现，该控件与GridView控件相比最大的优势在于灵活性强。下面是考试前端页面的主要代码：

```
<html xmlns="http://www.w3.org/1999/xhtml">
<head runat="server">
  <title></title>
</head>
<body>
  <form id="form1" runat="server">
    <asp:ScriptManager ID="ScriptManager1" runat="server"></asp:ScriptManager>
    <table style="border-bottom: medium none ! important;" width="100%" cellpadding="0"
      cellspacing="0" height="100%">
      <tbody>
        <tr>
          <td class="style1" id="TopDataTd" height="120" style="background-image: url('Images/top1.jpg');
            background-repeat: repeat-x" valign="middle">
```

```
                <img alt="" class="style2"
                    src="Images/top.png" /></td>
            </tr>
            <tr>
        <td class="newskin_left">
            <table width="100%">
                <tr>
                    <td>
                        <div id="headTitle">
                            <table width="100%" style="background-image: url('Images/select.gif'); background-repeat: repeat-x">
                                <tr>
                                    <td align="left">
                                        <asp:Label ID="lbTitle" runat="server" Font-Bold="True" Font-Size="Medium" ForeColor="White"></asp:Label>
                                        <asp:Label ID="lbPath" runat="server" Text="" ForeColor="White" Visible="false"></asp:Label>
                                        <asp:Label ID="lbBeginTime" runat="server" Text="" ForeColor="White" Visible="false"></asp:Label>
                                        <asp:Label ID="lbTimeSpan" runat="server" Text="" ForeColor="White" Visible="false"></asp:Label>
                                        <asp:Label ID="lbStuID" runat="server" Text="" ForeColor="White" Visible="false"></asp:Label>
                                        <asp:Label ID="lbName" runat="server" Text="" ForeColor="White"></asp:Label>
                                    </td>
                                    <td align="right" valign="middle">
                                        <asp:UpdatePanel ID="UpdatePanel3" runat="server" UpdateMode="Conditional">
                                            <ContentTemplate>
                                                <b>      
                                                    <asp:Label ID="Label4" runat="server" Text="倒计时： " Font-Size="Medium" Font-Bold="True"
                                                        ForeColor="White"></asp:Label><asp:Label ID="lbTime" runat="server" Font-Bold="True"
                                                        Font-Size="Medium" ForeColor="Red"></asp:Label></b>
                                                    <asp:ImageButton ID="ImageButton1" runat="server" ImageUrl="~/Images/submit.gif"
                                                        OnClick="Button1_Click" />
                                                    <asp:Timer ID="Timer1" runat="server" Interval="6000" OnTick="Timer1_Tick">
                                                    </asp:Timer>
                                            </ContentTemplate>
                                        </asp:UpdatePanel>
                                    </td>
                                </tr>
                            </table>
                        </div>
                        <asp:UpdatePanel ID="UpdatePanel2" runat="server" UpdateMode="Conditional">
                            <ContentTemplate>
                                <asp:Panel ID="Panel2" runat="server" ScrollBars="Auto" Height="540px" Width="100%">
                                    <div id="divAll" runat="server" visible="true" width="100%">
                                        <div>
                                            <table width="100%" style="font-weight: 700; font-size: 50pt">
                                                <tr>
                                                    <td colspan="2">
                                                        <b>
                                                            <asp:Label ID="lbSAll" runat="server" Text="单项选择题"></asp:Label></b>
                                                    </td>
                                                </tr>
                                                <asp:Repeater runat="server" ID="singleSelRpAll" OnItemCommand="singleSelRp_ItemCommand"
                                                    OnItemDataBound="singleSelRp_ItemDataBound">
                                                    <ItemTemplate>
                                                        <tr>
                                                            <td colspan="2">
                                                                <asp:Label ID="lbIndex" runat="server" Text=""><%#Container.ItemIndex+1%></asp:Label>
                                                                <asp:Label ID="lbTitle" runat="server" Text='<%#DataBinder.Eval(Container.
DataItem,"Title") %>'></asp:Label>
```

```
                                            <asp:Label ID="lbID" Visible="false" runat="server" Text='<%#DataBinder.
Eval(Container.DataItem,"ID") %>'></asp:Label>
                                    </td>
                                </tr>
                                <tr>
                                    <td width="5%">
                                        <asp:RadioButton ID="rdSingleSelA" runat="server" Text="A" GroupName="group1"
OnCheckedChanged="rdClickA2All" />
                                    </td>
                                    <td>
                                        <asp:Label ID="lbA" runat="server" Text='<%#DataBinder.Eval(Container.
DataItem,"A") %>'></asp:Label>
                                    </td>
                                </tr>
                                <tr>
                                    <td>
                                        <asp:RadioButton ID="rdSingleSelB" runat="server" Text="B" GroupName="group1"
OnCheckedChanged="rdClickB2All"
                                            AutoPostBack="false" />
                                    </td>
                                    <td>
                                        <asp:Label ID="lbB" runat="server" Text='<%#DataBinder.Eval(Container.
DataItem,"B") %>'></asp:Label>
                                    </td>
                                </tr>
                                <tr>
                                    <td>
                                        <asp:RadioButton ID="rdSingleSelC" runat="server" Text="C" GroupName="group1"
OnCheckedChanged="rdClickC2All" AutoPostBack="false" />
                                    </td>
                                    <td>
                                        <asp:Label ID="lbC" runat="server" Text='<%#DataBinder.Eval(Container.
DataItem,"C") %>'></asp:Label>
                                    </td>
                                </tr>
                                <tr>
                                    <td>
                                                <asp:RadioButton ID="rdSingleSelD" runat="server" Text="D"
GroupName="group1" OnCheckedChanged="rdClickD2All" AutoPostBack="false" />
                                    </td>
                                    <td>
                                        <asp:Label ID="Label1" runat="server" Text='<%#DataBinder.Eval(Container.
DataItem,"D") %>'></asp:Label>
                                    </td>
                                </tr>
                                <tr>
                                    <td colspan="2">
                                        <hr/>
                                    </td>
                                </tr>
                            </ItemTemplate>
                        </asp:Repeater>
                    </table>
                </div>

            </div>
```

```
                </asp:Panel>
              </ContentTemplate>
            </asp:UpdatePanel>
          </td>
        </tr>
      </table>
    </td>
  </tr>
</tbody>
</table>
</form>
</body>
</html>
```

2. 加载学生信息和状态

页面加载完成后首先要读取学生的信息和对状态进行校验，该部分代码应该在页面加载完成的事件中处理（Page_Load），具体代码如下：

```
if (!IsPostBack)
  {
    string id = Session["stuid"].ToString();
    this.lbStuID.Text = id;
    string sql = "select * from Student where StuID='" + id + "'";
    DataSet dsTest = new DataSet();
    dsTest = DbHelper.Query(sql);
    if (dsTest.Tables[0].Rows[0]["state"].ToString() == "已考")
    {
      Response.Write("<script>alert('您已完成此次考试，不能重复考试!');</script>");
      return;
    }
    string classname = dsTest.Tables[0].Rows[0]["classname"].ToString();

    this.ImageButton1.Attributes.Add("onclick", "return confirm('是否交卷？');");
    stuid = Session["stuid"].ToString();

    this.lbPath.Text = Server.MapPath(@"~/Papers") + @"\" + classname + @"\" + id + @".xml";

    root = XElement.Load(this.lbPath.Text);
    XElement stu = root.Element("Student");
    //beginTime = DateTime.Parse(GetBeginTime(this.lbStuID.Text));
    //获取登录状态
    string state = stu.Element("State").Value;
    if (state == "未考")
    {
      //获取登录时间
      //beginTime = DateTime.Parse(stu.Element("BeginTime").Value);
      stu.Element("BeginTime").Value = DateTime.Now.ToString();
      beginTime = DateTime.Now;
      stu.Element("State").Value = "开考";
    }
    else if (state == "开考")
    {
      //获取登录时间
      beginTime = DateTime.Parse(stu.Element("BeginTime").Value);
    }
    else if (state == "已考")
```

```
        {
            Response.Write("<script>alert('您的考试已经完成，不能重复考试！');location='TestLogin.aspx';</script>");
            //Response.Redirect("login.aspx");
        }

        string m = stu.Element("TimeSpan").Value;
        minute = int.Parse(m);

        TimeSpan span = DateTime.Now – beginTime;
        remainder = minute * 60 – span.Hours * 60 * 60 – span.Minutes * 60;
        root.Save(this.lbPath.Text);
        //显示个人信息
        //this.lbStuID.Text = stu.Attribute("ID").Value;
        //this.lbName.Text = stu.Element("Name").Value;
        this.lbTitle.Text = "学号：" + stu.Attribute("ID").Value + " 姓名：" + stu.Element("Name").Value +
            " 班级：" + classname;
        lp6();
        //beginTime = DateTime.Parse(GetBeginTime(this.lbStuID.Text));
        this.lbBeginTime.Text = beginTime.ToString();
        this.lbTimeSpan.Text = minute.ToString();
    }
    else
    {
    }
```

3. 加载试卷内容

学生信息读取完之后，就需要将考试试卷加载到页面中，即将XML文件中的试题数据加载到Repeater控件中，具体代码如下：

扫一扫，看视频

```
root = XElement.Load(this.lbPath.Text);          //读取试卷XML文件
    try
    {
        //遍历所有试题内容
        var q = from c in root.Element("Questions").Descendants("Question")
            select new Question
            (c.Element("ID").Value,
            c.Element("title").Value,
            c.Element("A").Value,
            c.Element("B").Value,
            c.Element("C").Value,
            c.Element("D").Value,
            c.Element("RightAnswer").Value,
            c.Element("Answer").Value,
            c.Element("Score").Value
            );

        if (q != null && q.Count() > 0)
            this.lbSAll.Visible = true;
        else
            this.lbSAll.Visible = false;
//绑定Repeater控件
        this.singleSelRpAll.DataSource = q;
        this.singleSelRpAll.DataBind();
    }
    catch
    {
```

```
            this.lbSAll.Visible = false;
        }
```

4. 考试过程中倒计时时间的计算

扫一扫，看视频

考试过程中所有的时间均以服务器的时间为准，所以网页中的定时器不能使用JavaScript中的定时器，这里使用了ScriptManager中的服务器端定时器Timer控件，定时器的时间间隔设置为6000毫秒，前端的代码如下：

```
<asp:Timer ID="Timer1" runat="server" Interval="6000" OnTick="Timer1_Tick">
                            </asp:Timer>
//定时器的OnTick事件代码如下：
TimeSpan span = DateTime.Now – DateTime.Parse(this.lbBeginTime.Text);
//计算剩余时间
    minute = int.Parse(this.lbTimeSpan.Text);
    remainder = minute * 60 – span.Hours * 60 * 60 – span.Minutes * 60;
    remainder--;
    int m = remainder / 60;
    int s = remainder % 60;
    this.lbTime.Text = m.ToString() + "分钟";// +s.ToString();
//如果考试时间用完，自动交卷
    if (remainder <= 0)
    {
        Response.Write("<script>alert('时间已到，系统将自动为您交卷！');</script>");
        root = XElement.Load(this.lbPath.Text);
        XElement stu = root.Element("Student");
        stu.Element("State").Value = "已考";
        root.Save(this.lbPath.Text);

        int result = GetScore();
        string sql = "update student set state='已考',score='" + result.ToString() +
            "' where stuid='" + this.lbStuID.Text + "'";
        DbHelper.ExecuteSql(sql);
        Session["path"] = this.lbPath.Text;
        Response.Redirect("over1.aspx?score=" + result.ToString());
    }
```

5. 学生答题事件处理

扫一扫，看视频

学生在答题过程中，每个答题动作都要将所选答案更新到试卷文件中，学生答题主要是单选按钮和多选按钮的事件处理，这里以单选题的RadioButton为例，具体代码如下：

```
//单选题A的RadioButton事件
  protected void rdClickA2All(object sender, EventArgs e)
  {
    RadioButton rd = (RadioButton)sender;
    sRbText = rd.ClientID;
    foreach (RepeaterItem item in this.singleSelRpAll.Items)
    {
      rd = (RadioButton)item.FindControl("rdSingleSelA");
      if ((sRbText == rd.ClientID) && rd.Checked)
      {
        rd.Checked = True;
        Label lb = (Label)item.FindControl("lbID");
        //更新XML文件
```

```
        string qesID = lb.Text;

        root = XElement.Load(this.lbPath.Text);
        var q = from c in root.Element("Questions").Descendants("Question")
            where c.Element("ID").Value == qesID
            select c;
        if (q != null && q.Count() != 0)
        {
            foreach (var p in q)
            {
                p.Element("Answer").Value = "A";
            }
        }
        root.Save(this.lbPath.Text);
        //Response.Write(lb.Text);
        }
    }
}
```

6. 自动判卷处理

对于客观题来说，试卷中存储了每个题目的正确答案和学生答案，两者比对就可以计算出学生的成绩，将成绩写入学生的数据记录中，具体代码如下：

```
public int GetScore()
{
    int sum = 0;
    root = XElement.Load(this.lbPath.Text);
    var q = from c in root.Element("Questions").Descendants("Question")
        select new Question
        (c.Element("ID").Value,
        c.Element("title").Value,
        c.Element("A").Value,
        c.Element("B").Value,
        c.Element("C").Value,
        c.Element("D").Value,
        c.Element("RightAnswer").Value,
        c.Element("Answer").Value,
        c.Element("Score").Value
        );
    if (q.Count() > 0)
    {
        foreach (Question t in q)
        {
            if (t.Answer == t.MyAnswer)
                sum += t.Score;
        }
    }
    return sum;
}
```

7. 交卷

交卷分为两种，一种是学生手动交卷（单击交卷按钮），另外一种是考试时间结束系统自动交卷。两者的执行逻辑实际上是一致的，都需要先计算考试成绩，然后更新学生考试状态和成绩，具体代码如下：

```
root = XElement.Load(this.lbPath.Text);

    XElement stu = root.Element("Student");
    stu.Element("State").Value = "已考";
    root.Save(this.lbPath.Text);
    int result = GetScore();                    //调用计算分数方法
//更新学生状态和成绩信息
    string sql = "update Student set State='已考',Score='" + result.ToString() +
        "' where stuid='" + this.lbStuID.Text + "'";
    DbHelper.ExecuteSql(sql);
    Session["path"] = this.lbPath.Text;
//跳转到学生成绩显示页面
    Response.Redirect("over1.aspx?Score=" + result.ToString());
```

12.6 本章小结

本章详细介绍了在线考试系统的开发过程。通过学习本章内容，读者可以了解如何通过系统目标设计业务流程和数据库、如何合理组织项目文件结构。通过主要模块的实现过程，读者可以深入了解ASP.NET框架中各种控件的使用；结合在线考试后台管理部分实现对数据的基本管理功能，如数据的导入和导出；通过在线答题部分了解ASP.NET中的局部刷新技术、XML文件的读写操作等。希望本章所介绍的内容可以给读者在今后的项目开发中带来启发和帮助。

12.7 思考题

1. 什么是程序开发三层架构？在在线考试系统案例中分为几层？分别是什么？每层负责什么工作？分层的好处都有哪些？

2. 在线考试系统案例中，如果客户要求数据使用My SQL数据库，都有哪些代码需要修改？

3. 文中在线考试系统只介绍了选择题的实现方法，如果需要增加判断题题型，请读者给出解决方案（从数据库结构、前端控件显示、分值判定等多角度进行分析）。

第 13 章

ASP.NET MVC 案例开发——订单管理系统

学习引导

　　本章以前面学习的 ASP.NET MVC 框架为基础进行实际的案例开发。以简单的订单管理系统为例介绍整个开发过程、关键技术点及典型模块的实现过程。本章重点是理解 ASP.NET MVC 框架的开发模式，包括前端和后端交互的方式、工程文件的组织方式、典型的模块实现。通过本章的实例，向读者演示如何使用 ASP.NET MVC 框架开发应用程序（为了简单明了地说明开发过程和方法，本案例中忽略了具体的订单流转过程，读者可以参考源代码自行学习更为复杂的订单流转和处理过程）。

扫一扫，看视频

内容浏览

13.1 系统分析与设计

订单管理系统旨在提供一套完整的订单在线处理的Web应用程序，使用者包括总经理、业务员、代理商、工厂负责人等。代理商负责洽谈订单，具体事项由代理商下属的业务员负责，产生订单后自动发送给工厂负责人；工厂负责人负责组织执行订单、生产产品、及时在系统中更新订单状态，产品生产完成后发货给客户；业务员负责售后服务；总经理可以查看所有订单情况。系统提供各种丰富的报表和查询工具方便总经理掌握公司的运转状态。

订单管理系统中涉及的管理对象主要有用户管理、代理商管理、业务员管理、订单管理等。本章主要介绍一些基础的功能模块的实现，通过这些简单的实例来理解如何使用ASP.NET MVC框架开发Web应用程序，使读者体会到与Web Form模式开发的不同之处。

13.1.1 系统主要功能模块

订单管理系统的主要功能模块如下：

（1）用户管理：管理使用系统的用户信息。

（2）代理商管理：管理代理商信息。

（3）业务员管理：管理业务员信息。

（4）订单录入：业务员联系好业务之后，在系统中录入订单信息。

（5）订单管理：管理系统所有订单，可以按照条件查询。

（6）订单流转：订单处理的过程，包括业务员录入订单、代理商确认订单、工厂接收订单、工厂录入订单生产进度、发货等。

13.1.2 数据库设计

本项目的数据库中主要有7张数据表，包括用户信息表、产品信息表、代理商信息表、客户信息表、订单信息表、订单详情表。

（1）用户信息表（User）：用户信息表存储了使用系统的所有用户信息，结构见表13-1。

表 13–1 User 表结构

字段名	数据类型	默认值	必填字段	说　明
Pid	Varchar(32)	无	是	主键
UserName	Varchar(40)	无	是	用户名
Pwd	Varchar(100)	无	是	密码
RealName	Varchar(30)	无	否	真实姓名
Tel	Varchar(13)	无	否	电话
Address	Varchar(200)	无	否	地址
Role	Varchar(30)	无	是	用户角色
DepPid	Varchar(32)	1	是	如果是代理商所属账号，则存放代理商 Pid

表中Role字段为用户角色，系统中角色包括总经理、系统管理员、代理商、业务员、工厂订单管理员等，不同的角色有不同的功能权限定义。

（2）产品信息表（Product）：用于存储工厂生产产品的信息，结构见表13-2。

表 13-2　Product 表结构

字段名	数据类型	默认值	必填字段	说　明
Pid	Varchar(32)	无	是	主键
ProductName	Varchar(100)	无	是	产品名称
ProductType	Varchar(50)	无	是	产品型号
Code	Varchar(20)	无	是	产品编码
Unit	Varchar(10)	无	是	单位
SaleNum	Int	0	是	销售数量
Bz	Varchar(200)	无	否	产品说明

（3）代理商信息表（Agent）：用于存储代理商信息，结构见表13-3。

表 13-3　Agent 表结构

字段名	数据类型	默认值	必填字段	说　明
Pid	Varchar(32)	无	是	主键
AgentName	Varchar(50)	无	是	代理商名称
Address	Varchar(100)	无	否	代理商地址
LinkMan	Varchar(20)	无	是	联系人
Tel	Varchar(13)	无	是	联系电话

（4）客户信息表（Client）：用于存储客户基本信息，结构见表13-4。

表 13-4　Client 表结构

字段名	数据类型	默认值	必填字段	说　明
Pid	Varchar(32)	无	是	主键
ClientName	Varchar(100)	无	是	客户名称
Address	Varchar(200)	无	是	客户地址
LinkMan	Varchar(20)	无	是	联系人
Tel	Varchar(13)	无	是	联系电话
Bz	Varchar(100)	无	否	备注说明
SalerPid	Varchar(32)	无	是	外键，所属业务员，对应用户信息表

（5）订单信息表（Order）：用于存储订单基本信息，结构见表13-5。

表 13-5　Order 表结构

字段名	数据类型	默认值	必填字段	说　明
Pid	Varchar(32)	无	是	主键
OrderNo	Varchar(12)	无	是	订单编号
OrderDate	Datetime	系统当前时间	是	订单日期
ClientPid	Varchar(32)	无	是	外键，对应客户信息表的主键
Address	Varchar(200)	无	是	发货地址
Tel	Varchar(13)	无	是	联系电话
FeeSum	Float	0	是	费用总额
BusOpPid	Varchar(32)	无	是	外键，订单归属业务员 Pid，对应用户信息表
State	Int	0	是	订单状态

（6）订单详情表（OrderDetail）：与订单信息表构成主从表，用于存储订单的产品列表，结构见表13-6。

表 13–6　OrderDetail 表结构

字段名	数据类型	默认值	必填字段	说　明
Pid	Varchar(32)	无	是	主键
OrderPid	Varchar(32)	无	是	外键，对应订单信息表主键
ProductPid	Varchar(32)	无	是	外键，对应产品信息表主键
ProductNum	Float	0	是	产品数量
SalePrice	Float	0	是	销售单价

13.1.3　项目工程结构

对于较大的工程项目，一般需要创建多个工程，不同工程之间相互配合。本项目中创建了一个解决方案（OrderMIS.sln），在该解决方案下包含多个工程，具体结构如图13-1所示。

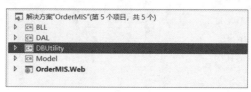

图 13-1　项目工程结构

这是一个标准的MVC三层结构，共包含5个工程，主要功能如下：

（1）Model：实体类型，包含系统中所有的数据结构定义，这里还包括为每个数据库表生成对应的实体类方便数据库操作。

（2）DBUtility：数据库访问方法类，为了简化数据库操作代码，这里对常用的数据库操作进行了封装处理。

（3）DAL：各个数据库表的访问方法，这里为每个数据库表生成对应的类，这个类中封装了一些常用的数据库操作方法，如增、删、改、查等。

（4）BLL：业务逻辑处理层，这里对主要的业务处理逻辑进行了封装。

（5）Web：应用层，这里主要用于界面显示、用户交互，具体业务处理需要调用业务处理层中的方法。

13.2　数据库访问层设计与实现

扫一扫，看视频

数据库访问层是对数据库操作的封装，本项目中的数据库访问层包括两部分，即通用数据库访问类和对应数据库表数据操作的封装类。

13.2.1　通用数据库访问类

通用数据库访问类是对各种数据库类型的操作进行封装，降低工程的代码工作量。本项目中是在工程DBUtility中实现。该工程主要包含以下文件。

1. PubConstant类

PubConstant类主要用于获取数据库连接字符串，要想对数据库进行操作首先要提供数据库的地址、用户名、密码、数据库名称等信息，通常这些信息以数据库连接字符串的形式实现。这个数据库字符串通常存在于可执行应用程序的配置文件中，在本项目中则是存储在Web工程下的web.config配置文件的appSetting节点下，具体代码如下：

```
<add key="ConnectionString" value="server=182.92.217.4;database=OrderDB;uid=sa;pwd=qwertyuiop123,./"/>
```

读者可以根据自己的数据库部署情况相应修改。

一般在实际部署时不会将数据库连接字符串以明文的形式存储，所以还需要对其进行加密、解密操作。这里封装了PubContant类对数据库连接字符串进行处理，具体代码如下：

```csharp
public class PubConstant
{
  /// <summary>
  /// 获取连接字符串
  /// </summary>
  public static string ConnectionString
  {
    get
    {
      string _connectionString = ConfigurationManager.AppSettings["ConnectionString"];
      string ConStringEncrypt = ConfigurationManager.AppSettings["ConStringEncrypt"];
      if (ConStringEncrypt == "True")
      {
        _connectionString = DESEncrypt.Decrypt(_connectionString);
      }
      return _connectionString;
    }
  }
  /// <summary>
  /// 得到web.config中配置项的数据库连接字符串
  /// </summary>
  /// <param name="configName"></param>
  /// <returns></returns>
  public static string GetConnectionString(string configName)
  {
    string connectionString = ConfigurationManager.AppSettings[configName];
    string ConStringEncrypt = ConfigurationManager.AppSettings["ConStringEncrypt"];
    if (ConStringEncrypt == "True")
    {
      connectionString = DESEncrypt.Decrypt(connectionString);
    }
    return connectionString;
  }
}
```

2. DESEncrypt类

为了方便对数据库连接字符串进行加密、解密操作，DESEncrypt类对加密、解密方法进行了封装，具体代码如下：

```csharp
/// <summary>
/// 加密
/// </summary>
/// <param name="Text"></param>
/// <returns></returns>
public static string Encrypt(string Text)
{
  return Encrypt(Text, "litianping");
```

```csharp
    }
    /// <summary>
    /// 加密数据
    /// </summary>
    /// <param name="Text"></param>
    /// <param name="sKey"></param>
    /// <returns></returns>
    public static string Encrypt(string Text,string sKey)
    {
        DESCryptoServiceProvider des = new DESCryptoServiceProvider();
        byte[] inputByteArray;
        inputByteArray=Encoding.Default.GetBytes(Text);
        des.Key = ASCIIEncoding.ASCII.GetBytes(System.Web.Security.FormsAuthentication.
        HashPasswordForStoringInConfigFile(sKey, "md5").Substring(0, 8));
        des.IV = ASCIIEncoding.ASCII.GetBytes(System.Web.Security.FormsAuthentication.
        HashPasswordForStoringInConfigFile(sKey, "md5").Substring(0, 8));
        System.IO.MemoryStream ms=new System.IO.MemoryStream();
        CryptoStream cs=new CryptoStream(ms,des.CreateEncryptor(),CryptoStreamMode.Write);
        cs.Write(inputByteArray,0,inputByteArray.Length);
        cs.FlushFinalBlock();
        StringBuilder ret=new StringBuilder();
        foreach( byte b in ms.ToArray())
        {
            ret.AppendFormat("{0:X2}",b);
        }
        return ret.ToString();
    }

    #endregion
    /// <summary>
    /// 解密
    /// </summary>
    /// <param name="Text"></param>
    /// <returns></returns>
    public static string Decrypt(string Text)
    {
        return Decrypt(Text, "litianping");
    }
    /// <summary>
    /// 解密数据
    /// </summary>
    /// <param name="Text"></param>
    /// <param name="sKey"></param>
    /// <returns></returns>
    public static string Decrypt(string Text,string sKey)
    {
        DESCryptoServiceProvider des = new DESCryptoServiceProvider();
        int len;
        len=Text.Length/2;
        byte[] inputByteArray = new byte[len];
        int x,I;
        for(x=0;x<len;x++)
        {
            I = Convert.ToInt32(Text.Substring(x * 2, 2), 16);
            inputByteArray[x]=(byte)I;
        }
```

```
    des.Key = ASCIIEncoding.ASCII.GetBytes(System.Web.Security.FormsAuthentication.
    HashPasswordForStoringInConfigFile(sKey, "md5").Substring(0, 8));
    des.IV = ASCIIEncoding.ASCII.GetBytes(System.Web.Security.FormsAuthentication.
    HashPasswordForStoringInConfigFile(sKey, "md5").Substring(0, 8));
    System.IO.MemoryStream ms=new System.IO.MemoryStream();
    CryptoStream cs=new CryptoStream(ms,des.CreateDecryptor(),CryptoStreamMode.Write);
    cs.Write(inputByteArray,0,inputByteArray.Length);
    cs.FlushFinalBlock();
    return Encoding.Default.GetString(ms.ToArray());
}
```

3. DbHelperSQL类

　　DbHelperSQL类实现对SQL Server类型数据的基本操作的封装，不同的数据库操作可能有所不同，读者可以参考该类去实现访问My SQL数据库、Oracle数据库等对应的数据库操作封装类。该类具体的实现代码如下：

```
//数据库连接字符串（web.config来配置）
    public static string connectionString = PubConstant.ConnectionString;
/// <summary>
    /// 执行SQL语句，返回影响的记录数
    /// </summary>
    /// <param name="SQLString">SQL语句</param>
    /// <returns>影响的记录数</returns>
    public static int ExecuteSql(string SQLString)
    {
      using (SqlConnection connection = new SqlConnection(connectionString))
      {
        using (SqlCommand cmd = new SqlCommand(SQLString, connection))
        {
          try
          {
            connection.Open();
            int rows = cmd.ExecuteNonQuery();
            return rows;
          }
          catch (System.Data.SqlClient.SqlException e)
          {
            connection.Close();
            throw e;
          }
        }
      }
    }
/// <summary>
    /// 执行多条SQL语句，实现数据库事务处理
    /// </summary>
    /// <param name="SQLStringList">多条SQL语句</param>
    public static int ExecuteSqlTran(List<String> SQLStringList)
    {
      using (SqlConnection conn = new SqlConnection(connectionString))
      {
        conn.Open();
        SqlCommand cmd = new SqlCommand();
        cmd.Connection = conn;
        SqlTransaction tx = conn.BeginTransaction();
```

```
                cmd.Transaction = tx;
                try
                {
                    int count = 0;
                    for (int n = 0; n < SQLStringList.Count; n++)
                    {
                        string strsql = SQLStringList[n];
                        if (strsql.Trim().Length > 1)
                        {
                            cmd.CommandText = strsql;
                            count += cmd.ExecuteNonQuery();
                        }
                    }
                    tx.Commit();
                    return count;
                }
                catch
                {
                    tx.Rollback();
                    return 0;
                }
            }
        }
    /// <summary>
        /// 执行查询语句，返回DataSet
        /// </summary>
        /// <param name="SQLString">查询语句</param>
        /// <returns>DataSet</returns>
        public static DataSet Query(string SQLString)
        {
            using (SqlConnection connection = new SqlConnection(connectionString))
            {
                DataSet ds = new DataSet();
                try
                {
                    connection.Open();
                    SqlDataAdapter command = new SqlDataAdapter(SQLString, connection);
                    command.Fill(ds, "ds");
                }
                catch (System.Data.SqlClient.SqlException ex)
                {
                    throw new Exception(ex.Message);
                }
                return ds;
            }
        }
```

13.2.2 DAL 层

DAL层主要针对各个数据库表的增、删、改、查这些基本操作进行了封装，每个数据库表对应一个类文件，类名和表名一致，这里以代理商信息表（Agent）为例进行说明，具体代码如下：

```
/// <summary>
/// 增加一条数据
```

```
/// </summary>
public bool Add(OrderMIS.Model.Agent model)
{
    StringBuilder strSql=new StringBuilder();
    strSql.Append("insert into Agent(");
    strSql.Append("Pid,AgentName,Address,LinkMan,Tel,Area2Pid)");
    strSql.Append(" values (");
    strSql.Append("@Pid,@AgentName,@Address,@LinkMan,@Tel,@Area2Pid)");
    SqlParameter[] parameters = {
        new SqlParameter("@Pid", SqlDbType.VarChar,32),
        new SqlParameter("@AgentName", SqlDbType.VarChar,100),
        new SqlParameter("@Address", SqlDbType.VarChar,500),
        new SqlParameter("@LinkMan", SqlDbType.VarChar,50),
        new SqlParameter("@Tel", SqlDbType.VarChar,50),
        new SqlParameter("@Area2Pid", SqlDbType.VarChar,32)};
    parameters[0].Value = model.Pid;
    parameters[1].Value = model.AgentName;
    parameters[2].Value = model.Address;
    parameters[3].Value = model.LinkMan;
    parameters[4].Value = model.Tel;
    parameters[5].Value = model.Area2Pid;

    int rows=DbHelperSQL.ExecuteSql(strSql.ToString(),parameters);
    if (rows > 0)
    {
        return true;
    }
    else
    {
        return false;
    }
}
/// <summary>
/// 更新一条数据
/// </summary>
public bool Update(OrderMIS.Model.Agent model)
{
    StringBuilder strSql=new StringBuilder();
    strSql.Append("update Agent set ");
    strSql.Append("AgentName=@AgentName,");
    strSql.Append("Address=@Address,");
    strSql.Append("LinkMan=@LinkMan,");
    strSql.Append("Tel=@Tel,");
    strSql.Append("Area2Pid=@Area2Pid");
    strSql.Append(" where Pid=@Pid ");
    SqlParameter[] parameters = {
        new SqlParameter("@AgentName", SqlDbType.VarChar,100),
        new SqlParameter("@Address", SqlDbType.VarChar,500),
        new SqlParameter("@LinkMan", SqlDbType.VarChar,50),
        new SqlParameter("@Tel", SqlDbType.VarChar,50),
        new SqlParameter("@Area2Pid", SqlDbType.VarChar,32),
        new SqlParameter("@Pid", SqlDbType.VarChar,32)};
    parameters[0].Value = model.AgentName;
    parameters[1].Value = model.Address;
    parameters[2].Value = model.LinkMan;
    parameters[3].Value = model.Tel;
```

```
    parameters[4].Value = model.Area2Pid;
    parameters[5].Value = model.Pid;

    int rows=DbHelperSQL.ExecuteSql(strSql.ToString(),parameters);
    if (rows > 0)
    {
        return True;
    }
    else
    {
        return False;
    }
}

/// <summary>
/// 删除一条数据
/// </summary>
public bool Delete(string Pid)
{

    StringBuilder strSql=new StringBuilder();
    strSql.Append("delete from Agent ");
    strSql.Append(" where Pid=@Pid ");
    SqlParameter[] parameters = {
        new SqlParameter("@Pid", SqlDbType.VarChar,32)          };
    parameters[0].Value = Pid;

    int rows=DbHelperSQL.ExecuteSql(strSql.ToString(),parameters);
    if (rows > 0)
    {
        return true;
    }
    else
    {
        return false;
    }
}
/// <summary>
/// 得到一个对象实体
/// </summary>
public OrderMIS.Model.Agent GetModel(string Pid)
{

    StringBuilder strSql=new StringBuilder();
    strSql.Append("select  top 1 Pid,AgentName,Address,LinkMan,Tel,Area2Pid from Agent ");
    strSql.Append(" where Pid=@Pid ");
    SqlParameter[] parameters = {
        new SqlParameter("@Pid", SqlDbType.VarChar,32)          };
    parameters[0].Value = Pid;

    OrderMIS.Model.Agent model=new OrderMIS.Model.Agent();
    DataSet ds=DbHelperSQL.Query(strSql.ToString(),parameters);
    if(ds.Tables[0].Rows.Count>0)
    {
        return DataRowToModel(ds.Tables[0].Rows[0]);
    }
    else
```

```
    {
        return null;
    }
}
/// <summary>
/// 获取记录总数
/// </summary>
public int GetRecordCount(string strWhere)
{
    StringBuilder strSql=new StringBuilder();
    strSql.Append("select count(1) from Agent ");
    if(strWhere.Trim()!="")
    {
        strSql.Append(" where "+strWhere);
    }
    object obj = DbHelperSQL.GetSingle(strSql.ToString());
    if (obj == null)
    {
        return 0;
    }
    else
    {
        return Convert.ToInt32(obj);
    }
}
/// <summary>
/// 分页获取数据列表
/// </summary>
public DataSet GetListByPage(string strWhere, string orderby, int startIndex, int endIndex)
{
    StringBuilder strSql=new StringBuilder();
    strSql.Append(" select * from ( ");
    strSql.Append(" select  row_number() over (");
    if (!string.IsNullOrEmpty(orderby.Trim()))
    {
        strSql.Append("order by T." + orderby );
    }
    else
    {
        strSql.Append("order by T.Pid desc");
    }
    strSql.Append(")AS Row, T.*  from Agent T ");
    if (!string.IsNullOrEmpty(strWhere.Trim()))
    {
        strSql.Append(" where " + strWhere);
    }
    strSql.Append(" ) TT");
    strSql.AppendFormat(" where TT.Row between {0} and {1}", startIndex, endIndex);
    return DbHelperSQL.Query(strSql.ToString());
}
```

对其进行封装后，BLL业务逻辑层使用这些方法可以简化数据库操作。

13.2.3　BLL 业务逻辑层

BLL业务逻辑层针对各个业务逻辑操作进行了封装，向下涉及数据库的操作需要调用

DAL层，向上为应用层提供调用方法。下面以一个简单的业务逻辑为例进行说明，在应用中常常需要查询业务员所属的代理商。如果每次都去调用DAL，重复的代码量较多，所以就需要对其进行封装。在BLL工程中的User类中，增加相应的方法，代码如下：

```
//通过业务员的主键获取业务员所属的代理商信息
public OrderMIS.Model.Agent GetAgent(string userpid)
{
    OrderMIS.BLL.Agent bllAgent = new Agent();
    OrderMIS.Model.SysUsers modelUsers = GetModel(userpid);
    if(modelUsers!=null)
    {
        if (modelUsers.Role == "业务员")
        {
            OrderMIS.Model.Agent modelAgent = bllAgent.GetModel(modelUsers.DepPid);
            return modelAgent;
        }
        else
        {
            return null;
        }
    }
    else
    {
        return null;
    }
}
```

其他业务逻辑请读者参考源代码进行阅读理解。

13.3 应用层实现

扫一扫，看视频

本节主要介绍Web工程的核心模块的实现过程，读者应该重点理解解决方案中各个工程之间的相互调用关系，ASP.NET MVC中前端和后端数据的传输方法。限于篇幅，本节只对几个典型的模块进行介绍，其他内容请读者参考源代码自行阅读学习。

13.3.1 Web 工程组织结构

扫一扫，看视频

Web工程是使用ASP.NET MVC框架开发的，所以遵从"约定大于配置"的原则对工程目录进行组织，主要工程目录如图13-2所示。

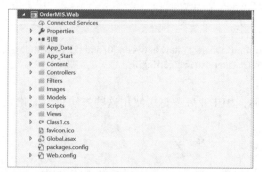

图 13-2　Web 工程目录

其中，Content目录存放一些静态的资源文件，如CSS文件、JavaScript文件、图片文件等；Controller目录存放编写的控制器；Views目录存放视图文件；Web.config文件为工程配置文件。这个工程结构和前面介绍的ASP.NET MVC工程组织结构一致。

13.3.2　前端框架

为了快速搭建前端页面，本项目采用了EasyUI前端框架。EasyUI内容丰富，使用少量代码就可以定义用户界面，使用简单。在使用EasyUI时只需要引用相应的JavaScript库文件，这些库文件都存放在Content目录中。为了方便使用，本项目创建了公用的Layout文件，该文件中引入了EasyUI需要的JavaScript文件，创建新的视图可以将该文件作为母版页。该文件代码如下：

扫一扫，看视频

```
代码路径：/Views/Shared/_Layout.csthml
<!DOCTYPE html>
<html lang="en">
<head>
  <meta charset="utf-8" />
  <title>@ViewBag.Title</title>
  <link href="~/favicon.ico" rel="shortcut icon" type="image/x-icon" />
  <meta name="viewport" content="width=device-width" />
  <link href="~/Content/themes/default/easyui.css" rel="stylesheet" />
  <link href="~/Content/themes/icon.css" rel="stylesheet" />
  @Scripts.Render("~/bundles/modernizr")
  @Scripts.Render("~/bundles/jquery")
  <script src="~/Scripts/jquery.easyui.min.js"></script>
  <script src="~/Scripts/easyui-lang-zh_CN.js"></script>
  @RenderSection("headscripts", required: false)
</head>
<body>

  @RenderBody()
  @RenderSection("scripts", required: false)
</body>
</html>
```

13.3.3　系统登录模块

系统登录模块用于验证用户身份，包括前端页面和后端逻辑代码。前端页面使用EasyUI框架搭建，具体代码如下：

扫一扫，看视频

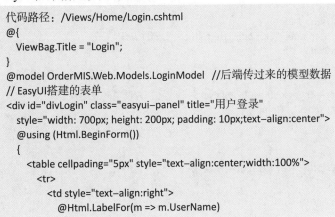
```
代码路径：/Views/Home/Login.csthml
@{
  ViewBag.Title = "Login";
}
@model OrderMIS.Web.Models.LoginModel   //后端传过来的模型数据
// EasyUI搭建的表单
<div id="divLogin" class="easyui-panel" title="用户登录"
  style="width: 700px; height: 200px; padding: 10px;text-align:center">
  @using (Html.BeginForm())
  {
    <table cellpading="5px" style="text-align:center;width:100%">
      <tr>
        <td style="text-align:right">
          @Html.LabelFor(m => m.UserName)
```

```
          </td>

          <td>
             @Html.TextBoxFor(m => m.UserName, new { @class = "easyui-textbox",@data_options="required:true" })
             @Html.ValidationMessageFor(m=>m.UserName)
          </td>

        </tr>
        <tr>
          <td style="text-align:right">
             @Html.LabelFor(m=>m.UserPwd)
          </td>
          <td>
             @Html.TextBoxFor(m=>m.UserPwd,new {@class="easyui-textbox",@data_options="required:true"})
             @Html.ValidationMessageFor(m=>m.UserPwd)
          </td>
        </tr>
        <tr>
          <td colspan="2" style="text-align:center">
             <input type="submit" value="登录" />
             @Html.CheckBoxFor(m => m.RememberMe, new { @checked = "checked" })记住密码
          </td>
        </tr>
        <tr>
          <td colspan="2" style="text-align: center">
             @Html.ValidationSummary()                // 使用ASP.NET MVC框架进行数据验证
          </td>
        </tr>
      </table>
    }
</div>
//后端代码路径：/Controller/HomeController.cs
//处理get请求，用于显示登录页面
 public ActionResult Login()
    {
        return View();
    }
//处理Post请求，用于表单提交之后的处理
    [HttpPost]
    public ActionResult Login(OrderMIS.Web.Models.LoginModel model)
    {
       if (ModelState.IsValid)                      //数据验证
       {
        //验证通过
        List<OrderMIS.Model.SysUsers> list =
          bllUsers.GetModelList("username='" + model.UserName + "' and Pwd='" +
                  model.UserPwd + "'");
        if (list.Count > 0)
        {
          FormsAuthentication.SetAuthCookie(list[0].Pid,false);         //设置登录用户
          return RedirectToAction("Index", "Home");
        }
        else
        {
          ModelState.AddModelError("", "用户名或密码错误");
          return View(model);
```

```
            }
        }
        else
        {
            ModelState.AddModelError("", "用户名或密码错误");
            return View(model);
        }
    }
}
```

13.3.4   系统主页面

用户登录后进入主页面，主页面效果如图13-3所示。

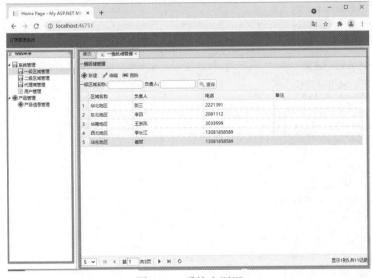

图 13-3   系统主页面

　　页面包括三部分，分别为头部标题、左侧导航树形菜单和右侧操作区。其中，左侧的导航树形菜单是根据登录用户的角色动态生成的；右侧操作区域为iframe内嵌其他具体的操作页面；导航的树形菜单可以切换iframe的内容，具体代码如下：

```
/Views/Home/Index.cshtml
@{
    Layout = null;
    ViewBag.Title = "Home Page";
}
<html lang="en">
    <head>
        <meta charset="utf-8" />
        <title>@ViewBag.Title - My ASP.NET MVC Application</title>
        <link href="~/favicon.ico" rel="shortcut icon" type="image/x-icon" />
        <meta name="viewport" content="width=device-width" />
        <link href="~/Content/themes/default/easyui.css" rel="stylesheet" />
        <link href="~/Content/themes/icon.css" rel="stylesheet" />
        @Scripts.Render("~/bundles/jquery")
        <script src="~/Scripts/jquery.easyui.min.js"></script>
        <script src="~/Scripts/easyui-lang-zh_CN.js"></script>
```

```
      </head>
  <body class="easyui-layout">
      <div data-options="region:'north',border:false" style="height: 40px; background: #00ff21; padding: 10px">
        订单管理系统
      </div>
      <div data-options="region:'west',split:true,title:'导航菜单',collapsed:false,iconCls:'icon-save'"
        style="width: 200px; padding: 10px 0px 10px 0px">
        <ul id="menuTree"></ul>
      </div>
      <div id="tb" class="easyui-tabs" data-options="region:'center'">
        <div title="首页" style="padding:20px;display:none">
          tab1
        </div>
      </div>
  </body>
  <script type="text/javascript">
      //加载树形菜单
      $("#menuTree").tree(
        {
          url: 'Permission/Index',
          onClick: function (node) {
            var title = node.text;
            var url = node.attributes;
            var isExt = $('#tb').tabs('exists', title);            //判断tab页是否已经存在
            if (url == "")
              return;
            if (isExt) {
              //如果存在则激活
              $('#tb').tabs('select', title);
              return;
            }
            //如果不存在则创建
            var content = '<iframe scrolling="no" frameborder="0" src="' +
              url + '" style="width:100%;height:100%;"></iframe>';
            $('#tb').tabs('add', {
              title: title,
              content:content,
              closable: true,
              iconCls:node.iconCls
            });
          }
        });
  </script>
</html>
```

在代码中主要使用了EasyUI的树形控件，数据来自后端，对应的Action为Permission/
Index，该方法用于判断用户角色并返回相应导航菜单内容，具体代码如下：

```
/Views/Controller/Permission
private OrderMIS.BLL.SysUsers bllUsers = new SysUsers();        //实例化BLL对象
public ActionResult Index()
{
  //获取当前登录用户
  string userpid = System.Web.HttpContext.Current.User.Identity.Name;
  OrderMIS.Model.SysUsers modelUsers = bllUsers.GetModel(userpid);
  string json = string.Empty;
  List<OrderMIS.Web.Models.Tree> list = new List<Models.Tree>();
```

```csharp
if (modelUsers.Role == "总经理")
{
    OrderMIS.Web.Models.Tree tree1 = new Models.Tree();
    tree1.id = "1";
    tree1.text = "系统管理";
    tree1.iconCls = "icon-save";
    tree1.attributes = "";
    tree1.state = "closed";

    OrderMIS.Web.Models.Tree tree11 = new Models.Tree();
    tree11.id = "2";
    tree11.text = "一级区域管理";
    tree11.iconCls = "icon-save";
    tree11.attributes = "AreaCharger1/Index";

    OrderMIS.Web.Models.Tree tree12 = new Models.Tree();
    tree12.id = "2";
    tree12.text = "二级区域管理";
    tree12.iconCls = "icon-save";
    tree12.attributes = "AreaCharger2/Index";

    OrderMIS.Web.Models.Tree tree13 = new Models.Tree();
    tree13.id = "2";
    tree13.text = "代理商管理";
    tree13.iconCls = "icon-save";
    tree13.attributes = "Agent/Index";

    OrderMIS.Web.Models.Tree tree14 = new Models.Tree();
    tree14.id = "14";
    tree14.text = "用户管理";
    tree14.iconCls = "icon-user";
    tree14.attributes = "SysUser/Index";
    OrderMIS.Web.Models.Tree tree2 = new Models.Tree();
    tree2.id = "4";
    tree2.text = "产品管理";
    tree2.iconCls = "icon-add";
    tree2.children = new List<Tree>();
    tree2.state = "closed";

    OrderMIS.Web.Models.Tree tree21 = new Models.Tree();
    tree21.id = "21";
    tree21.text = "产品信息管理";
    tree21.iconCls = "icon-add";
    tree21.attributes = "Product/Index";
    tree2.children.Add(tree21);

    OrderMIS.Web.Models.Tree tree3 = new Models.Tree();
    tree3.id = "5";
    tree3.text = "财务管理";
    tree3.attributes = "Home/About";
    tree3.iconCls = "icon-save";

    tree1.children = new List<Models.Tree>();
    //tree1.children.Add(tree3);
    tree1.children.Add(tree11);
    tree1.children.Add(tree12);
```

ASP.NET MVC案例开发——订单管理系统

```
            tree1.children.Add(tree13);
            tree1.children.Add(tree14);
            list.Add(tree1);
            list.Add(tree2);
        }
        else if (modelUsers.Role == "业务员")
        {
            OrderMIS.Web.Models.Tree tree1 = new Models.Tree();
            tree1.id = "1";
            tree1.text = "订单管理";
            tree1.iconCls = "icon-save";
            tree1.attributes = "";
            tree1.state = "closed";

            OrderMIS.Web.Models.Tree tree11 = new Models.Tree();
            tree11.id = "2";
            tree11.text = "待处理订单";
            tree11.iconCls = "icon-save";
            tree11.attributes = "Order/Index";
            tree1.children = new List<Tree>();
            tree1.children.Add(tree11);


            OrderMIS.Web.Models.Tree tree12 = new Models.Tree();
            tree12.id = "2";
            tree12.text = "新建订单";
            tree12.iconCls = "icon-save";
            tree12.attributes = "Order/AddOrder";
            tree1.children.Add(tree12);
            list.Add(tree1);

            OrderMIS.Web.Models.Tree tree2 = new Models.Tree();
            tree2.id = "1";
            tree2.text = "客户管理";
            tree2.iconCls = "icon-save";
            tree2.attributes = "";
            tree2.state = "closed";

            OrderMIS.Web.Models.Tree tree21 = new Models.Tree();
            tree21.id = "2";
            tree21.text = "客户资料管理";
            tree21.iconCls = "icon-save";
            tree21.attributes = "Client/Index";
            tree2.children = new List<Tree>();
            tree2.children.Add(tree21);
            list.Add(tree2);

        }
        return Json(list, JsonRequestBehavior.AllowGet);          //返回Json格式数据

    }
```

13.3.5　代理商管理模块

本节以代理商管理模块为例讲解各个功能模块的开发过程，其他模块和代理商模块基本类

似，都有一些共性功能，主要功能如下：

（1）模块首页以列表形式展示，列表支持分页，可以按条件查询。

（2）添加功能，以模态对话框形式弹出，添加后数据列表能够自动添加数据。

（3）修改功能，在表格中选取要编辑的记录，以对话框形式展示，修改后保存记录。

（4）删除功能，删除前先提示用户确认，确认后再执行删除动作，成功后在数据列表中删除。代理商管理页面如图13-4所示。

图 13-4 代理商管理页面

1. 控制器设计

代理商控制器主要包括几个视图方法，其他模块的控制器和其类似。主要有以下几种方法。

（1）Index视图函数：用于展示模块首页面。

（2）SetAgent视图函数：用于展示添加、修改页面。

（3）GetData方法：用于获取列表数据的接口，接收用户请求，返回数据集合。

（4）SaveAgent方法：接收添加、修改页面对应的保存按钮发出的请求，保存数据。这里将添加和修改写成一个函数更加方便。

（5）Del方法：用于删除数据记录。

具体代码如下：

```
Index
 public ActionResult Index()
    {
       return View();
    }
//获取数据列表
    public ActionResult GetData()
    {
      var pageIndex = int.Parse(Request["page"]);          //当前的页数
      var pageSize = int.Parse(Request["rows"]);           //页面行数
```

```
            var AgentName = Request["AgentName"];
            var LinkMan = Request["LinkMan"];
            string strWhere = " 2>1 ";
            if (AgentName != null && AgentName != "")
                strWhere += " and AgentName like '%" + AgentName + "%'";
            if (LinkMan != null && LinkMan != "")
                strWhere += " and LinkMan like '%" + LinkMan + "%'";
            int total = bllAgent.GetRecordCount(strWhere);
            List<OrderMIS.Model.Agent> list = bllAgent.GetModelListByPage(strWhere, "", pageIndex, pageSize);
            if (list.Count > 0)
            {
                foreach (OrderMIS.Model.Agent item in list)
                {
                    Model.AreaCharger2 model = bllAreaCharger2.GetModel(item.Area2Pid);
                    if (model != null)
                        item.Area2Name = model.AreaName;
                }
            }

            var data = new
            {
                total,
                rows = list
            };
            return Json(data, JsonRequestBehavior.AllowGet);
        }

        public ActionResult SetAgent(string Pid)
        {
            OrderMIS.Model.Agent model = new Model.Agent();
            if (Pid != null && Pid != "")
            {
                model = bllAgent.GetModel(Pid);
            }
            //根据二级区域选择对应一级区域
            string area1pid = "";
            if (model.Area2Pid != null && model.Area2Pid != "")
            {
                area1pid = bllAreaCharger2.GetModel(model.Area2Pid).Area1Pid;
            }
            //查询一级区域列表
            List<SelectListItem> listArea1 = new List<SelectListItem>();
            if (area1pid == "")
                listArea1.Add(new SelectListItem() { Text = "请选择", Value = "", Selected = true });
            else
                listArea1.Add(new SelectListItem() { Text = "请选择", Value = "", Selected = false });
            List<OrderMIS.Model.AreaCharger1> list = bllAreaCharger1.GetModelList("");
            foreach (OrderMIS.Model.AreaCharger1 item in list)
            {
                SelectListItem it = new SelectListItem();
                it.Text = item.AreaName;
                it.Value = item.Pid;
                if (item.Pid == area1pid)
                    it.Selected = true;
                listArea1.Add(it);
            }
```

```
        ViewData["Area1List"] = listArea1;
        //List<OrderMIS.Model.AreaCharger1> list = bllAreaCharger1.GetModelList("");

        //var listArea1 = new SelectList(list, "Pid", "AreaName", area1pid);

        //ViewData["Area1List"] = listArea1;
        return PartialView(model);
    }


    [HttpPost]
    public ActionResult SaveAgent(OrderMIS.Model.Agent model)
    {
        //model.Area2Pid = Request["Area2Pid"].ToString();
        string str = Request["Area1List"].ToString();
        if (model.Pid == null || model.Pid == "")
        {
            model.Pid = Guid.NewGuid().ToString("n");
            return Json(bllAgent.Add(model));
        }
        else
        {
            return Json(bllAgent.Update(model));
        }
    }
public ActionResult Del(string Pid)
    {
        bool rs = bllAgent.Delete(Pid);
        return Json(rs);
    }
```

2. 前端页面

列表展示功能用多条数据记录，前端中表格的展示使用datagrid控件，后端需要编写相应的控制器方法来获取数据，模态对话框使用dialog组件。具体用法可以参考EasyUI官网文档。前端页面主要包括首页（Index）、添加、修改（SetAgent），这些页面分别和控制器的视图函数对应，具体代码如下：

扫一扫，看视频

```
Index.cshtml （Views/Agent/Index.cshtml）
@{
    ViewBag.Title = "Index";
    //Layout = "~/Views/Shared/MyLayout.cshtml";
}
@section scripts
{
    <style type="text/css">
        #fm {
            margin: 0;
            padding: 10px 30px;
        }

        .ftitle {
            font-size: 14px;
            font-weight: bold;
            padding: 5px 0;
            margin-bottom: 10px;
            border-bottom: 1px solid #ccc;
```

```
        }
        .fitem {
            margin-bottom: 5px;
        }

        .fitem label {
            display: inline-block;
            width: 80px;
        }

        .fitem input {
            width: 160px;
        }
    </style>
    <script type="text/javascript">
        $(document).ready(function () {
            initData();

        });
        function add() {
            //设置对话框标题
            $('#dlg').dialog({ title: '添加代理商' });
            $.post('@Url.Action("SetAgent", "Agent")', {}, function (result) {
                $("#WinBody").html(result);
                $('#dlg').dialog('open');
            });
        }
        function btnQuery() {
            var queryParams = {
                AgentName: $('#tbAgentName').textbox('getText'),
                LinkMan: $('#tbLinkMan').textbox('getText')
            };
            initData(queryParams);
        }
        //初始化数据
        function initData(params) {
            $('#grid').datagrid({
                title: '代理商管理',
                url: '/Agent/GetData',
                method: 'post',
                height: 'auto',
                fitColumns: true,
                columns: [[
                { field: 'Pid', hidden: true },
                //{ filed:'Area2Pid',hidden:true},
                { field: 'AgentName', title: '代理商名称', width: 100 },
                 { field: 'Area2Name', title: '所属区域', width: 80 },
                  { field: 'Address', title: '发货地址', width: 150 },
                { field: 'LinkMan', title: '联系人', width: 80 },
                { field: 'Tel', title: '联系电话', width: 80 }
                ]],
                idField: 'Pid',
                pageSize: 20,
                pageList: [20, 30, 40],
                striped: true,
```

```
            singleSelect: true,
            toolbar: '#toolbar',
            pagination: true,
            rownumbers: true,
            fit: true,
            queryParams: params
        });
        $('#grid').datagrid('load');
    }
    //提交保存
    /* function saveAdd() {
        var postData = $("#addForm").serializeArray();
        $.post("/AreaCharger1/Add",
            postData,
            function (data) {
                alert(data);
                if (data == "1") {
                    $.messager.alert("提示", "添加成功", "info");
                    $("#addDiv").dialog("close");
                    $("#grid").datagrid("reload");
                    $("#addForm").form("clear");
                }
                else {
                    $.messager.alert("提示", "添加失败", "error");
                }
            });
    }*/
    //选中编辑
    function edit() {
        var row = $('#grid').datagrid('getSelected');
        if (row) {
            var pid = row.Pid;
            //请求获取对象
            $.post('@Url.Action("SetAgent", "Agent")', {Pid:pid}, function (result) {
                $("#WinBody").html(result);
                $('#dlg').dialog('open');

            })
        }
        else {
            $.messager.alert("提示", '请先选择要选中的行', "question");
            return;
        }
    }
    //保存编辑
    /* function saveEdit() {
        //获取编辑对象的Pid
        var pid = $('#Pid').val();
        var postData = $("#editForm").serializeArray();
        $.post("/AreaCharger1/Update?pid=" + Pid,
            postData,
            function (data) {
                if (data == "1") {
                    $.messager.alert('提示', '修改成功', 'info');
                    $('#editDiv').dialog('close');
                    $('#grid').datagrid('reload');
```

13

ASP.NET MVC案例开发——订单管理系统

```
                }
            else {
                $.messager.alert('提示', '修改失败', 'error');
                }
            }
        );
}*/
//删除记录
function del() {
    var row = $('#grid').datagrid('getSelected');
    if (row) {
        var pid = row.Pid;
        $.messager.confirm('确认删除', '您真的要删除选定的记录吗?',
            function (data) {
                if (data) {
                    postData = '{Pid:' + pid + '}';
                    $.post('/Agent/Del',
                        { Pid: pid },
                        function (rs) {
                            if (rs.toString() == 'true') {
                                //$.messager.alert('提示', '删除成功', 'info');

                                $('#grid').datagrid('reload');
                            }
                            else {
                                $.messager.alert('提示', '删除失败', 'error');
                            }
                        });
                }
            });
    }
    else {
        $.messager.alert('提示', '请先选择要删除的行', 'question');
        return;
    }
}
function FillArea2() {
    var area1Pid = $('#Area1List').val();
    $.ajax({
        url: '/Agent/FillArea2',
        type: "GET",
        dataType: "JSON",
        data: { area1Pid: area1Pid },
        success: function (data) {
            $('#Area2List').html("");
            $.each(data, function (i, data) {
                $('#Area2List').append($('<option></option>').val(data.Value).html(data.Text));
            });
        }
    });
}

function saveOk(result) {

    if (result.toString() == "true") {
        btnQuery();
```

```
                    $("#dlg").dialog('close');
                }
                else {
                    $.messager.alert('提示', '保存失败', 'error');
                }
            }
        </script>
}
<table id="grid" title="代理商" class="easyui-datagrid">
    @* <thead>
        <tr>
            <th field="AreaName" width="50">区域名称</th>
            <th field="Charger" width="50">负责人</th>
            <th field="Tel" width="100">联系电话</th>
            <th field="Bz" width="50">备注</th>
        </tr>
    </thead>*@
</table>
<div id="toolbar" style="padding: 5px; height: auto">
    <div>
        <a href="javascript:void(0)" class="easyui-linkbutton" iconcls="icon-add"
           id="btnAdd"
           plain="true" onclick="add();">新建</a>
        <a href="javascript:void(0)" class="easyui-linkbutton" iconcls="icon-edit"
           plain="true" onclick="edit();">编辑</a>
        <a href="javascript:void(0)" class="easyui-linkbutton" iconcls="icon-remove"
           plain="true" onclick="del();">删除</a>
    </div>

    <div>
        代理商名称:
        <input id="tbAgentName" class="easyui-textbox" style="width: 100px" />
        联系人:
        <input id="tbLinkMan" class="easyui-textbox" style="width: 100px" />
        <a href="#" class="easyui-linkbutton" iconcls="icon-search" onclick="btnQuery();">查询</a>
    </div>
</div>

<div id="dlg" class="easyui-dialog" style="width: 400px; height: 280px; padding: 10px 20px"
     closed="true" title="代理商信息">
    <div id="WinBody">
    </div>
</div>

<div id="addDiv" class="easyui-dialog" style="width: 400px; height: 280px; padding: 10px 20px"
     closed="true" buttons="#dlg-buttons" title="代理商信息">
    <div class="ftitle">一级区域详情</div>
    <form id="addForm" method="post">
        <div class="fitem">
            <label>区域名称:</label>
            <input name="AreaName" class="easyui-textbox" required="true" id="AreaName">
        </div>
        <div class="fitem">
            <label>负责人:</label>
            <input name="Charger" class="easyui-textbox" required="true">
        </div>
```

```html
      <div class="fitem">
        <label>联系方式:</label>
        <input name="Tel" class="easyui-textbox">
      </div>
      <div class="fitem">
        <label>备注:</label>
        <input name="Bz" class="easyui-textbox">
      </div>
    </form>
  </div>
  <div id="dlg-buttons">
    <a href="javascript:void(0)" class="easyui-linkbutton c6" iconcls="icon-ok" onclick="saveAdd();" style="width: 90px">Save</a>
    <a href="javascript:void(0)" class="easyui-linkbutton" iconcls="icon-cancel" onclick="javascript:$('#addDiv').dialog('close')" style="width: 90px">Cancel</a>
  </div>


  <div id="editDiv" class="easyui-dialog" style="width: 400px; height: 280px; padding: 10px 20px" closed="true" buttons="#edit-dlg-buttons" title="编辑一级区域">
    <div class="ftitle">一级区域详情</div>
    <form id="editForm" method="post">
      <div class="fitem">
        <label>区域名称:</label>
        <input name="AreaName" class="easyui-textbox" required="true" id="AreaName1">
        <input name="Pid" type="hidden" id="Pid" />
      </div>
      <div class="fitem">
        <label>负责人:</label>
        <input name="Charger" class="easyui-textbox" required="true" id="Charger1">
      </div>
      <div class="fitem">
        <label>联系方式:</label>
        <input name="Tel" class="easyui-textbox" id="Tel1">
      </div>
      <div class="fitem">
        <label>备注:</label>
        <input name="Bz" class="easyui-textbox" id="Bz1">
      </div>
    </form>
  </div>
  <div id="edit-dlg-buttons">
    <a href="javascript:void(0)" class="easyui-linkbutton c6" iconcls="icon-ok" onclick="saveEdit();" style="width: 90px">Save</a>
    <a href="javascript:void(0)" class="easyui-linkbutton" iconcls="icon-cancel" onclick="javascript:$('#editDiv').dialog('close')" style="width: 90px">Cancel</a>
  </div>


  SetAgent.cshtml
  @model OrderMIS.Model.Agent

  <script src="~/Scripts/jquery.validate.min.js"></script>
  <script src="~/Scripts/jquery.validate.unobtrusive.min.js"></script>
  <script src="~/Scripts/jquery.unobtrusive-ajax.js"></script>
  @{
```

```
    //var area2List = (List<SelectListItem>)ViewData["Area2List"];
    var area1List = (List<SelectListItem>)ViewData["Area1List"];
}

@using (Ajax.BeginForm("SaveAgent", "Agent", new AjaxOptions { OnSuccess = "saveOk"}, new { }))
{
    @Html.AntiForgeryToken()
    @Html.ValidationSummary(true)
    @Html.HiddenFor(model => model.Pid)
    @Html.HiddenFor(model => model.Area2Name)
    <table style="text-align:center">
        <tr>
            <td>
                @Html.LabelFor(model => model.AgentName)
            </td>
            <td>
                @Html.EditorFor(model => model.AgentName)
                @Html.ValidationMessageFor(model => model.AgentName)
            </td>
        </tr>
        <tr>
            <td>
                @Html.LabelFor(model => model.Address)
            </td>
            <td>
                @Html.EditorFor(model => model.Address)
                @Html.ValidationMessageFor(model => model.Address)
            </td>
        </tr>
        <tr>
            <td>
                @Html.LabelFor(model => model.LinkMan)
            </td>
            <td>
                @Html.EditorFor(model => model.LinkMan)
                @Html.ValidationMessageFor(model => model.LinkMan)
            </td>
        </tr>
        <tr>
            <td>
                @Html.LabelFor(model => model.Tel)
            </td>
            <td>
                @Html.EditorFor(model => model.Tel)
                @Html.ValidationMessageFor(model => model.Tel)
            </td>
        </tr>
        <tr>
            <td>所属一级区域</td>
            <td>
                @Html.DropDownList("Area1List",area1List,new {@class="easyui-combobox",id="Area1List",@onchange
="FillArea2()",required=true})
            </td>
        </tr>
        <tr>
            <td>
```

```
            @Html.LabelFor(model => model.Area2Pid)
        </td>
        <td>
            @Html.DropDownListFor(model => model.Area2Pid, Enumerable.Empty<SelectListItem>(), new { id =
"Area2List" })
            @Html.ValidationMessageFor(model => model.Area2Pid)
        </td>
    </tr>

    <tr>
        <td style="text-align:center" colspan="2">
            <input type="submit" value="保存" />
        </td>
    </tr>
  </table>

}
```

其他功能模块和该模块基本类似，在设计时首先要考虑控制器，搭出控制器的框架，然后结合前端逐步实现。读者可以自行阅读源代码学习其他模块的设计。

13.4 本章小结

本章通过一个简单的订单管理系统，对ASP.NET MVC框架开发的基本方法进行了介绍。重点应该理解MVC模式和WebForm模式的不同之处，体会ASP.NET MVC工程结构、路由、前端和后端数据通信的方法等内容。希望本章所介绍的内容可以给读者在今后的项目开发中带来启发和帮助。

13.5 思考题

1. 请简单阐述使用ASP.NET MVC框架开发Web应用和传统的WebForm方法都有哪些不同之处。

2. 在.NET中，解决方案和工程是什么关系？工程之间是什么关系？结合本案例进行说明。

3. ASP.NET MVC工程目录结构主要包含哪些内容？各自负责什么工作？

4. 如果需要案例程序在手机端运行，需要修改哪些内容？

第 14 章

ASP.NET Core 项目实战——电影信息网

学习引导

　　本章将利用所学的 ASP.NET Core 知识，设计并实现一个比较完整的 ASP.NET Core Web 项目——电影信息网。该项目综合应用了 ASP.NET Core、Razor、LINQ 等知识，从无到有、一步步实现该项目。通过本章的学习，读者可以了解如何创建并逐步扩展 ASP.NET Core 应用程序；通过主要模块的实现过程，读者可以深入了解 ASP.NET Core 框架中模型、Razor 页面、数据库等的使用技巧。

内容浏览

14.1 项目概述

RazorPagesMovie是一个可以对电影信息进行展示和维护（增、删、改、查）的电影信息网站。该网站使用ASP.NET Core Web模板搭建，数据库采用VS2019自带的Microsoft SQL Server LocalDB。该项目的主页面如图14-1所示。

图 14-1　RazorPagesMovie 主页面

从图14-1中可以看到，页面上方有"添加新电影"超链接，单击超链接会跳转到添加新电影页面；在超链接下有搜索区域，可以输入片名进行模糊查找，也可以选择片名后面的类别，按类别搜索；每一行电影记录后面，有"编辑|详情|删除"超链接，可以对该记录进行编辑、查看和删除操作。RazorPagesMovie项目的主要功能见表14-1。

表 14-1　RazorPagesMovie 项目主要功能

项　目	说　明
数据库	设计合适的数据库表，用于存储电影信息
主页	展示电影信息列表，并提供对电影信息进行添加、编辑、查看、删除、查找等操作的入口
添加电影	提供添加电影信息的页面，并对输入的电影信息进行有效性验证
编辑	提供编辑电影信息的页面，有效性验证与添加电影时相同
详情	展示电影信息的详细内容
删除	删除指定的电影记录，删除前要对用户进行提示，只有用户单击确定，才能删除
按片名模糊搜索	允许用户输入部分片名信息，进行模糊搜索
按类别筛选	可以筛选出用户指定类别的电影

下面详细介绍该项目的实现过程。

14.2 创建项目

启动 VS2019 并选择"创建新项目",打开"创建新项目"对话框,如图14-2所示。在"创建新项目"对话框中,选择"ASP.NET Core Web 应用程序",然后单击"下一步"按钮,打开"配置新项目"对话框,如图14-3所示。

图 14-2   "创建新项目"对话框

图 14-3   "配置新项目"对话框

在"配置新项目"对话框中,为"项目名称"输入 RazorPagesMovie,并设置项目"位置",然后单击"创建"按钮,打开"创建新的Asp.NET Core Web应用程序"对话框,如图14-4所示。

在"创建新的 ASP.NET Core Web 应用程序"对话框中,选择下拉列表中的.NET Core和ASP.NET Core 5.0,项目模板选用"ASP.NET Core Web应用",然后单击"创建"按钮。

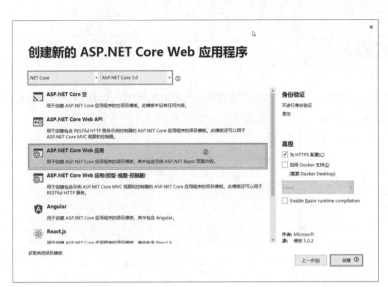

图 14-4　"创建新的 ASP.NET Core Web 应用程序"对话框

14.3 添加模型

扫一扫，看视频

　　在本节中，添加了用于管理数据库中电影的类。应用的模型类使用Entity Framework Core（EF Core）来处理数据库。EF Core是一种对象关系映射器（ORM），可简化数据访问。首先要编写模型类，然后EF Core将创建数据库。

14.3.1　添加数据模型

　　在"解决方案资源管理器"中，选择RazorPagesMovie"项目|"添加"|"新建文件夹"。将文件夹命名为Models。然后右击Models文件夹。选择"添加"|"类"。将类命名Movie。

　　向 Movie 类添加如下代码：

```
using System;
using System.ComponentModel.DataAnnotations;
using System.ComponentModel.DataAnnotations.Schema;

namespace RazorPagesMovie.Models
{
    public class Movie
    {
        public int ID { get; set; }              //定义数据库的主键

        [Display(Name = "片名")]
        [Required(ErrorMessage = "片名不能为空")]
        [StringLength(60, MinimumLength = 1, ErrorMessage = "片名长度范围[1，60]")]
        public string Title { get; set; }        //电影名称

        [Display(Name = "上映日期")]
        [Required(ErrorMessage = "上映日期不能为空")]
        [DataType(DataType.Date, ErrorMessage ="上映日期只能是日期型")]
        public DateTime ReleaseDate { get; set; }          //电影发行日期
```

```
        [Display(Name = "类别")]
        [Required(ErrorMessage = "类别不能为空")]
        public string Genre { get; set; }                    // 电影的流派、主题

        [Display(Name = "票价")]
        [Required(ErrorMessage = "票价不能为空")]
        [Range(0.01, 1000, ErrorMessage ="票价范围为[0.01,1000]")]

        [Column(TypeName = "decimal(18, 2)")]
        public decimal Price { get; set; }                   //电影价格
    }
}
```

从上面的代码可以看出，Movie类主要包括以下内容。

● 数据库需要 ID 字段获取主键。

● 除ID外，数据库中还存储有Title、ReleaseDate、Genre和Price，通过设置［Display］属性可以显示更友好的信息。

● 设置Required，限制字段不能为空，如果用户提交的数据为空，会提示ErrorMessage预定义好的错误提示信息。

● [DataType] 属性指定数据的类型（Date）。通过此特性，用户无须在日期字段中输入时间信息。

● [StringLength]和[Range]进一步对字段的长度、范围等进行约束。

14.3.2 搭建"电影"模型的基架

在本小节中，将搭建"电影"模型的基架。确切地说，基架工具将生成页面，用于对"电影"模型执行创建、读取、更新和删除（CRUD）操作。

（1）创建Pages/Movies文件夹。

● 右击Pages文件夹，在弹出的快捷菜单中选择"添加"|"新建文件夹"。

● 将文件夹命名为Movies。

（2）右击Pages、Movies文件夹，在弹出的快捷菜单中选择"添加"|"新搭建基架的项目"，如图14-5所示。

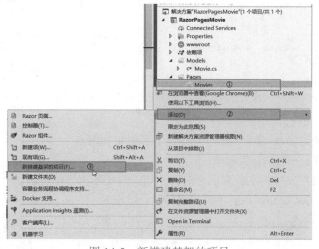

图 14-5　新搭建基架的项目

（3）在"添加已搭建基架的新项"对话框中，选择"使用实体框架的 Razor 页面 (CRUD)"，单击"添加"按钮，如图14-6所示。

图 14-6 "添加已搭建基架的新项"对话框

（4）在"添加使用实体框架的 Razor 页面 (CRUD)"对话框中完成以下操作。

- 在"模型类"下拉列表中，选择Movie (RazorPagesMovie.Models)。
- 在"数据上下文类"行中，单击 **+** 按钮，打开"添加数据上下文"对话框，在"添加数据上下文"对话框中，将生成类名称RazorPagesMovie.Data.RazorPagesMovieContext。
- 最后单击"添加"按钮，如图14-7所示。

图 14-7 "添加使用实体框架生成 Razor 页面 (CRUD)"对话框

在搭建基架时，会创建并更新以下文件。

- Pages\Movies：Create、Delete、Details、Edit和 Index。
- Data\RazorPagesMovieContext.cs

Pages\Movies文件夹中的文件后面会进行介绍，这里不再详细分析。

RazorPagesMovieContext.cs的主要代码如下：

```
public class RazorPagesMovieContext : DbContext
{
    Public RazorPagesMovieContext(DbContextOptions<RazorPagesMovieContext> options):base(options)
```

```
    {
    }

    public DbSet< RazorPagesMovie.Models.Movie> Movie { get; set; }
}
```

以上代码为使用实体集创建 DbSet<Movie> 属性。在实体框架术语中，实体集通常与数据表相对应，实体与表中的行相对应。

通过调用 DbContextOptions 对象中的一个方法将连接字符串名称传递到上下文。进行本地开发时，配置系统在 appsettings.json 文件中读取连接字符串。

此外，自动修改了Startup.cs的内容。打开Startup.cs可以看到ConfigureServices方法，代码如下：

```
public void ConfigureServices(IServiceCollection services)
{
    services.AddRazorPages();
    services.AddDbContext<RazorPagesMovieContext>(options =>
    options.UseSqlServer(Configuration.GetConnectionString("RazorPagesMovieContext")));
}
```

RazorPagesMovieContext为Movie模型协调EF Core功能，如创建、读取、更新和删除。数据上下文（RazorPagesMovieContext）派生自Microsoft.EntityFrameworkCore.DbContext。数据上下文指定数据模型中包含哪些实体。

Configuration.GetConnectionString("RazorPagesMovieContext")从配置文件中获取数据库连接字符串，打开appsettings.json，可以看到已经配置好了数据库连接字符串，代码如下：

```
"ConnectionStrings": {
    "RazorPagesMovieContext": "Server=(localdb)\\mssqllocaldb;Database=RazorPagesMovieContext-f02dbdf3-
    1254-4821-8ebb-5802a6859f0a;Trusted_Connection=True;MultipleActiveResultSets=true"
}
```

从连接字符串中能看到，数据库服务器是localdb。localdb是轻型版的 SQL Server Express 数据库引擎，以程序开发为目标。localdb作为按需启动并在用户模式下运行的轻量级数据库，没有复杂的配置。默认情况下，localdb数据库在C:\Users\<user>\目录下创建*.mdf文件。但是现在还没有创建初始化数据库，14.3.3小节将使用EF的迁移功能创建该数据库。

🌀 14.3.3 创建初始数据库架构

Entity Framework Core 中的迁移功能提供了一种方法来执行以下操作。

● 创建初始数据库架构。
● 以增量的方式更新数据库架构，使其与应用程序的数据模型保持同步。保存数据库中的现有数据。

使用VS2019自带的程序包管理器控制台（PMC）来添加初始迁移并更新数据库。

（1）从VS2019的"工具"菜单中，选择"NuGet 包管理器"|"包管理器控制台"。

（2）在程序包管理器控制台窗口中，输入以下命令：

```
Add-Migration InitialCreate
Update-Database
```

Add-Migration InitialCreate用于添加初始迁移，Update-Database用于更新数据库，如图14-8所示。

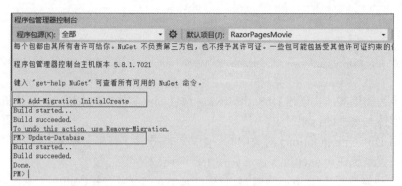

图 14-8　创建初始数据库

从PMC的输出信息可以看出，命令都已经执行成功，此时数据库就创建好了。

（3）从"视图"菜单中，打开"SQL Server 对象资源管理器"（SSOX）。

（4）右击 Movie 表，选择"视图设计器"，打开 Movie 表的视图设计器，如图14-9所示。

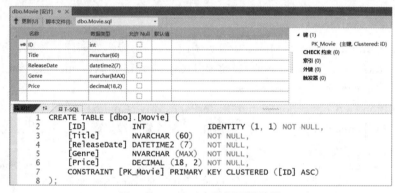

图 14-9　Movie 表的视图设计器

可以看到，ID 旁边有个密钥图标。默认情况下，EF Core为该主键创建一个名为 ID 的属性。

14.3.4　测试应用

在VS2019中，按F5键运行该应用。会自动打开应用的默认页面https://localhost:××××××/（IIS Express使用的端口是随机的），如图14-10所示。

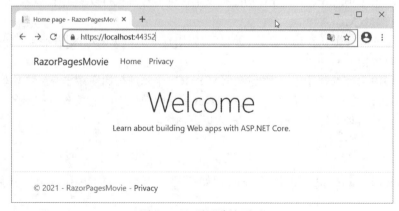

图 14-10　项目默认页面

在浏览器地址栏，手动修改地址为https://localhost:×××××/movies并访问，可以movies的显示页面，这个页面与要实现的最终展示页面非常相似，如图14-11所示。

图 14-11　movies 默认的显示页面

单击页面上方的Create New按钮，可以打开默认的Create页面，如图14-12所示。
如果添加的电影信息不符合约束条件，则会提示错误信息，如图14-13所示。

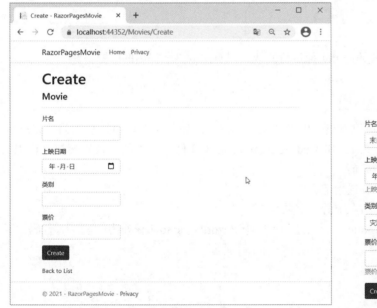

图 14-12　movies 默认的 Create 页面

图 14-13　Create 页面错误提示

按照约束条件，录入一些电影信息后，可以看到电影展示页面如图14-14所示。

添加电影信息后，项目页面功能就比较完整了，但是展示效果并不理想，页面默认功能都是英文；进入电影展示页面需要手动修改浏览器地址；另外还缺乏搜索功能。下节将解决这些问题。

图 14-14 movies 带数据页面

14.4 更新页面

本节将对VS2019生成的部分页面进行修改,以解决14.3节提出的问题。

14.4.1 修改布局页面

扫一扫,看视频

从14.3节可以看出,电影展示、添加、编辑等所有页面显示的菜单布局相同。菜单布局是在 Pages\Shared_Layout.cshtml 文件中实现的。布局模板允许 HTML 容器具有如下布局:

● 在一个位置指定。

● 应用于站点中的多个页面。

将_Layout.cshtml中的<title>元素的显示内容从RazorPagesMovie修改为"电影",代码如下:

```
<!DOCTYPE html>
<html lang="en">
<head>
<meta charset="utf-8" />
<meta name="viewport" content="width=device-width, initial-scale=1.0" />
<title>@ViewData["Title"] – 电影</title>
```

测试主页、RpMovie、创建、编辑和删除链接。每个页面都设置了标题,可以在浏览器选项卡中看到该标题。将带有标题的页面添加到浏览器的收藏夹或书签栏时,标题将成为该页面链接的默认名称。

将_Layout.cshtml第14行修改为如下内容:

```
<a class="navbar-brand" asp-area="" asp-page="/Movies/Index">我的电影</a>
```

asp-page="/Movies/Index"标记可以帮助程序属性和值创建指向 /Movies/Index Razor 页面的链接,以后单击页面顶部的 "我的电影" 链接即可跳转到电影展示页面。 asp-area 属性值为

轻松学ASP.NET编程从入门到实战(案例·视频·彩色版)

空，因此在链接中未使用区域进行展示。

布局页面中有@RenderBody()行，代码如下：

```
<div class="container">
  <main role="main" class="pb-3">
    @RenderBody()
  </main>
</div>
```

RenderBody 是显示全部页面专用视图的占位符，已包装在布局页中。例如，选择"隐私"链接后，Privacy.cshtml 视图会在 RenderBody 方法中呈现。

14.4.2 修改展示页面

检查 Pages\Movies\Index.cshtml页面模型，将第5行ViewData["Title"]的赋值从Index修改为"首页"，代码如下：

```
ViewData["Title"] = "首页";
```

将第11行链接内容从Create New修改为"添加新电影"，代码如下：

```
<a asp-page="Create">添加新电影</a>
```

将第47～49行链接内容按照如下代码进行修改：

```
<a asp-page="./Edit" asp-route-id="@item.ID">编辑</a> |
<a asp-page="./Details" asp-route-id="@item.ID">详情</a> |
<a asp-page="./Delete" asp-route-id="@item.ID">删除</a>
```

为了让页面显示更紧凑，可以将第8行的<h1>标签删除。运行并查看电影展示页面，在页面上右击，在弹出的快捷菜单中选择"查看页面源代码"来检查生成的标记，如图14-15所示。

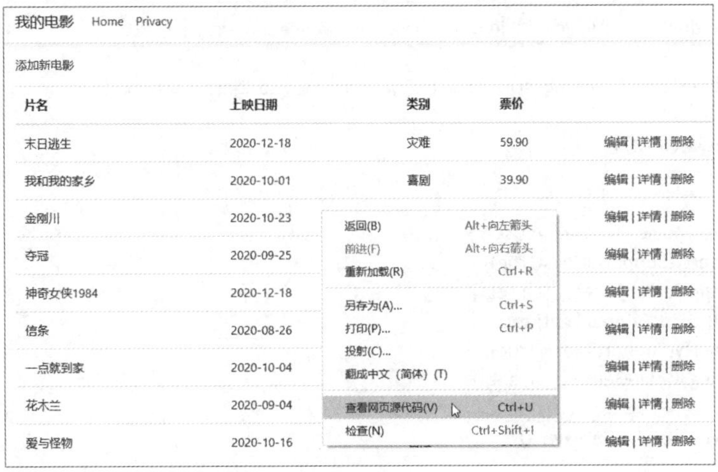

图 14-15　查看页面源代码

生成的 HTML 中的一部分代码如下：

```
<td>
  <a href="/Movies/Edit?id=1">编辑</a> |
  <a href="/Movies/Edit?id=1">详情</a> |
  <a href="/Movies/Edit?id=1">删除</a>
<td>
```

动态生成的链接通过查询字符串传递电影 ID。 例如，https://www.localhost:44352/

Movies/Details?id=1 中的 ?id=1。

接下来，还需要修改展示页面，添加搜索功能。打开Pages/Movies/Index.cshtml页面，在第10行后面添加如下代码：

```html
<form>
  <p>
    片名: <input type="text" asp-for="SearchString" />
    <select asp-for="MovieGenre" asp-items="Model.Genres">
      <option value="">所有</option>
    </select>
    <input type="submit" value="搜索" />
  </p>
</form>
```

这些代码提供了按片名搜索和下拉选择类别的操作入口。只设置前端展示页面并不能实现其功能，还需要同步修改后台代码，打开Pages\Movies\Index.cshtml.cs文件，将其修改为如下代码：

```csharp
using System.Collections.Generic;
using System.Threading.Tasks;
using Microsoft.AspNetCore.Mvc;
using Microsoft.AspNetCore.Mvc.RazorPages;
using Microsoft.AspNetCore.Mvc.Rendering;
using Microsoft.EntityFrameworkCore;
using RazorPagesMovie.Models;
using System.Linq;

namespace RazorPagesMovie.Pages.Movies
{
    public class IndexModel : PageModel
    {
        private readonly RazorPagesMovie.Data.RazorPagesMovieContext _context;

        public IndexModel(RazorPagesMovie.Data.RazorPagesMovieContext context)
        {
            _context = context;
        }

        public IList<Movie> Movie { get;set; }
        [BindProperty(SupportsGet = true)]
        public string SearchString { get; set; }
        public SelectList Genres { get; set; }
        [BindProperty(SupportsGet = true)]
        public string MovieGenre { get; set; }

        public async Task OnGetAsync()
        {
            IQueryable<string> genreQuery = from m in _context.Movie
                                            orderby m.Genre
                                            select m.Genre;

            var movies = from m in _context.Movie
                    select m;
            if (!string.IsNullOrEmpty(SearchString))
            {
                movies = movies.Where(s => s.Title.Contains(SearchString));
```

轻松学ASP.NET编程从入门到实战（案例·视频·彩色版）

```
        }

        if (!string.IsNullOrEmpty(MovieGenre))
        {
            movies = movies.Where(x => x.Genre == MovieGenre);
        }
        Genres = new SelectList(await genreQuery.Distinct().ToListAsync());
        Movie = await movies.ToListAsync();
    }
  }
}
```

- SearchString：包含用户在搜索文本框中输入的文本。 SearchString也有 [BindProperty] 属性。 [BindProperty] 会绑定名称与属性相同的表单值和查询字符串。 在 HTTP GET 请求中进行绑定需要 [BindProperty(SupportsGet = true)]。
- Genres：包含流派列表。 Genres使用户能够从列表中选择一种流派。 SelectList 需要 using Microsoft.AspNetCore.Mvc.Rendering。
- MovieGenre：包含用户选择的特定类型，如 "科幻"。

🔔 注意：

出于安全原因，必须选择绑定 GET 请求数据以对模型属性进行分页。 请在将用户输入映射到属性前对其进行验证。 当处理依赖查询字符串或路由值的方案时，选择加入 GET 绑定非常有用。

若要将属性绑定到 GET 请求上，请将 [BindProperty] 特性的 SupportsGet 属性设置为 true。

如果 SearchString 属性不为 null 或空，则电影查询会修改为根据搜索字符串进行筛选，代码如下：

```
if (!string.IsNullOrEmpty(SearchString))
{
    movies = movies.Where(s => s.Title.Contains(SearchString));
}
```

s => s.Title.Contains() 的代码是 Lambda 表达式。 Lambda 在基于方法的 LINQ 查询中用作标准查询运算符方法的参数，如 Where 方法或 Contains方法。 在对 LINQ 查询进行定义或通过调用方法（如 Where、Contains 或 OrderBy）进行修改后，此查询不会执行相反，还会延迟执行查询。 表达式的计算会延迟，直到循环访问其实现的值或调用 ToListAsync 方法为止。

Contains方法是在数据库中运行，而不是在C#代码中运行。 查询是否区分大小写取决于数据库和排序规则。 在SQL Server上，Contains映射到SQL LIKE，这是不区分大小写的；在SQLite中，由于使用了默认排序规则，因此需要区分大小写。

下面的代码是一种 LINQ 查询，可从数据库中检索所有流派。

```
IQueryable<string> genreQuery = from m in _context.Movie
    orderby m.Genre
    select m.Genre;
```

流派的 SelectList 是通过投影不包含重复值的流派创建的，代码如下：

```
Genres = new SelectList(await enreQuery.Distinct().ToListAsync());
```

可以运行查看显示效果。 输入片名的部分内容进行模糊搜索，如输入 "家"，会将片名中所有含 "家" 的电影搜索出来，如图14-16所示。

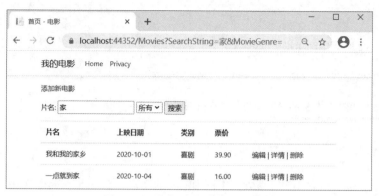

图 14-16　根据片名进行模糊搜索

还可以从下拉列表中选择电影类别，如选择"战争"，会将类别是战争的电影都搜索出来，如图14-17所示。

图 14-17　根据类别进行搜索

电影展示页面就全部修改好了，14.4.3小节将完成Pages\Movies文件夹中的Create、Delete、Details、Edit等几个页面的修改工作，以达到更好的页面效果。

14.4.3　修改其他页面

扫一扫，看视频

为了保持统一，先将Pages\Movies文件夹中的Create、Delete、Details、Edit等几个前端页面第8行的<h1>标签进行修改。

按照如下代码修改Create页面顶部的相应代码。

```
@{
    ViewData["Title"] = "添加";
}

<h4>添加新电影</h4>
```

将Create页面第35行的Create修改为"添加"，代码如下：

```
<input type="submit" value="添加" class="btn btn-primary" />
```

将Create页面第42行的Back to List修改为"返回到电影列表"，代码如下：

```
<a asp-page="Index">返回到电影列表</a>
```

按照如下代码修改Delete页面顶部的相应代码。

```
@{
    ViewData["Title"] = "删除";
```

```
}

<h3>您确定要删除该电影吗?</h3>
<div>
    <h4>要删除的电影信息：</h4>
```

按照如下代码修改Delete页面底部的相应代码。

```
<form method="post">
    <input type="hidden" asp-for="Movie.ID" />
    <input type="submit" value="删除" class="btn btn-danger" /> |
    <a asp-page="./Index">返回到电影列表</a>
</form>
```

按照如下代码修改Details页面顶部的相应代码。

```
@{
    ViewData["Title"] = "详情";
}

<div>
    <h4>电影详细信息：</h4>
```

按照如下代码修改Details页面底部的相应代码。

```
<div>
    <a asp-page="./Edit" asp-route-id="@Model.Movie.ID">Edit</a> |
    <a asp-page="./Index">返回到电影列表</a>
</div>
```

按照如下代码修改Edit页面顶部的相应代码。

```
@{
    ViewData["Title"] = "编辑";
}

<div>
    <h4>要编辑的电影信息：</h4>
```

将Edit页面第36行的Save修改为"保存"，代码如下：

```
<input type="submit" value="保存" class="btn btn-primary" />
```

按照如下代码修改Edit页面底部的相应代码。

```
<div>
    <a asp-page="./Index">返回到电影列表</a>
</div>
```

14.5 本章小结

　　本章详细介绍了电影信息网的开发过程。通过本章的学习，读者可以了解如何创建并逐步扩展ASP.NET Core应用程序。通过主要模块的实现过程，读者可以深入了解ASP.NET Core框架中模型、Razor 页面、数据库等的使用技巧。希望本章所介绍的内容能够给读者在今后的ASP.NET Core项目开发过程中带来启发和帮助。

14.6 思考题

1. 简述数据模型与数据库之间的关系。
2. 模型类主要包括哪些内容？
3. 简述基架工具生成页面的过程。
4. 什么是数据上下文？其作用是什么？
5. 简述数据库的创建和更新、迁移过程。
6. 什么是LocalDB？
7. 简述LocalDB的应用场景。

参考文献

［1］明日科技. ASP.NET从入门到精通［M］. 5版. 北京：清华大学出版社，2019.

［2］黄钊吉. SQL Server性能优化与管理的艺术［M］. 北京：机械工业出版社，2014.

［3］明日科技. ASP.NET项目开发实战入门［M］. 长春：吉林大学出版社，2017.

［4］曹化宇. 网站全栈开发指南［M］. 北京：清华大学出版社，2020.

［5］董宁. ASP.NET MVC程序开发［M］. 北京：人民邮电出版社，2014.

［6］黄保翕. ASP.NET MVC4开发指南［M］. 北京：清华大学出版社，2013.

［7］FREEMAN A. 精通ASP.NET MVC 5［M］. 张成彬，徐燕萍，李萍，等，译. 北京：人民邮电出版社，2016.

［8］ESPOSITO D. ASP.NET Core开发实战［M］. 赵利通，译. 北京：清华大学出版社，2019.

［9］CHAMBERS J, PAQUETTE D, TIMMS S. ASP.NET Core应用开发［M］. 杜伟，涂曙光，柴晓伟，译. 北京：清华大学出版社，2017.

［10］MACDONALD M. ASP.NET 4高级程序设计［M］. 博思工作室，译. 4版. 北京：人民邮电出版社，2011.

［11］SILBERSCHATZ A, KORTHH F, SUDARSHAN S. 数据库系统概念［M］. 杨冬青，李红燕，唐世渭，译. 6版. 北京：机械工业出版社，2012.

［12］弗罗斯特. 数据库设计与开发［M］. 邱海燕，李翔鹰，译. 北京：清华大学出版社，2007.

［13］布洛克. ASP.NeT Web API设计［M］. 金迎，译. 北京：人民邮电出版社，2015.

参考网站

[1] https://docs.microsoft.com/en-us/.

[2] https://www.tutorialspoint.com/.

[3] https://www.runoob.com/.

[4] https://www.w3school.com.cn/.